Manuale Modulare
di Metodi Matematici

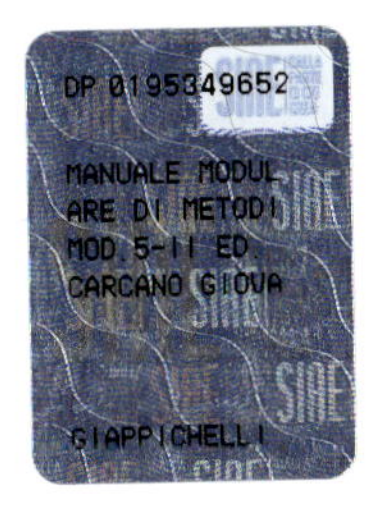

E. Allevi - M.I. Bertocchi - C. Birolini - G. Carcano - A. Gnudi - S. Moreni

Manuale Modulare di Metodi Matematici

Modulo 5
Successioni, serie, integrali

a cura di
Giovanna Carcano

Seconda edizione

G. Giappichelli Editore – Torino

VIA PO, 21 - TEL. 011-81.53.111 - FAX: 011-81.25.100

http://www.giappichelli.it

ISBN 88-348-3348-1

Stampa: M.S./Litografia s.r.l. - Torino

Modulo 5
Successioni, serie, integrali

Indice

pag.

Capitolo 2 Serie

Appendice al Capitolo 2

Capitolo 3 Integrali

Prefazione

La decisione di scrivere un nuovo libro di matematica è sempre tormentata da mille dubbi, data la vasta e ottima letteratura che è disponibile nel settore. È comunque chiaro che ogni matematico ha un suo personale modo di introdurre temi di matematica e che la presentazione di un argomento varia sia al variare dell'auditore che degli obiettivi che ci si propone.
La spinta alla decisione ad intraprendere l'arduo cammino è venuta sia dalle esigenze emerse in lunghi anni di insegnamento della matematica che dall'occasione della riforma dei nuovi ordinamenti didattici. Il lavoro intrapreso si prefigge di creare una serie di volumetti per i primi due anni di un corso di laurea dove necessitano nozioni di tipo matematico. Al fine di una larga utilizzabilità si è ritenuto opportuno organizzare l'opera in moduli, da cui il titolo "Manuale modulare di metodi matematici".
La struttura in moduli, indipendenti l'uno dall'altro, consente un'agevole lettura anche a seconda delle conoscenze del lettore sull'argomento.
L'opera è al momento composta da sette volumi. I volumi sono organizzati in modo da offrire sia elementi teorici che applicativi, riservando una serie di esercizi con soluzione ed un test a risposta multipla alla fine di ogni capitolo.
Il primo modulo riguarda quelle operazioni di calcolo che sono di norma oggetto di studio già nella scuola superiore.
Il secondo tocca i temi degli insiemi e spazi numerici e, pur riprendendo nozioni che dovrebbero essere già note agli studenti, introduce alcune nozioni di metrica e topologia utili per gli studi successivi.
Il terzo modulo è riservato alle funzioni reali ad una sola variabile reale e al calcolo differenziale.
Il quarto modulo contiene i temi principali dell'algebra lineare affrontati in modo rigoroso ma semplice.
Il quinto modulo tratta serie, successioni ed integrali.
Il sesto presenta tematiche relative ad autovalori e autovettori, forme quadratiche, calcolo differenziale per funzioni reali a più variabili reali ed ottimizzazione statica.

Infine il settimo modulo introduce equazioni differenziali ordinarie ed equazioni alle differenze finite.

Ci auguriamo che la nostra fatica sia apprezzata dai nostri clienti, gli studenti, che in questi anni ci hanno più volte richiesto un buon manuale di studio e ci hanno incoraggiato.
Un grazie anticipato ai lettori che vorranno segnalarci qualche inevitabile refuso rimasto nell'opera.

Gli Autori

Simbologia

$>$	maggiore
$<$	minore
$\geq$	maggiore o uguale
$\leq$	minore o uguale
$\neq$	non uguale
$=$	uguale
$\{\ldots,\ldots\}$	insieme
$\in$	appartiene
$\notin$	non appartiene
$\subset$	contenuto (ma non uguale)
$\subseteq$	contenuto
$\not\subset$	non contenuto
$\cup$	unione (fra insiemi)
$\cap$	intersezione (fra insiemi)
$\setminus$	differenza (fra insiemi)
$\times$	prodotto cartesiano (fra insiemi)
$\emptyset$	insieme vuoto
$\mathcal{P}(A)$	insieme delle parti di A
$\mathbb{N}$	insieme dei numeri naturali
$\mathbb{N}_0$	insieme dei numeri naturali escluso lo zero
$\mathbb{Z}$	insieme dei numeri relativi
$\mathbb{Q}$	insieme dei numeri razionali
$\mathbb{R}$	insieme dei numeri reali
$\mathbb{R}_0$	insieme dei numeri reali escluso lo zero
$\mathbb{R}^+$	insieme dei numeri reali positivi
$\mathbb{R}^-$	insieme dei numeri reali negativi
$\mathbb{C}$	insieme dei numeri complessi
$\lvert x\rvert$	valore assoluto di x
$\lVert\mathbf{x}\rVert$	norma di $\mathbf{x}$
$\mid$	tale che
$:$	tale che

$\wedge$	e
$\vee$	o
$\Rightarrow$	se ... allora
$\Leftrightarrow$	se e solo se
$\exists$	esiste
$\exists!$	esiste uno e uno solo
$\nexists$	non esiste
$\forall$	per ogni
$\log x$, $\ln x$	logaritmo naturale di x (base e)
$\text{Log}\, x$	logaritmo decimale di x (base 10)
$Im\ f$	insieme immagine dell'applicazione f
$Ker\ f$	nucleo dell'applicazione f
$\mathcal{C}(X)$	spazio delle funzioni continue su X
$\mathcal{C}^{(k)}(X)$	spazio delle funzioni k volte differenziabili con continuità su X

$$\sum_{i=m}^{n} a_i = a_m + a_{m+1} + a_{m+2} + \ldots + a_{n-1} + a_n \quad \text{(sommatoria)}$$

$$\prod_{i=m}^{n} a_i = a_m \cdot a_{m+1} \cdot a_{m+2} \cdot \ldots \cdot a_{n-1} \cdot a_n \quad \text{(produttoria)}$$

$$n! = 1 \cdot 2 \cdot 3 \cdot \ldots (n-1) \cdot n \quad \text{(fattoriale)}$$

🏁 (bandiera singola)	inizio dimostrazione
🏁🏁 (bandiere incrociate)	fine dimostrazione

Avvertenza

Nel capitolo 1, diamo una trattazione completa ed autonoma della teoria delle successioni, per rendere il testo di comoda lettura ed indipendente da altri riferimenti. Il lettore che conoscesse già l'argomento *Limiti di funzioni di variabile reale* (v. Modulo 3), potrà scorrere i primi 6 paragrafi e soffermarsi sugli altri. In alternativa, si può affrontare l'argomento *limiti*, prima sulle successioni, e poi passare alle funzioni (con il vantaggio di aver già fatto quasi tutto il lavoro ...).

1

Successioni

1 - Introduzione – dove andremo a finire?

Cominciamo con due esempi, uno di carattere aneddotico ed uno finanziario.

◇ Si narra che l'inventore del gioco degli scacchi abbia chiesto al re, come ricompensa, un certo quantitativo di riso, così determinato: un chicco sulla prima casella, 2 chicchi sulla seconda, 4 sulla terza, etc. etc., ogni volta raddoppiando il numero precedente. Se il re, all'inizio, credette di cavarsela con poco, poi, quando si rese conto che, sulla 64ª casella, avrebbe dovuto mettere 2^{63} chicchi (un numero con 19 cifre ...), ci restò di stucco.

E se le caselle fossero state ancor di più?

numero caselle	1	2	3	4	$\cdots$	64	$\cdots$	n	$\cdots$
numero chicchi sull'ultima casella	$1 = 2^0$	$2 = 2^1$	$4 = 2^2$	$8 = 2^3$	$\cdots$	2^{63}	$\cdots$	2^{n-1}	?

◇ Investendo il capitale iniziale C, in regime semplice al tasso annuo i, alla fine del primo anno si ha il montante $M = C(1+i)$. Se, a metà anno, si ritira il montante raggiunto, pari ora a $C(1+\frac{i}{2})$, e lo si reinveste, si avrà, alla fine dell'anno, il montante $C(1+\frac{i}{2})^2$, che è più grande di $C(1+i)$ (si suppone che non vi siano spese di disinvestimento e reinvestimento). Se si fa questo giochetto di interrompere e riprendere l'investimento tre volte all'anno, cioè ogni quattro mesi, si ha, alla fine dell'anno, il montante $C(1+\frac{i}{3})^3$, maggiore del precedente. *L'appetito vien mangiando*: visto che ogni volta il montante aumenta, conviene fare il giochetto ogni $n-$esimo di anno, con n sempre più grande.

frequenza inv./disinv.	1	2	3	$\cdots$	n	$\cdots$
montante	$C(1+i)$	$C(1+\frac{i}{2})^2$	$C(1+\frac{i}{3})^3$	$\cdots$	$C(1+\frac{i}{n})^n$	?
esempio: $C=1,\ i=10\%$	1.1	1.1025	1.1033...	$\cdots$	$(1+\frac{1}{10n})^n$	?
esempio: $C=1,\ i=100\%$	2	2.25	2.37...	$\cdots$	$(1+\frac{1}{n})^n$	?

In entrambi gli esempi, ad ogni intero n corrisponde univocamente un certo numero reale e siamo interessati a sapere *dove si va a finire* quando n diventa sempre più grande.

2 - Successioni convergenti, divergenti, irregolari

Definizione 1.1 - *Si dice* ***successione numerica*** *una funzione definita su $\mathbb{N}$, a valori in $\mathbb{R}$, cioè una legge che ad ogni numero naturale n associa un numero reale, indicato con a_n.*

Per indicare l'intera successione, si usa la scrittura $\{a_n\}$, oppure $a_0, a_1, \cdots, a_n, \cdots$
Una successione può non essere definita per i primi *tot* indici n; l'importante è che sia definita da un certo intero n in poi.
Il *grafico* di una successione è costituito da infiniti punti isolati, ad ascissa intera.
Vediamo alcuni esempi importanti (i grafici sono riportati in Figura 1.1).

Esempio 1.1 -

(a) **Successione armonica.** È la successione dei reciproci dei numeri naturali:

$$a_n = \frac{1}{n}, \ \forall n \geq 1, \qquad 1, \frac{1}{2}, \frac{1}{3}, \frac{1}{4}, \ldots, \frac{1}{n}, \ldots,$$

(b) **Successione in progressione aritmetica.** Si ha quando la differenza tra ogni termine ed il precedente è costante, uguale a d (detta **ragione** della progressione aritmetica):

$$a_n - a_{n-1} = d, \quad \forall n > 0,$$

$$a_0, \ a_1 = a_0 + d, \ a_2 = a_1 + d = a_0 + 2d, \ \cdots, \ a_n = a_{n-1} + d = \cdots = a_0 + nd.$$

Ad esempio, la successione aritmetica di ragione $-\frac{1}{2}$ e primo termine 2 è $\{2 - \frac{1}{2}n\}$, quella di ragione 2 e primo termine 10 è $\{10 + 2n\}$.

(c) **Successione in progressione geometrica.** Si ha quando il quoziente tra ogni termine ed il precedente è costante, uguale a q (detta **ragione** della progressione geometrica):

$$\frac{a_n}{a_{n-1}} = q \ \forall n > 0,$$

$$a_0, \ a_1 = qa_0, \ a_2 = qa_1 = q^2 a_0, \ \cdots, \ a_n = qa_{n-1} = \cdots = q^n a_0.$$

Ad esempio, la successione geometrica di ragione $\frac{1}{2}$ e primo termine 3 è $\{\frac{3}{2^n}\}$, quella di ragione -2 e primo termine 10 è $\{10(-2)^n\}$.

(d) $\quad a_n = (-1)^n, \qquad 1, -1, 1, -1, \cdots .$

(e) $\quad a_n = \frac{(-1)^n}{n}, \ \forall n > 0, \qquad -1, \frac{1}{2}, -\frac{1}{3}, \frac{1}{4}, \cdots .$

(f) $\quad a_n = \left(1 + \frac{1}{n}\right)^n, \ \forall n > 0, \qquad 2, \frac{9}{4}, \frac{64}{27}, \frac{625}{256}, \frac{7776}{3125}, \cdots .$

Figura 1.1

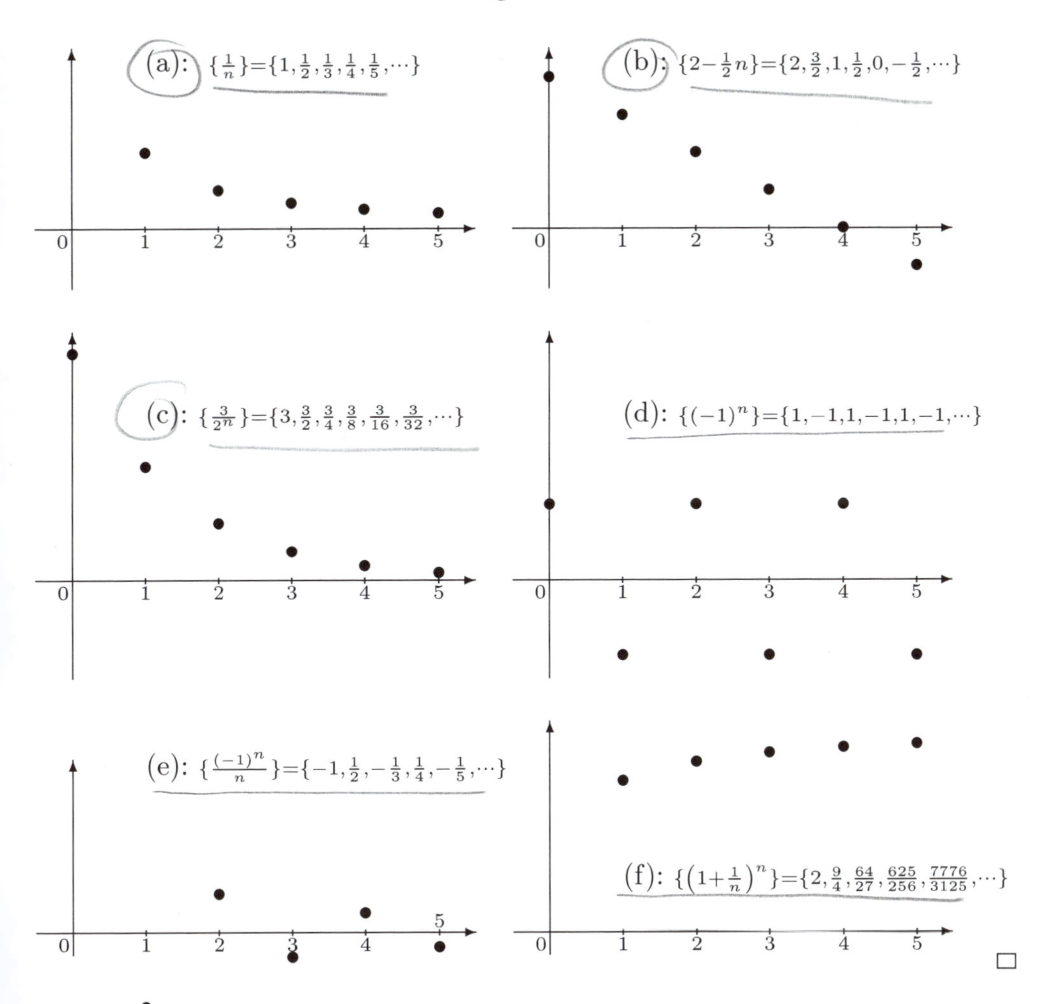

□

Osservazione - Una successione può anche essere definita **per ricorrenza**, cioè dando un termine iniziale ed assegnando una regola per passare da un termine al successivo: $\begin{cases} a_0 & \text{dato} \\ a_{n+1} = f(a_n) \end{cases}$. Le successioni in progressione aritmetica o geometrica sono esempi di successioni definite per ricorrenza; in questi casi, è stato facile determinare l'espressione del termine generale a_n, procedendo *a ritroso*; spesso, però, questo non è possibile. Ad esempio, $\begin{cases} a_0 = 1 \\ a_{n+1} = \frac{1}{2}\left(a_n + \frac{2}{a_n}\right) \end{cases}$ è una successione definita per ricorrenza di cui possiamo calcolare tutti i termini che vogliamo ($a_0 = 1$, $a_1 = \frac{1}{2}(1 + \frac{2}{1}) = \frac{3}{2}$, $a_2 = \frac{1}{2}(\frac{3}{2} + \frac{2}{\frac{3}{2}}) = \frac{17}{12}, \cdots$), ma di cui non è possibile determinare l'espressione di a_n. Per studiare questo tipo di successioni, occorre una metodologia particolare (v. appendice, paragrafo 4).

Una successione è un *particolare* tipo di funzione; la teoria delle successioni ha quindi una parte in comune con lo studio delle funzioni reali di variabile reale. C'è però un'importante differenza di cui tener conto.
L'insieme di definizione di una funzione di variabile reale è un sottoinsieme di $I\!R$, generalmente costituito da uno o più intervalli, è cioè un insieme infinito, *continuo*, e dotato di infiniti punti di accumulazione.
L'insieme di definizione di una successione è invece $I\!N$, oppure $\{n \in I\!N : n \geq \tilde{n} \text{ opportuno}\}$, cioè un insieme infinito, numerabile, *discreto*; questo insieme è costituito tutto da punti isolati (ed infatti il grafico è fatto di punti isolati, v.figura 1.1) e non ha punti di accumulazione *al finito*; l'unico punto di accumulazione è *all'infinito*, cioè $+\infty$.
Per le successioni, quindi:

◇ si possono dare le definizioni di positiva, etc., limitata, etc., monotona, estremo superiore, massimo, etc.;

◇ si può parlare di *limite* solo quando la variabile, n, tende all'unico punto di accumulazione, $+\infty$;

◇ non ha senso parlare di continuità, che richiederebbe il valore nel punto in questione (ma qui l'unico punto è $+\infty$ ...);

◇ non ha senso parlare di derivabilità, che considera i valori in un intorno del punto (ma qui ogni punto è isolato e non ha attorno nessuno ...).

Una successione $\{a_n\}$ si dice

positiva (non negativa)	$\Leftrightarrow$	$a_n > 0 \ \forall n \quad (a_n \geq 0 \ \forall n)$
costante	$\Leftrightarrow$	$a_n = c \quad \forall n$
negativa (non positiva)	$\Leftrightarrow$	$a_n < 0 \ \forall n \quad (a_n \leq 0 \ \forall n)$
limitata superiormente	$\Leftrightarrow$	$\exists K : \ a_n \leq K \quad \forall n$
limitata inferiormente	$\Leftrightarrow$	$\exists H : \ H \leq a_n \quad \forall n$
limitata	$\Leftrightarrow$	$\exists K : \ \|a_n\| \leq K \quad \forall n$
monotona strettam. crescente	$\Leftrightarrow$	$a_n < a_{n+1} \quad \forall n$
monotona non decrescente	$\Leftrightarrow$	$a_n \leq a_{n+1} \quad \forall n$
monotona strettam. decrescente	$\Leftrightarrow$	$a_n > a_{n+1} \quad \forall n$
monotona non crescente	$\Leftrightarrow$	$a_n \geq a_{n+1} \quad \forall n$
maggiorante (minorante) di $\{b_n\}$	$\Leftrightarrow$	$a_n \geq b_n \ \forall n \ (a_n \leq b_n \ \forall n)$

È naturale che, di una successione, interessi soprattutto il comportamento all'aumentare di n; quello che fa nei primi *tot* termini conta poco; ad esempio, la successione $\{3 - \frac{n}{2}\}$ ha i primi 6 termini non negativi, ma, dal settimo in poi, è sempre negativa. È utile quindi introdurre l'avverbio *definitivamente*:

Definizione 1.2 - *Si dice che la successione $\{a_n\}$ ha* ***definitivamente*** *una certa proprietà P se esiste un indice n_0, tale che a_n ha la proprietà P per ogni $n \geq n_0$.*

Esempio 1.2 -

$a_n = -3, -2, -1, 0, 1, 1, 1, \cdots$	è definitivamente costante;
$a_n = -3, 3, -2, 2, 1, \frac{1}{2}, \frac{1}{3}, \frac{1}{4}, \cdots$	è definitivamente strettamente decrescente;
$a_n = 2, -1, 1, \frac{1}{2}, \frac{1}{2}, \frac{3}{4}, \frac{3}{4}, \frac{4}{5}, \frac{4}{5}, \cdots$	è definitivamente non decrescente;
$a_n = n^2, \ b_n = 5n,$	$\{a_n\}$ è definitivamente maggiorante di $\{b_n\}$. $\square$

Se osserviamo la figura 1.1, notiamo che, nel caso (d), i punti sembrano vagare senza meta, mentre negli altri casi, procedendo verso destra, cioè all'aumentare di n, i punti sembrano muoversi verso una meta precisa; quest'ultimo fatto viene così formalizzato nella definizione di limite:

Definizione 1.3 - *Si dice che la successione $\{a_n\}$ ha* ***limite*** *finito l, o infinito $(+\infty/-\infty/\infty)$ se e solo se, comunque fissato un intorno del limite, la successione cade definitivamente in tale intorno.*
Si usa la notazione $\lim_{n\to+\infty} a_n = l/+\infty/-\infty/\infty$ *oppure* $a_n \to l/+\infty/-\infty,\infty$.
La successione si dice ***convergente*** *a l se il limite è finito;*
si dice ***divergente*** *a $+\infty/-\infty/\infty$ se il limite è $+\infty/-\infty/\infty$.*
Una successione si dice ***regolare*** *se è convergente o divergente; in caso contrario, si dice* ***irregolare****.*

Conviene rileggere la definizione, ricordando la forma degli intorni:

intorno di $l \in \mathbb{R}$	$(l-\varepsilon, l+\varepsilon) = \{y \in \mathbb{R} : \|y-l\| < \varepsilon\}$	$(\varepsilon > 0)$
intorno di $+\infty$	$(K, +\infty) = \{y \in \mathbb{R} : y > K\}$	$(K \in \mathbb{R})$
intorno di $-\infty$	$(-\infty, H) = \{y \in \mathbb{R} : y < H\}$	$(H \in \mathbb{R})$
intorno di ∞	$(-\infty, -K) \cup (K, +\infty) = \{y \in \mathbb{R} : \|y\| > K\}$	$(K \geq 0)$

$\lim_{n\to+\infty} a_n = l \in \mathbb{R}$	$\Leftrightarrow$	$\forall \varepsilon > 0\ \exists n_0 = n_0(\varepsilon)$:	$\|a_n - l\| < \varepsilon$	$\forall n \geq n_0$
$\lim_{n\to+\infty} a_n = +\infty$	$\Leftrightarrow$	$\forall K > 0\ \exists n_0 = n_0(K)$:	$a_n > K$	$\forall n \geq n_0$
$\lim_{n\to+\infty} a_n = -\infty$	$\Leftrightarrow$	$\forall K > 0\ \exists n_0 = n_0(K)$:	$a_n < -K$	$\forall n \geq n_0$
$\lim_{n\to+\infty} a_n = \infty$	$\Leftrightarrow$	$\forall K > 0\ \exists n_0 = n_0(K)$:	$\|a_n\| > K$	$\forall n \geq n_0$

A parole, il concetto di limite, può essere descritto così: una successione ha un certo limite, finito o infinito, se e solo se, comunque si pretenda di andare *vicino* al limite (e cioè comunque sia piccolo ε o grande K), si trova un indice n_0 tale che, da n_0 in poi, la successione va a finire proprio lì vicino.

La scrittura $n_0(\varepsilon)$, $n_0(K)$, indica che l'indice n_0 dipende dalla scelta di ε o K (più piccolo è ε, o più grande è K, più grande dovrà essere, in generale, n_0).

Ovviamente, una successione costante, $a_n = c \quad \forall n$, ha limite c.

Nel caso di limite finito, può capitare che i termini a_n siano definitivamente *sopra* l, oppure *sotto*; in questi casi si parla di limite *per eccesso* o *per difetto*.

Definizione 1.4 -

Limite per eccesso: *si dice che* $\{a_n\}$ *converge* ***per eccesso*** *al limite finito* l *se e solo se per ogni* $\varepsilon > 0$ *esiste* $n_0 = n_0(\varepsilon)$ *tale che* $l \leq a_n < l+\varepsilon \ \forall n \geq n_0$*; si scrive* $\lim_{n\to+\infty} a_n = l^+$.

Limite per difetto: *si dice che* $\{a_n\}$ *converge* ***per difetto*** *al limite finito* l *se e solo se per ogni* $\varepsilon > 0$ *esiste* $n_0 = n_0(\varepsilon)$ *tale che* $l - \varepsilon < a_n \leq l \ \forall n \geq n_0$*; si scrive* $\lim_{n\to+\infty} a_n = l^-$.

Se a_n continua ad assumere valori a volte sopra e a volte sotto l, il limite non è né per eccesso, né per difetto.

Nelle seguenti figure sono rappresentati i vari casi:

Figura 1.2

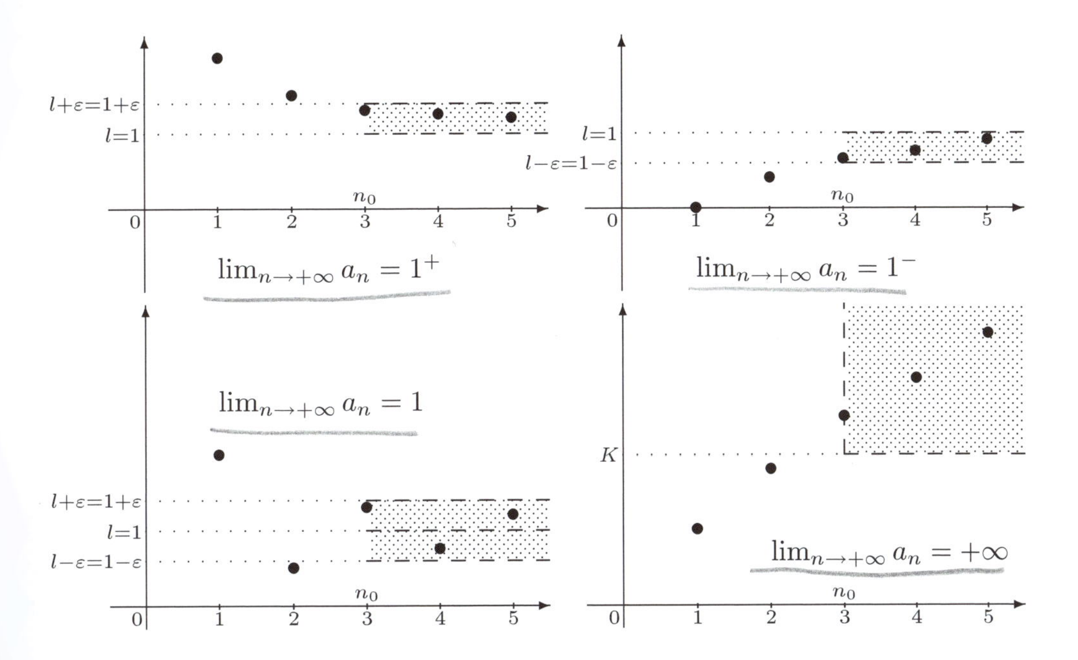

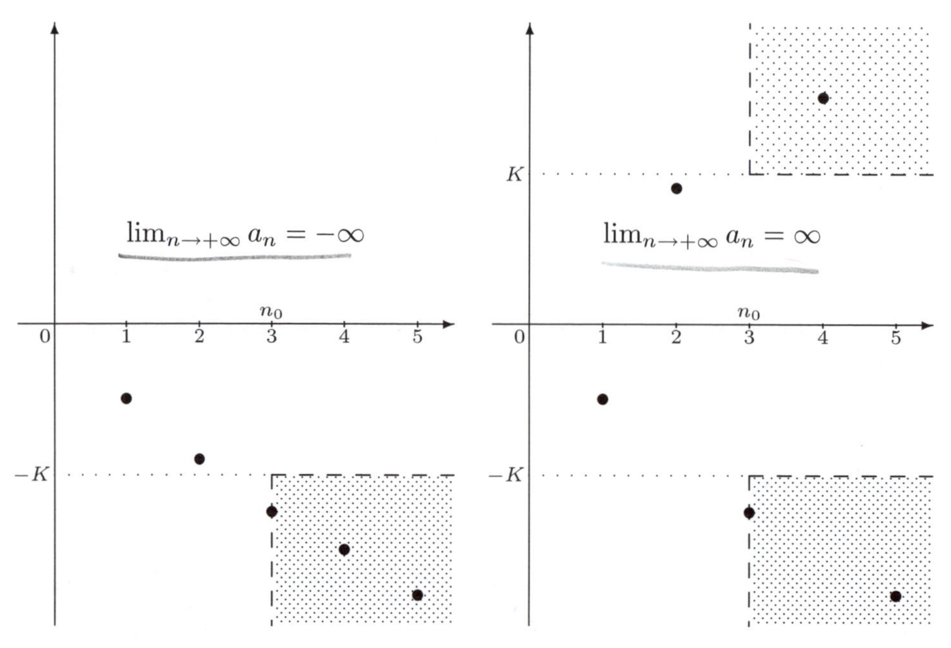

Riprendiamo gli esempi 1.1 (v. anche figura 1.1):

Esempio 1.3 -

(a) Per la successione armonica, vale $\lim_{n\to+\infty} \frac{1}{n} = 0^+$. Infatti, fissato $\varepsilon > 0$, si ha $\quad 0 \le a_n < \varepsilon \quad \Leftrightarrow \quad \frac{1}{n} < \varepsilon \quad \Leftrightarrow \quad n > \frac{1}{\varepsilon}$ e quindi basta prendere come n_0 il primo intero alla destra del numero $\frac{1}{\varepsilon}$ (v. figura 1.1 (a)).

(b) Per la successione aritmetica vale $\lim_{n\to+\infty}(a_0 + nd) = \begin{cases} +\infty & \text{se } d > 0 \\ -\infty & \text{se } d < 0 \end{cases}$.
Infatti, nel caso $d > 0$, fissato $K > 0$, si ha

$$a_n > K \quad \Leftrightarrow \quad a_0 + nd > K \quad \Leftrightarrow \quad n > \frac{K - a_0}{d}$$

e quindi basta prendere come n_0 il primo intero alla destra del numero $\frac{K-a_0}{d}$ (analogamente, il caso $d < 0$) (v. figura 1.1 (b)).

(c) Consideriamo la successione geometrica di ragione q: i casi $q = 0$ e $q = 1$ sono banali (si ottiene una successione costante); sia $q \neq 0, 1$ e supponiamo, per comodità, $a_0 = 1$; dimostriamo che: $\quad \lim_{n\to+\infty} q^n = \begin{cases} +\infty & \text{se } q > 1 \\ 0^+ & \text{se } 0 < q < 1 \\ 0 & \text{se } -1 < q < 0 \\ \infty & \text{se } q < -1 \\ \text{non esiste} & \text{se } q = -1 \end{cases}$.

q^N $\quad q = 1$

Per $q > 1$, possiamo scrivere $q = 1 + \alpha$ $(\alpha > 0)$; la disuguaglianza di Bernoulli assicura che $(1+\alpha)^n > 1 + n\alpha$ $\forall n > 1$, pertanto, fissato $K > 0$, si ha

$$q^n = (1+\alpha)^n > 1 + n\alpha > K \quad \forall n > \frac{K-1}{\alpha} \quad \text{e quindi} \quad \lim_{n\to+\infty} q^n = +\infty.$$

Per $0 < q < 1$, possiamo scrivere $q = \frac{1}{1+\alpha}$ $(\alpha > 0)$; fissato $\varepsilon > 0$, si ha, sempre utilizzando la disuguaglianza di Bernoulli:

$$0 < q^n = \frac{1}{(1+\alpha)^n} < \frac{1}{1+n\alpha} < \frac{1}{n\alpha} < \varepsilon \quad \forall n > \frac{1}{\alpha\varepsilon} \quad \text{e quindi} \quad \lim_{n\to+\infty} q^n = 0^+.$$

I casi $q < -1$ e $-1 < q < 0$ si ricavano dai precedenti, osservando che, per q negativo, vale $q^n = (-1)^n |q|^n$:

$$q < -1, \quad q = -(1+\alpha), \quad \alpha > 0 \qquad \begin{cases} q^n > K \ \ \forall n \text{ pari}, & n > \frac{K-1}{\alpha} \\ q^n < -K \ \forall n \text{ dispari}, & n > \frac{K-1}{\alpha} \end{cases}$$

$$-1 < q < 0, \quad q = -\frac{1}{1+\alpha}, \quad \alpha > 0 \qquad \begin{cases} 0 < q^n < \varepsilon & \forall n \text{ pari}, & n > (\alpha\varepsilon)^{-1} \\ -\varepsilon < q^n < 0 & \forall n \text{ dispari}, & n > (\alpha\varepsilon)^{-1} \end{cases}$$

Per $q = -1$, si ottiene la successione $1, -1, 1, -1, \cdots$ (v. figura 1.1 (d)); essa non ha limite infinito (perché i termini non diventano *grandi*); non ha neppure limite finito, perché altrimenti, scelto $\varepsilon < 1$, i suoi termini dovrebbero definitivamente stare in un intervallo, $(l-\varepsilon, l+\varepsilon)$, di ampiezza minore di 2 e questo è impossibile, dato che $1 - (-1) = 2$.

I risultati esposti valgono per qualsiasi $a_0 > 0$ (v. figura 1.1 (c), $a_0 = 3$, $q = \frac{1}{2}$); nel caso $a_0 < 0$, occorre cambiare i segni (ad esempio, $\lim_{n\to+\infty} -2(3^n) = -\infty$, $\lim_{n\to+\infty} -10\frac{1}{2^n} = 0^-$).

(d) $a_n = \frac{(-1)^n}{n}$; $\lim_{n\to+\infty} a_n = 0$, infatti, fissato $\varepsilon > 0$, si ha $|a_n| < \varepsilon \iff \frac{1}{n} < \varepsilon \iff n > \frac{1}{\varepsilon}$; il limite non è né per difetto, né per eccesso, perché a_n, alternativamente, è più grande e più piccolo di 0 (v. figura 1.1 (e)).

(e) La successione $\left(1 + \frac{1}{n}\right)^n$, di importanza fondamentale in matematica, sarà studiata nel paragrafo 7; per ora, possiamo solo aspettarci, dalla figura 1.1 (f), che converga ad un numero più grande di 2. □

3 - Primi risultati sui limiti

Innanzitutto un risultato che sembra *ovvio*, ma che è molto importante:

Teorema 1.5 - Teorema di unicità del limite. *Il limite di una successione, se esiste, è unico.*

Il succo della dimostrazione consiste nel mostrare che, se per assurdo la successione $\{a_n\}$ tendesse a due limiti distinti, A e $\tilde{A}$, siano essi finiti o infiniti, allora i termini a_n dovrebbero ricadere, definitivamente, in due intervalli disgiunti (impossibile).
Ad esempio, se $A, \tilde{A} \in I\!R$ e $A < \tilde{A}$, allora, preso $\varepsilon > 0$, tale che $A + \varepsilon < \tilde{A} - \varepsilon$ (cioè $\varepsilon < \frac{\tilde{A}-A}{2}$), esiste n_0 opportuno tale che, per ogni $n \geq n_0$, i termini a_n appartengono ad entrambi gli intervalli $(A-\varepsilon, A+\varepsilon)$ e $(\tilde{A}-\varepsilon, \tilde{A}+\varepsilon)$ (impossibile, perché sono disgiunti). Analogamente, gli altri casi. Nella figura, sono mostrati i casi A, $\tilde{A} \in I\!R$ e $A \in I\!R$, $\tilde{A} = +\infty$.

Figura 1.3

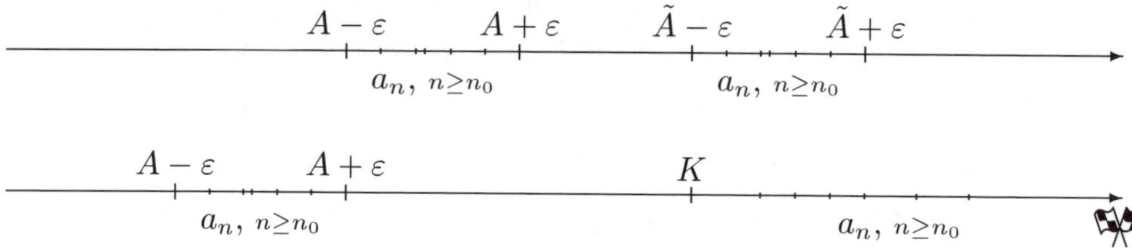

$A-\varepsilon$ $A+\varepsilon$ $\tilde{A}-\varepsilon$ $\tilde{A}+\varepsilon$

$a_n,\ n \geq n_0$ $a_n,\ n \geq n_0$

$A-\varepsilon$ $A+\varepsilon$ K

$a_n,\ n \geq n_0$ $a_n,\ n \geq n_0$

Osservazione - Per la validità del teorema di unicità del limite, è fondamentale che la successione sia a valori in uno spazio (come $I\!R$), in cui si possono *separare* i punti, cioè in uno *spazio di Hausdorff* (v.Modulo 2).

Riportiamo in breve altre proprietà, che discendono facilmente dalla definizione di limite.

◇ Se $\lim_{n\to+\infty} a_n = A^+$ (rispettivamente, $\lim_{n\to+\infty} a_n = A^-$), allora, per $n \geq n_0$ opportuno, vale $a_n \geq A$ (risp., $a_n \leq A$).

◇ Se $\lim_{n\to+\infty} a_n = A$ e $H < A < K$, allora, per $n \geq n_0$ opportuno, vale $H < a_n < K$.

◇ Se $\lim_{n\to+\infty} a_n = A$, $\lim_{n\to+\infty} b_n = B$ e $a_n \geq b_n$ $\forall n \geq n_0$, allora $A \geq B$.

◇ Se $\lim_{n\to+\infty} a_n = A$, allora $\lim_{n\to+\infty} |a_n| = |A|$; il viceversa, in generale, non vale (esempio: $\lim_{n\to+\infty} |(-1)^n| = 1$, ma non esiste $\lim_{n\to+\infty} (-1)^n$).

◇ $\lim_{n\to+\infty} a_n = 0 \quad \Leftrightarrow \quad \lim_{n\to+\infty} |a_n| = 0$. Una successione siffatta è detta *infinitesima*.

Nei prossimi paragrafi, vedremo il comportamento dell'operazione di limite rispetto alle due fondamentali strutture presenti nell'insieme dei numeri reali: le operazioni algebriche e l'ordinamento.

4 - Limiti e ordinamento

Una successione è una funzione definita su $\mathbb{N}$, a valori in $\mathbb{R}$; sia $\mathbb{N}$ che $\mathbb{R}$ sono insiemi ordinati, tramite la consueta relazione d'ordine $\leq$ dei numeri. In questo paragrafo vedremo che l'operazione di limite *si comporta bene* rispetto all'ordinamento.
Se si considera l'ordinamento solo nel codominio, $\mathbb{R}$, abbiamo il *teorema di limitatezza delle successioni convergenti*, il *teorema della permanenza del segno*, ed il *teorema del confronto*. Se si considera l'ordinamento sia nel dominio, $\mathbb{N}$, sia nel codominio, $\mathbb{R}$, abbiamo il *teorema di esistenza del limite per successioni monotone.*

Teorema 1.6 - Teorema di limitatezza delle successioni convergenti. *Una successione convergente è limitata. Il viceversa, in generale, non vale.*

Sia $\lim_{n\to+\infty} a_n = A \in \mathbb{R}$; allora, scelto $\varepsilon = 1$, esiste n_0 tale che $A-1 < a_n < A+1 \; \forall n \geq n_0$, e quindi $|a_n| < \max(|A-1|, |A+1|)$; inoltre, i primi n_0 termini della successione costituiscono un insieme limitato (essendo finito). Si conclude che $\{a_n\}$ è limitata: $|a_n| \leq K := \max\left(|a_0|, |a_1|, \cdots, |a_{n_0-1}|, |A-1|, |A+1|\right), \; \forall n$.
Viceversa, una successione limitata non è detto che converga; ad esempio, $\{a_n\} = \{(-1)^n\}$ è limitata, ma irregolare.

Osservazione - Ovviamente, una successione divergente a $+\infty$ è limitata inferiormente, ma non superiormente; una successione divergente a $-\infty$ è limitata superiormente, ma non inferiormente.

Teorema 1.7 - Teorema di permanenza del segno. *Se una successione ha limite positivo, finito o* $+\infty$ *(rispettivamente, limite negativo, finito o* $-\infty$*), allora è definitivamente positiva (risp. negativa). Il viceversa, in generale, non vale.*

Se $\lim_{n\to+\infty} a_n = A > 0$, allora, scelto $\varepsilon = \frac{A}{2}$, si ha, per $n \geq n_0$, $a_n > A - \varepsilon = \frac{A}{2} > 0$; se $\lim_{n\to+\infty} a_n = +\infty$, allora, scelto $K > 0$, si ha, per $n \geq n_0$, $a_n > K > 0$. Analogamente, il caso di limite negativo.
Viceversa, una successione (definitivamente) positiva può *non* avere limite (ad esempio: $a_n = 2 + (-1)^n$); è però vero che, *se* una successione (definitivamente) non negativa ha limite, allora questo è maggiore o uguale a zero.

Teorema 1.8 - Teorema del confronto.
Si considerino tre successioni, $\{a_n\}$, $\{b_n\}$ e $\{c_n\}$. Allora

$$\left.\begin{array}{l} \lim\limits_{n\to+\infty} a_n = \lim\limits_{n\to+\infty} c_n = l \\ a_n \leq b_n \leq c_n \ \forall n \geq \tilde{n} \end{array}\right\} \Rightarrow \lim_{n\to+\infty} b_n = l.$$

Nel caso di successioni divergenti a $\pm\infty$, basta una sola disuguaglianza:

$$\left.\begin{array}{l} \lim\limits_{n\to+\infty} a_n = +\infty \\ a_n \leq b_n \ \forall n \geq \tilde{n} \end{array}\right\} \Rightarrow \lim_{n\to+\infty} b_n = +\infty, \qquad \left.\begin{array}{l} \lim\limits_{n\to+\infty} c_n = -\infty \\ b_n \leq c_n \ \forall n \geq \tilde{n} \end{array}\right\} \Rightarrow \lim_{n\to+\infty} b_n = -\infty.$$

Dall'ipotesi $\lim_{n\to+\infty} a_n = \lim_{n\to+\infty} c_n = l$, segue che, fissato $\varepsilon > 0$, esistono n_a, n_c, tali che $l - \varepsilon < a_n < l + \varepsilon \ \forall n \geq n_a$ e $l - \varepsilon < c_n < l + \varepsilon \ \forall n \geq n_c$;
per $n \geq n_0 = \max(\tilde{n}, n_a, n_c)$ valgono tutte e tre le disuguaglianze e quindi

$$l - \varepsilon \underbrace{<}_{n\geq n_a} a_n \underbrace{\leq}_{n\geq\tilde{n}} b_n \underbrace{\leq}_{n\geq n_c} c_n < l + \varepsilon \ \ \forall n \geq n_0 \qquad \text{cioè } \lim_{n\to+\infty} b_n = l.$$

Se $\lim_{n\to+\infty} a_n = +\infty$, allora, fissato $K > 0$, si ha $a_n > K \ \forall n \geq n_a$ e quindi $b_n \underbrace{\geq}_{n\geq\tilde{n}} a_n \underbrace{>}_{n\geq n_a} K \ \ \forall n \geq n_0 = \max(\tilde{n}, n_a)$, cioè $\lim_{n\to+\infty} b_n = +\infty$.

Analogamente, il caso di divergenza a $-\infty$. 

Osservazione - Nel caso $l = 0$ (successioni infinitesime), si usa spesso l'ipotesi $|b_n| \leq c_n \ \wedge \ \lim_{n\to+\infty} c_n = 0$ (infatti, la disuguaglianza con il modulo equivale a $-c_n \leq b_n \leq c_n$; inoltre, da $\lim_{n\to+\infty} c_n = 0$ segue ovviamente $\lim_{n\to+\infty}(-c_n) = 0$).

Una curiosità: il teorema del confronto è noto anche col suggestivo nome di "teorema dei due carabinieri"; se un ladro (la successione b_n) è bloccato tra due carabinieri (a_n e c_n) e questi si dirigono verso la prigione ($\lim_{n\to+\infty} a_n = \lim_{n\to+\infty} c_n = l$), allora il ladro andrà a finire in prigione ($\lim_{n\to+\infty} b_n = l$); è sufficiente un solo carabiniere se la strada che porta alla prigione, da un lato, ha un burrone, in modo che il ladro non possa scappare da quella parte.

Una versione più divertente è quella del padrone che porta a spasso due cani al guinzaglio; se i cani decidono di andare nello stesso posto, il padrone sarà costretto ad andarci anche lui!

Esempio 1.4 -

(a) $\sin\frac{1}{n}$: per $0 < x < \frac{\pi}{2}$, vale $0 < \sin x < x$, quindi

$$0 < \sin\frac{1}{n} < \underbrace{\frac{1}{n}}_{\to 0^+} \quad\Rightarrow\quad \lim_{n\to+\infty} \sin\frac{1}{n} = 0^+;$$

(b) $\cos\frac{1}{n}$: utilizzando le disuguaglianze $-1 \leq \cos x \leq 1 \ \forall x$, $|\sin x| < |x| \ \forall x \neq 0$, e la formula di bisezione $\frac{1-\cos x}{2} = (\sin\frac{x}{2})^2$, si ottiene $1-2(\frac{x}{2})^2 < 1-2(\sin\frac{x}{2})^2 = \cos x \leq 1$ e quindi, per $x = \frac{1}{n}$, $\underbrace{1 - \dfrac{1}{2n^2}}_{\to 1^-} < \cos\frac{1}{n} \leq 1 \ \Rightarrow \ \lim_{n\to+\infty}\cos\frac{1}{n} = 1^-$;

(per la verifica che $\lim_{n\to+\infty}(1-\frac{1}{2n^2}) = 1^-$, basta notare che, fissato $\varepsilon > 0$, vale $1-\varepsilon < 1-\frac{1}{2n^2} \leq 1 \quad\Leftrightarrow\quad rappo12n^2 < \varepsilon \quad\Leftrightarrow\quad n > \frac{1}{\sqrt{2\varepsilon}}$);

(c) $n\sin\frac{1}{n}$: dalla catena di disuguaglianze $0 < \sin x < x < \mathrm{tg}x = \frac{\sin x}{\cos x}$, valida per $x \in (0, \frac{\pi}{2})$, si ricava, dividendo per $\sin x$, $1 < \frac{x}{\sin x} < \frac{1}{\cos x}$ e quindi $\cos x < \frac{\sin x}{x} < 1 \ \forall x \in (0, \frac{\pi}{2})$; per $x = \frac{1}{n}$, utilizzando il risultato precedente, si ha

$$\underbrace{\cos\frac{1}{n}}_{\to 1^-} < n\sin\frac{1}{n} < 1 \ \Rightarrow \ \lim_{n\to+\infty} n\sin\frac{1}{n} = 1^-;$$

(d) $\frac{1}{2^n}\sin n$: la funzione seno assume valori tra -1 e 1, quindi

$$\left|\frac{1}{2^n}\sin n\right| = \frac{1}{2^n}|\sin n| \leq \underbrace{\frac{1}{2^n}}_{\to 0} \quad \forall n, \ \Rightarrow \ \lim_{n\to+\infty}\frac{1}{2^n}\sin n = 0;$$

(e) $3^n + \sqrt[3]{n^2-2n}$: per ogni $n \geq 2$ vale $\sqrt[3]{n^2-2n} \geq 0$ e quindi

$$3^n + \sqrt[3]{n^2-2n} \geq \underbrace{3^n}_{\to+\infty} \quad\Rightarrow\quad \lim_{n\to+\infty}(3^n + \sqrt[3]{n^2-2n}) = +\infty. \qquad \square$$

È utile anche il seguente

Teorema 1.9 - *Si considerino tre successioni, $\{a_n\}$, $\{b_n\}$ e $\{c_n\}$, tali che $\lim_{n\to+\infty} b_n = l$ e $\lim_{n\to+\infty}(c_n - a_n) = 0$; sia inoltre $a_n \leq b_n \leq c_n \ \forall n \geq \tilde{n}$. Allora $\lim_{n\to+\infty} a_n = \lim_{n\to+\infty} c_n = l$.*

Prendendo ora in considerazione non solo l'ordinamento sul codominio, $\mathbb{R}$, ma anche sul dominio, $\mathbb{N}$, possiamo studiare le successioni *monotòne*; esse sono sempre regolari e se ne conosce il limite (in teoria; in pratica è un po' più difficile!).

Teorema 1.10 - Teorema di esistenza del limite per successioni monotone.
Se $\{a_n\}$ *è monotona non decrescente, allora* $\lim\limits_{n\to+\infty} a_n = \sup\{a_n : n \in \mathbb{N}\}$*; il limite è per difetto.*
Se $\{a_n\}$ *è monotona non crescente, allora* $\lim\limits_{n\to+\infty} a_n = \inf\{a_n : n \in \mathbb{N}\}$*; il limite è per eccesso.*

Si può quindi dire che una successione monotona è convergente (se è limitata) oppure è divergente a $+\infty$ (se illimitata e non decrescente), o a $-\infty$ (se illimitata e non crescente).
Se la successione è solo *definitivamente* monotona (cioè per $n \geq n_0$), allora sup e inf vanno calcolati solo per $n \geq n_0$.
Consideriamo il caso *non decrescente*: $a_n \leq a_{n+1}$ (l'altro caso è analogo, basta rovesciare le disuguaglianze).
Sia $\{a_n\}$ limitata superiormente ($\sup\{a_n\} = l \in \mathbb{R}$); dalla definizione di estremo superiore, segue

$$\left.\begin{array}{l} a_n \leq l \; \forall n \\ \forall \varepsilon > 0 \; \exists a_{n(\varepsilon)} : \; l - \varepsilon < a_{n(\varepsilon)} \leq l \end{array}\right\} \text{ e quindi } \; l - \varepsilon < a_{n(\varepsilon)} \underbrace{\leq}_{\forall n \geq n(\varepsilon)} a_n \leq l$$

$$\text{cioè } \lim_{n\to+\infty} a_n = l^-.$$

Sia $\{a_n\}$ illimitata superiormente ($\sup\{a_n\} = +\infty$); allora

$$\forall K > 0 \; \exists a_{n(K)} : \; a_{n(K)} > K \quad \text{e quindi} \quad a_n \underbrace{\geq}_{\forall n \geq n(K)} a_{n(K)} > K$$

cioè $\lim\limits_{n\to+\infty} a_n = +\infty$.

Figura 1.4

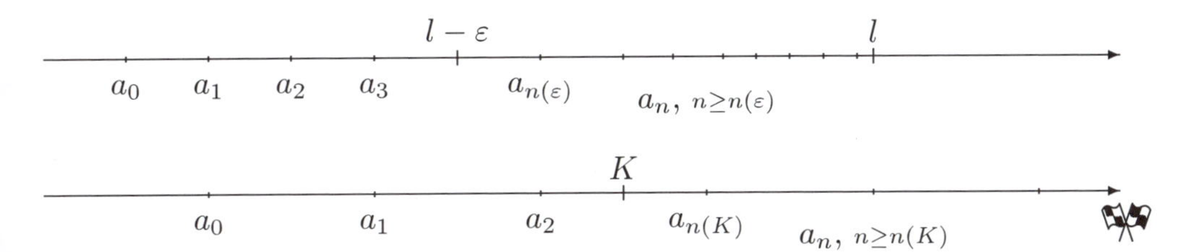

Importanti esempi di successioni monotone sono dati da potenze, esponenziali e logaritmi; si ha:

Limiti potenze, esponenziali, logaritmi
◇ *potenza* $n^\alpha, \ \alpha \in I\!R$, $\begin{cases} \textit{str. crescente} & \text{se } \alpha > 0 \\ \textit{str. decrescente} & \text{se } \alpha < 0 \\ \textit{costante} = 1 & \text{se } \alpha = 0 \end{cases}$ $\quad \lim\limits_{n \to +\infty} n^\alpha = \begin{cases} +\infty & \text{se } \alpha > 0 \\ 0^+ & \text{se } \alpha < 0 \\ 1 & \text{se } \alpha = 0 \end{cases}$
◇ *esponenziale* $\alpha^n, \ \alpha > 0$, $\begin{cases} \textit{str. crescente} & \text{se } \alpha > 1 \\ \textit{str. decrescente} & \text{se } 0 < \alpha < 1 \\ \textit{costante} = 1 & \text{se } \alpha = 1 \end{cases}$ $\quad \lim\limits_{n \to +\infty} \alpha^n = \begin{cases} +\infty & \text{se } \alpha > 1 \\ 0^+ & \text{se } 0 < \alpha < 1 \\ 1 & \text{se } \alpha = 1 \end{cases}$
◇ *logaritmo* $\log_\alpha n, \ \alpha > 0, \alpha \neq 1$, $\begin{cases} \textit{str. crescente} & \text{se } \alpha > 1 \\ \textit{str. decrescente} & \text{se } 0 < \alpha < 1 \end{cases}$ $\quad \lim\limits_{n \to +\infty} \log_\alpha n = \begin{cases} +\infty & \text{se } \alpha > 1 \\ -\infty & \text{se } 0 < \alpha < 1 \end{cases}$
valgono gli stessi risultati, ponendo, al posto di n, una qualsiasi successione a_n divergente.

Esempio 1.5 - $\lim\limits_{n \to +\infty} \log_3 n = +\infty$; $\lim\limits_{n \to +\infty} (\log_3 n)^{-2} = 0^+$;

$$\lim_{n \to +\infty} 3^{-n} = \lim_{n \to +\infty} \left(\frac{1}{3}\right)^n = 0^+; \quad \lim_{n \to +\infty} 2^{\sqrt{n}} = +\infty. \qquad \square$$

Particolarmente utile è il concetto di *coppia di successioni convergenti*:

Definizione 1.11 - *Una* ***coppia di successioni convergenti*** *è costituita da due successioni* $\{a_n\}$ *e* $\{b_n\}$ *tali che*

$\forall n: \ a_n \leq a_{n+1}, \quad b_n \geq b_{n+1}, \quad a_n \leq b_n;$ *inoltre* $\lim_{n \to +\infty}(b_n - a_n) = 0^+$.

Dal teorema 1.10, segue che $\lim_{n \to +\infty} a_n = A^-$ e $\lim_{n \to +\infty} b_n = B^+$; dall'ipotesi $\lim_{n \to +\infty}(b_n - a_n) = 0$, segue che $A = B$. Pertanto, una coppia di successioni convergenti, *individua* un unico numero reale $A = B$, *incastrato* tra le due successioni: $a_n \leq A = B \leq b_n$.

Figura 1.5

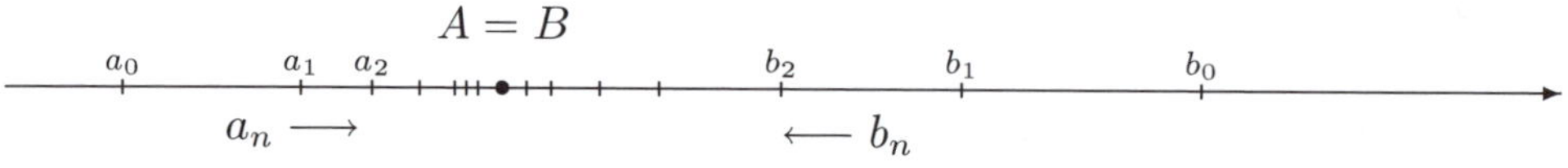

Ad esempio, le successioni: $\{a_n\} = \{1,\ 1.4,\ 1.41,\ 1.414,\ 1.4142,\ 1.41421,\ \cdots\}$,

$\{b_n\} = \{1,\ 1.5,\ 1.42,\ 1.415,\ 1.4143,\ 1.41422,\ \cdots\}$,

costituiscono una coppia di successioni convergenti che individua il numero $\sqrt{2}$. Nel paragrafo 7, vedremo un'importantissima coppia: quella che definisce il *numero di Nepero.*

5 - Limiti e operazioni algebriche – forme di indecisione

L'operazione di limite *si comporta quasi sempre bene* rispetto alle operazioni algebriche: noti i limiti delle due successioni di partenza, si ricava subito il limite della successione somma, prodotto, etc.; esistono poche, ma significative, eccezioni, dette *forme di indecisione* (indicate con **?**), in cui non esiste una risposta universale, ma occorre studiare caso per caso.

La prima tabella contiene i casi *limiti finiti* (e, per il reciproco ed il quoziente, limite del denominatore non nullo); la seconda, i casi in cui uno o entrambi i limiti sono infiniti (o limite denominatore nullo); la terza riguarda casi in cui una sola delle successioni ha limite (nullo o infinito), mentre l'altra è irregolare, ma soddisfa certe ipotesi (essere limitata o discosta da zero), è allora ancora possibile ricavare il limite della successione risultato dell'operazione.

Notiamo che i risultati delle operazioni differenza e quoziente (riportati nello schema, per completezza) si ricavano immediatamente da quelli sulle operazioni prodotto per un numero, somma, reciproco e prodotto, dato che $a_n - b_n = a_n + (-1)b_n$ e $\frac{a_n}{b_n} = a_n \cdot \frac{1}{b_n}$.

Riportiamo i risultati in forma schematica; le dimostrazioni discendono tutte facilmente, con qualche conto, dalla definizione di limite (in appendice, ve ne sono alcune).

Piuttosto di cercare di imparare a memoria gli schemi, è utile leggere attentamente le osservazioni e gli esempi che seguono.

Istruzioni per l'uso: per risparmiar spazio, si utilizzano notazione *doppie*, come $a_n \to \pm\infty$ o $a_n \to 0^\pm$; la riga superiore, e la riga inferiore, vanno lette separatamente.

Aritmetica dei limiti

Limiti finiti; nel caso di denominatore, limite non nullo

ipotesi	*tesi*
◇ *prodotto per un numero*	
$a_n \to A \in \mathbb{R},\ k \in \mathbb{R}$	$ka_n \to kA$
◇ *somma e differenza*	
$a_n \to A \in \mathbb{R} \ \wedge\ b_n \to B \in \mathbb{R}$	$a_n \pm b_n \to A \pm B$
◇ *prodotto*	
$a_n \to A \in \mathbb{R} \ \wedge\ b_n \to B \in \mathbb{R}$	$a_n \cdot b_n \to AB$
◇ *reciproco*	
$a_n \to A \neq 0$	$\dfrac{1}{a_n} \to \dfrac{1}{A}$
◇ *quoziente*	
$a_n \to A \in \mathbb{R} \ \wedge\ b_n \to B \neq 0$	$\dfrac{a_n}{b_n} \to \dfrac{A}{B}$

Aritmetica dei limiti

Limiti infiniti o limite denominatore uguale a zero

ipotesi	*tesi*
◇ *prodotto per un numero*	
$a_n \to \pm\infty,\ k \in \mathbb{R}$	$ka_n \to \begin{cases} 0 & \text{se } k = 0 \\ \pm\infty & \text{se } k > 0 \\ \mp\infty & \text{se } k < 0 \end{cases}$
$a_n \to \infty,\ k \in \mathbb{R}$	$ka_n \to \begin{cases} 0 & \text{se } k = 0 \\ \infty & \text{se } k \neq 0 \end{cases}$
◇ *somma e differenza*	
$a_n \to A \in \mathbb{R} \ \wedge \ b_n \to \pm\infty$	$a_n + b_n \to \pm\infty,\quad a_n - b_n \to \mp\infty$
$a_n \to A \in \mathbb{R} \ \wedge \ b_n \to \pm\infty$	$a_n - b_n \to \mp\infty$
$a_n \to A \in \mathbb{R} \ \wedge \ b_n \to \infty$	$a_n \pm b_n \to \infty$
$a_n \to \pm\infty \ \wedge \ b_n \to \pm\infty$	$a_n + b_n \to \pm\infty$
$a_n \to \pm\infty \ \wedge \ b_n \to \mp\infty$	$a_n - b_n \to \pm\infty$
$a_n \to +\infty \ \wedge \ b_n \to -\infty$	$a_n + b_n \to ?$
$a_n \to +\infty \ \wedge \ b_n \to +\infty$	$a_n - b_n \to ?$
◇ *prodotto*	
$a_n \to A \in \mathbb{R} \ \wedge \ b_n \to \pm\infty$	$a_n \cdot b_n \to \begin{cases} \pm\infty & \text{se } A > 0 \\ \mp\infty & \text{se } A < 0 \\ ? & \text{se } A = 0 \end{cases}$
$a_n \to A \in \mathbb{R} \ \wedge \ b_n \to \infty$	$a_n \cdot b_n \to \begin{cases} \infty & \text{se } A \neq 0 \\ ? & \text{se } A = 0 \end{cases}$
$a_n \to \pm\infty \ \wedge \ b_n \to \pm\infty$	$a_n \cdot b_n \to +\infty$
$a_n \to \pm\infty \ \wedge \ b_n \to \mp\infty$	$a_n \cdot b_n \to -\infty$

Aritmetica dei limiti

Limiti infiniti o limite denominatore uguale a zero – continuazione

ipotesi	*tesi*
◇ *reciproco*	
$a_n \to \pm\infty/\infty$	$\dfrac{1}{a_n} \to 0^{\pm}/0$
$a_n \to 0, a_n \neq 0\ \forall n \geq n_0$	$\dfrac{1}{a_n} \to \begin{cases} +\infty & \text{se } a_n > 0 \\ -\infty & \text{se } a_n < 0 \\ \infty & \text{se } a_n \neq 0 \end{cases}$
◇ *quoziente*	
$a_n \to \pm\infty/\infty \ \wedge\ b_n \to B \neq 0$	$\dfrac{a_n}{b_n} \to \begin{cases} \pm\infty/\infty & \text{se } B > 0 \\ \mp\infty/\infty & \text{se } B < 0 \end{cases}$
$a_n \to A \in \mathbb{R}\backslash\{0\} \ \wedge\ b_n \to 0,\ b_n \neq 0\ \forall n \geq n_0$	$\dfrac{a_n}{b_n} \to \infty$
$a_n \to \infty \ \wedge\ b_n \to 0,\ b_n \neq 0\ \forall n \geq n_0$	$\dfrac{a_n}{b_n} \to \infty$
$a_n \to \infty \ \wedge\ b_n \to \infty$	$\dfrac{a_n}{b_n} \to\ ?$
$a_n \to 0 \ \wedge\ b_n \to 0,\ b_n \neq 0\ \forall n \geq n_0$	$\dfrac{a_n}{b_n} \to\ ?$

Forme di indecisione: $+\infty - \infty,\ 0 \cdot \infty,\ \dfrac{0}{0},\ \dfrac{\infty}{\infty}.$

Aritmetica dei limiti

$\lim_{n\to+\infty} a_n = 0/\infty, \quad \nexists \lim_{n\to+\infty} b_n$

ipotesi	*tesi*
◇ *somma e differenza*	
$a_n \to +\infty \ \wedge \ H \leq b_n \ \forall n \geq n_0$	$a_n + b_n \to +\infty$
$a_n \to -\infty \ \wedge \ b_n \leq K \ \forall n \geq n_0$	$a_n + b_n \to -\infty$
$a_n \to +\infty \ \wedge \ b_n \leq K \ \forall n \geq n_0$	$a_n - b_n \to +\infty$
$a_n \to -\infty \ \wedge \ H \leq b_n \ \forall n \geq n_0$	$a_n - b_n \to -\infty$
$a_n \to \infty \ \wedge \ H \leq b_n \leq K \ \forall n \geq n_0$	$a_n \pm b_n \to \infty$
◇ *prodotto*	
$a_n \to 0 \ \wedge \ b_n$ limitata	$a_n \cdot b_n \to 0$
$a_n \to \pm\infty \ \wedge \ b_n > c > 0 \ \forall n \geq n_0$	$a_n \cdot b_n \to \pm\infty$
$a_n \to \pm\infty \ \wedge \ b_n < -c < 0 \ \forall n \geq n_0$	$a_n \cdot b_n \to \mp\infty$
$a_n \to \infty \ \wedge \ \lvert b_n \rvert > c > 0 \ \forall n \geq n_0$	$a_n \cdot b_n \to \infty$
◇ *quoziente*	
$a_n \to \infty \ \wedge \ b_n$ limitata	$\frac{a_n}{b_n} \to \infty$
$a_n \to 0 \ \wedge \ \lvert b_n \rvert > c > 0$	$\frac{a_n}{b_n} \to 0$

Osservazione -

◇ L'ipotesi $|b_n| > c > 0$ è più forte della semplice ipotesi $b_n \neq 0$; richiede infatti che la successione sia non solo non nulla, ma anche *discosta da zero*: non si può avvicinare più di tanto allo zero. Ad esempio: $\frac{1}{n} + (\sin n)^2$ è non nulla, ma non discosta da zero; $\frac{1}{1000} + \frac{1}{n}$ è discosta da zero.

◇ Le proprietà:

(i) $\lim_{n\to+\infty}(ka_n) = k \lim_{n\to+\infty} a_n$ (un fattore scalare *esce* dal simbolo di limite);

(ii) $\lim_{n\to+\infty}(a_n + b_n) = \lim_{n\to+\infty} a_n + \lim_{n\to+\infty} b_n$ (il limite della somma è la somma dei limiti);

mostrano che *l'operazione di limite è lineare.*

◇ L'aritmetica dei limiti fornisce condizioni *solo sufficienti*; può capitare che e-

sista il limite della successione risultato dell'operazione, anche se non è verificata nessuna delle ipotesi.
Esempio: $a_n = (\sin n)^2$, $b_n = (\cos n)^2$, $\nexists \lim_{n\to+\infty} a_n$, $\nexists \lim_{n\to+\infty} b_n$, eppure esiste $\lim_{n\to+\infty}(a_n + b_n) = 1$ (perché $(\sin x)^2 + (\cos x)^2 = 1\ \forall x \in \mathbb{R}$).
◇ L'aritmetica dei limiti può servire per *escludere* l'esistenza di un limite: ad esempio, se esiste finito $\lim_{n\to+\infty} a_n$, ma non esiste $\lim_{n\to+\infty} b_n$, allora non può esistere $\lim_{n\to+\infty}(a_n + b_n)$, perché altrimenti si avrebbe $\lim_{n\to+\infty} b_n = \lim_{n\to+\infty}(a_n + b_n) - \lim_{n\to+\infty} a_n$.
Esempio: $\frac{n+1+n\sin n}{n} = (1+\frac{1}{n}) + \sin n$; $\lim_{n\to+\infty}(1+\frac{1}{n}) = 1$, $\nexists \lim_{n\to+\infty} \sin n$, $\Rightarrow \nexists \lim_{n\to+\infty} \frac{n+1+n\sin n}{n}$.
◇ Per risolvere le forme di indecisione, in alcuni casi, bastano semplici *furbizie matematiche* (v.esempi); altri importanti strumenti saranno visti in seguito.

Esempio 1.6 -
(a) Da $n \to +\infty$ e $\frac{1}{n} \to 0^+$, segue, per il teorema sul prodotto, $n^k \to +\infty$, $\frac{1}{n^k} \to 0^+$, per ogni intero positivo k (si ritrova il risultato già visto);
(b) $n + \frac{1}{(-3)^n}$; $n \to +\infty$, $(-\frac{1}{3})^n \to 0$, $\Rightarrow n + \frac{1}{(-3)^n} \to +\infty$;
(c) $\frac{\sin n}{n}$; $\sin n$ limitata, $\frac{1}{n} \to 0$, $\Rightarrow \frac{\sin n}{n} \to 0$;
(d) $n(-2+\sin n)$; $n \to +\infty$, $-2+\sin n \le -1\ \forall n$, $\Rightarrow n(-2+\sin n) \to -\infty$;
(e) $n^2(1-\cos\frac{1}{n})$; utilizzando la formula di bisezione ed il risultato $\frac{\sin\frac{1}{n}}{\frac{1}{n}} \to 1$ (v. esempio 1.4), si ha:

$$n^2\left(1-\cos\frac{1}{n}\right) = 2n^2\left(\sin\frac{1}{2n}\right)^2 = \frac{1}{2}\cdot\underbrace{\frac{\sin\frac{1}{2n}}{\frac{1}{2n}}}_{\to 1^-}\cdot\underbrace{\frac{\sin\frac{1}{2n}}{\frac{1}{2n}}}_{\to 1^-} \to \frac{1}{2}^-;$$

(f) $\frac{n+1}{n+2}$; è forma di indecisione $\frac{\infty}{\infty}$, ma si osserva che $\frac{n+1}{n+2} = \frac{n+2-1}{n+2} = 1 - \frac{1}{n+2}$ e quindi $\lim_{n\to+\infty} \frac{n+1}{n+2} = 1^-$;
(g) $\frac{n-2}{n^2+n+1}$; è forma di indecisione $\frac{\infty}{\infty}$, ma, raccogliendo le potenze di grado maggiore, a numeratore e denominatore, si ottiene

$$\frac{n-2}{n^2+n+1} = \frac{n(1-\frac{2}{n})}{n^2(1+\frac{1}{n}+\frac{1}{n^2})} = \underbrace{\frac{1}{n}}_{\to 0^+}\cdot\frac{\overbrace{(1-\frac{2}{n})}^{\to 1}}{\underbrace{(1+\frac{1}{n}+\frac{1}{n^2})}_{\to 1}} \to 0^+;$$

(h) **funzioni razionali:** la forma di indecisione $\frac{\infty}{\infty}$, data dal limite di una funzione razionale, si risolve in modo simile al precedente, raccogliendo le potenze di grado maggiore, a numeratore ed a denominatore:

$$\frac{a_r n^r + a_{r-1}n^{r-1} + \cdots + a_0}{b_s n^s + b_{s-1}n^{s-1} + \cdots + b_0} = \frac{a_r n^r \overbrace{(1 + \frac{a_{r-1}}{a_r n} + \cdots + \frac{a_0}{a_r n^r})}^{\to 1}}{b_s n^s \underbrace{(1 + \frac{b_{s-1}}{b_s n} + \cdots + \frac{b_0}{b_s n^s})}_{\to 1}} = \frac{a_r}{b_s} n^{r-s} \cdot \underbrace{\cdots}_{\to 1}$$

$$\lim_{n\to+\infty} \frac{a_r n^r + a_{r-1}n^{r-1} + \cdots + a_0}{b_s n^s + b_{s-1}n^{s-1} + \cdots + b_0} = \begin{cases} 0 & \text{se } r < s \\ \infty & \text{se } r > s \\ \frac{a_r}{b_s} & \text{se } r = s \end{cases}$$

(il fatto poi che sia 0^+ o 0^-, $+\infty$ o $-\infty$, dipende dalla concordanza o discordanza dei segni di a_r e b_s); alcuni esempi:

$\lim_{n\to+\infty} \frac{-2n^5+n^4-7n^2+\pi}{3n^4-n+1} = \lim_{n\to+\infty} \frac{-2n^5}{3n^4} = -\infty$,

$\lim_{n\to+\infty} \frac{-2n^5+n^4-7n^2+\pi}{7n^6-2n^3} = \lim_{n\to+\infty} \frac{-2n^5}{7n^6} = 0^-$,

$\lim_{n\to+\infty} \frac{-2n^5+n^4-7n^2+\pi}{3n^5+n^2+\sqrt{2}} = \lim_{n\to+\infty} \frac{-2n^5}{3n^5} = -\frac{2}{3}$;

(i) il caso di rapporto di infinitesimi n^{-k} (cioè la forma di indecisione $\frac{0}{0}$), si risolve in modo simile, raccogliendo a numeratore ed a denominatore le potenze ad esponente minore in valore assoluto; ad esempio:

$\lim_{n\to+\infty} \frac{\frac{3}{n}+\frac{2}{n^3}-\frac{1}{n^4}}{\frac{2}{n^2}+\frac{1}{n^4}-\frac{2}{n^5}} = \lim_{n\to+\infty} \frac{\frac{3}{n}}{\frac{2}{n^2}} = +\infty$, $\lim_{n\to+\infty} \frac{\frac{-2}{n^3}+\frac{5}{n^4}}{\frac{7}{n^3}-\frac{4}{n^5}} = \lim_{n\to+\infty} \frac{\frac{-2}{n^3}}{\frac{7}{n^3}} = -$

$\lim_{n\to+\infty} \frac{-\frac{2}{n^2}+\frac{3}{n^3}}{\frac{7}{n}-\frac{1}{n^2}} = \lim_{n\to+\infty} \frac{-\frac{2}{n^2}}{\frac{7}{n}} = 0^-$;

(l) si opera allo stesso modo, nel caso di esponenti reali (anche non interi); ad esempio: $\lim_{n\to+\infty} \frac{\sqrt{n}+n^\pi}{\sqrt[3]{n}+n^2} = \lim_{n\to+\infty} \frac{n^\pi}{n^2} = +\infty$, $\lim_{n\to+\infty} \frac{\frac{1}{\sqrt{n}}+\frac{1}{n^\pi}}{\frac{1}{\sqrt[3]{n}}+\frac{1}{n}} = \lim_{n\to+\infty} \frac{\frac{1}{\sqrt{n}}}{\frac{1}{\sqrt[3]{n}}} = 0^+$;

(m) $\sqrt{n+1}-\sqrt{n}$; è forma di indecisione $+\infty-\infty$, ma si può risolvere ricorrendo all'identità $(a^2-b^2) = (a-b)(a+b)$:

$$\sqrt{n+1}-\sqrt{n} = \left(\sqrt{n+1}-\sqrt{n}\right) \cdot \frac{\sqrt{n+1}+\sqrt{n}}{\sqrt{n+1}+\sqrt{n}} = \frac{(n+1)-n}{\sqrt{n+1}+\sqrt{n}} = \frac{1}{\underbrace{\sqrt{n+1}}_{\to+\infty}+\underbrace{\sqrt{n}}_{\to+\infty}} \to 0^+;$$

(n) $\sqrt[3]{n-2} - \sqrt[3]{n+1}$; è forma di indecisione $+\infty - \infty$, ma, in modo simile a prima, si può risolvere ricorrendo all'identità $(a^3 - b^3) = (a-b)(a^2+ab+b^2)$:

$$\left(\sqrt[3]{n-2} - \sqrt[3]{n+1}\right) \cdot \frac{\sqrt[3]{(n-2)^2} + \sqrt[3]{(n-2)(n+1)} + \sqrt[3]{(n+1)^2}}{\sqrt[3]{(n-2)^2} + \sqrt[3]{(n-2)(n+1)} + \sqrt[3]{(n+1)^2}} =$$

$$= \frac{\overbrace{(n-2)-(n+1)}^{\to -3}}{\underbrace{\sqrt[3]{(n-2)^2}}_{\to +\infty} + \underbrace{\sqrt[3]{(n-2)(n+1)}}_{\to +\infty} + \underbrace{\sqrt[3]{(n+1)^2}}_{\to +\infty}} \to 0^-. \qquad \square$$

6 - Esponenziali e logaritmi a base variabile – forme di indecisione

Si possono costruire nuove successioni, non solo con le operazioni algebriche $+\ -\ \cdot\ :$, ma anche con l'esponenziale ed il logaritmo. Date le successioni $\{a_n\}$ e $\{b_n\}$, consideriamo: $a_n^{b_n}$ se $a_n > 0,\ b_n \in \mathbb{R}$; $\log_{a_n}(b_n)$ se $a_n > 0,\ a_n \neq 1,\ b_n > 0$. Nel caso *base costante*, valgono i seguenti risultati (in parte già visti):

Esponenziali e logaritmi - base costante	
ipotesi	*tesi*
$\diamond\ a^{b_n},\ a > 0$	
$b_n \to B \in \mathbb{R}$	$a^{b_n} \to a^B$
$b_n \to +\infty / -\infty$	$a^{b_n} \to \begin{cases} +\infty/0^+ & \text{se } a > 1 \\ 1 & \text{se } a = 1 \\ 0^+/+\infty & \text{se } 0 < a < 1 \end{cases}$
$\diamond\ \log_a(b_n),\ a > 0,\ a \neq 1,\ b_n > 0$	
$b_n \to B > 0$	$\log_a(b_n) \to \log_a B$
$b_n \to 0^+/+\infty$	$\log_a(b_n) \to \begin{cases} -\infty/+\infty & \text{se } a > 1 \\ +\infty/-\infty & \text{se } 0 < a < 1 \end{cases}$

Il caso *base variabile* può essere ricondotto al precedente, grazie a una piccola furbizia: fissato un qualsiasi numero $\alpha > 0$, $\alpha \neq 1$, si ha

$$a_n^{b_n} = \alpha^{\log_\alpha\left(a_n^{b_n}\right)} = \alpha^{b_n \log_\alpha(a_n)}, \qquad \log_{a_n}(b_n) = \frac{\log_\alpha(b_n)}{\log_\alpha(a_n)}.$$

Ora, però, c'è il rischio di andare a finire in una forma di indecisione del tipo $0 \cdot \infty$, $\frac{0}{0}$, $\frac{\infty}{\infty}$; ad esempio, se $a_n \to 1$ e $b_n \to \infty$, si ha $a_n^{b_n} = \alpha^{\overbrace{b_n}^{\to\infty}\overbrace{\log_\alpha(a_n)}^{\to 0}}$.

Esponenziali - base variabile

ipotesi	*tesi*
$\diamond$ $a_n^{b_n} = \alpha^{b_n \log_\alpha(a_n)}$, $a_n > 0$	
$a_n \to A \neq 0$, $b_n \to B \in I\!R$	$a_n^{b_n} \to A^B$
$a_n \to 0^+$, $b_n \to B \neq 0$	$a_n^{b_n} \to \begin{cases} 0^+ & \text{se } B > 0 \\ +\infty & \text{se } B < 0 \end{cases}$
$a_n \to A \neq 1$, $b_n \to \pm\infty$	$a_n^{b_n} \to \begin{cases} +\infty/0^+ & \text{se } A > 1 \\ 0^+/+\infty & \text{se } A < 1 \end{cases}$
$a_n \to +\infty$, $b_n \to B \neq 0$	$a_n^{b_n} \to \begin{cases} +\infty & \text{se } B > 0 \\ 0^+ & \text{se } B < 0 \end{cases}$
$a_n \to +\infty$, $b_n \to \pm\infty$	$a_n^{b_n} \to +\infty/0^+$
$a_n \to 1$, $b_n \to \pm\infty/\infty$	$a_n^{b_n} \to ?$
$a_n \to 0^+$, $b_n \to 0$	$a_n^{b_n} \to ?$
$a_n \to +\infty$, $b_n \to 0$	$a_n^{b_n} \to ?$
Forme di indecisione:	1^∞, 0^0, ∞^0.

Logaritmi - base variabile

ipotesi	*tesi*
$\diamond\ \log_{a_n}(b_n) = \frac{\log_\alpha(b_n)}{\log_\alpha(a_n)},\ a_n > 0,\ a_n \neq 1,\ b_n > 0$	
$a_n \to A > 0,\ A \neq 1,\ b_n \to B > 0$	$\log_{a_n}(b_n) \to \log_A B$
$a_n \to A > 0,\ A \neq 1,\ b_n \to +\infty$	$\log_{a_n}(b_n) \to \begin{cases} +\infty & \text{se } A > 1 \\ -\infty & \text{se } A < 1 \end{cases}$
$a_n \to A > 0,\ A \neq 1,\ b_n \to 0^+$	$\log_{a_n}(b_n) \to \begin{cases} -\infty & \text{se } A > 1 \\ +\infty & \text{se } A < 1 \end{cases}$
$a_n \to 0^+,\ b_n \to 0^+$	$\log_{a_n}(b_n) \to ?$
$a_n \to 0^+,\ b_n \to +\infty$	$\log_{a_n}(b_n) \to ?$
$a_n \to +\infty,\ b_n \to 0^+$	$\log_{a_n}(b_n) \to ?$
$a_n \to +\infty,\ b_n \to +\infty$	$\log_{a_n}(b_n) \to ?$
$a_n \to 1,\ b_n \to 1$	$\log_{a_n}(b_n) \to ?$
Forme di indecisione: $\log_0 0,\ \log_0 \infty,\ \log_\infty 0,\ \log_\infty \infty,\ \log_1 1$	

Esempio 1.7 -

(a) 0^0 $\quad a_n = \frac{1}{3^n} \quad b_n = \frac{1}{n^2} \quad \Rightarrow \quad a_n^{b_n} = \frac{1}{\sqrt[n]{3}} \to 1^-$

(b) 0^0 $\quad a_n = \frac{1}{3^{n^2}} \quad b_n = \frac{1}{n} \quad \Rightarrow \quad a_n^{b_n} = \frac{1}{3^n} \to 0^+$

(c) 0^0 $\quad a_n = \frac{1}{3^n} \quad b_n = \frac{1}{n} \quad \Rightarrow \quad a_n^{b_n} = \frac{1}{3} \to \frac{1}{3}$

(d) ∞^0 $\quad a_n = 5^{n^2} \quad b_n = \frac{1}{n} \quad \Rightarrow \quad a_n^{b_n} = 5^n \to +\infty$

(e) ∞^0 $\quad a_n = 5^n \quad b_n = \frac{1}{n^2} \quad \Rightarrow \quad a_n^{b_n} = \sqrt[n]{5} \to 1^+$

(f) ∞^0 $\quad a_n = 5^n \quad b_n = \frac{1}{n} \quad \Rightarrow \quad a_n^{b_n} = 5 \to 5$

(g) $\log_0 \infty$ $\quad a_n = \frac{1}{n} \quad b_n = n \quad \Rightarrow \quad \log_{a_n} b_n = \frac{\log_\alpha n}{-\log_\alpha n} \to -1$

(h) $\log_0 0$ $\quad a_n = \frac{1}{n} \quad b_n = \frac{1}{n^2} \quad \Rightarrow \quad \log_{a_n} b_n = \frac{-2\log_\alpha n}{-\log_\alpha n} \to 2$

(i) $\log_\infty \infty$ $\quad a_n = 2^n \quad b_n = 2^{n^2} \quad \Rightarrow \quad \log_{a_n} b_n = \frac{n^2 \log_\alpha 2}{n \log_\alpha 2} \to +\infty$ □

Osservazione - Le forme di indecisione, in totale, sono quindi 12 (una *sporca dozzina* ...); sembrano troppe, ma c'è la scappatoia! Come si è visto, quelle di esponenziali e logaritmi si scaricano su $0 \cdot \infty$, $\frac{0}{0}$ e $\frac{\infty}{\infty}$; queste, poi, sono inter-

scambiabili (basta scrivere $\frac{a_n}{b_n}$ come $\frac{\frac{1}{b_n}}{\frac{1}{a_n}}$ e $a_n \cdot b_n = \frac{a_n}{\frac{1}{b_n}}$); anche $+\infty - \infty$ si può scaricare su queste, scrivendo $a_n - b_n = a_n(1 - \frac{b_n}{a_n})$.
In definitiva, di solito basta saper risolvere $\frac{\infty}{\infty}$ e/o $\frac{0}{0}$ (v. paragrafo 10).

7 - Un limite importantissimo – il numero di Nepero

Abbiamo già visto (introduzione, esempio 1.1 (f), figura 1.1 (f)) la successione $a_n = (1 + \frac{1}{n})^n$, che presenta la forma di indecisione 1^∞. Essa consente di definire un numero che, al pari di π, ha un'importanza capitale nella scienza.

Teorema 1.12 - *La successione $a_n = (1 + \frac{1}{n})^n$ è convergente, per difetto; il suo limite, indicato con e, è detto* ***numero di Nepero****.*

Dimostriamo che $\{a_n\}$, insieme ad una sua *parente stretta* $\{b_n\}$, forma una coppia di successioni convergenti (v. definizione 1.11).
(i) $\{a_n\}$ è strettamente crescente; infatti $a_n > a_{n-1}$, perché:

$$\frac{a_n}{a_{n-1}} = \frac{(1 + \frac{1}{n})^n}{(1 + \frac{1}{n-1})^{n-1}} = \frac{(\frac{n+1}{n})^n (\frac{n-1}{n})^n}{\frac{n-1}{n}} = \frac{(1 - \frac{1}{n^2})^n}{1 - \frac{1}{n}} \underbrace{>}_{(*)} \frac{1 - \frac{1}{n}}{1 - \frac{1}{n}} = 1$$

nel passaggio $(*)$, si è utilizzata la disuguaglianza di Bernoulli $(1 - \frac{1}{n^2})^n > 1 - n\frac{1}{n^2} = 1 - \frac{1}{n}$; notiamo che $a_n \geq a_1 = 2 \ \forall n > 0$;
(ii) consideriamo la successione definita da $b_n = (1 + \frac{1}{n})^{n+1}$ (anch'essa del tipo 1^∞); vale $a_n < b_n \ \forall n > 0$ e, in modo simile al precedente, si può dimostrare che $\{b_n\}$ è strettamente decrescente; notiamo che $b_n \leq b_1 = 4 \ \forall n > 0$;
(iii) $0 < b_n - a_n = (1 + \frac{1}{n})^{n+1} - (1 + \frac{1}{n})^n = (1 + \frac{1}{n})^{n+1} \cdot \frac{1}{n+1} = \frac{b_n}{n+1} \leq \frac{4}{n+1} \to 0^+$;
$\{a_n\}$ e $\{b_n\}$ costituiscono quindi una coppia di successioni convergenti, indichiamo il loro limite comune con e.
I termini di indice n, a_n e b_n, forniscono un'approssimazione di e, per difetto e per eccesso, con un errore minore di $\frac{4}{n+1}$; ad esempio:

$n = 1$	$a_1 = 2$	$b_1 = 4$
$n = 2$	$a_2 = 2.25$	$b_2 = 3.375$
$n = 10$	$a_{10} = 2.5937\cdots$	$b_{10} = 2.8531\cdots$

$n = 100 \quad a_{100} = 2.7048\cdots \quad b_{100} = 2.7318\cdots$

Come si vede, la convergenza è molto lenta; per il calcolo di e si deve usare un altro metodo (v. esempio 2.15).

Osservazione -

◇ Il numero di Nepero è irrazionale; non solo, è anche trascendente, cioè non è soluzione di alcuna equazione polinomiale a coefficienti interi.

◇ Il numero di Nepero viene spesso usato come base dei logaritmi, che vengono detti *logaritmi naturali* ed indicati con log o ln.

◇ Al posto di n si può usare una qualsiasi successione divergente; si ha

$$a_n \to \pm\infty/\infty \;\Rightarrow\; \left(1 + \frac{1}{a_n}\right)^{a_n} \to e^{\mp}/e.$$

Esempio: $(1 - \frac{1}{n^2})^{-n^2} = e^+$, $\qquad (1 + \frac{1}{\log n})^{\log n} = e^-$.

8 - Limiti notevoli

Va sotto il nome di *limiti notevoli*, un gruppetto di limiti (in forma di indecisione) che, una volta risolti ed *acquisiti*, consentono di calcolare molti altri limiti.

Il primo gruppo discende dal limite che definisce il numero di Nepero; il secondo, deriva dal limite $\lim_{n\to+\infty} \frac{\log_2 n}{n} = 0^+$ (dim. in appendice); il terzo riguarda le funzioni trigonometriche (v. esempi 1.4 e 1.6).

Limiti notevoli

$$\lim_{n\to+\infty}\left(1+\frac{\alpha}{n}\right)^n = e^\alpha \quad \forall \alpha \in \mathbb{R} \qquad \lim_{n\to+\infty}\frac{a^{\frac{1}{n}}-1}{\frac{1}{n}} = \log a \quad \forall a > 0$$

$$\lim_{n\to+\infty}\frac{\log_a(1+\frac{1}{n})}{\frac{1}{n}} = \frac{1}{\log a} \quad \forall a > 0, a \neq 1 \qquad \lim_{n\to+\infty}\frac{(1+\frac{1}{n})^\alpha - 1}{\frac{1}{n}} = \alpha \quad \forall \alpha \in \mathbb{R}$$

$$\lim_{n\to+\infty}\frac{\log_a n}{n} = \begin{cases} 0^+ & \text{se } a > 1 \\ 0^- & \text{se } 0 < a < 1 \end{cases}$$

$$\lim_{n\to+\infty}\frac{a^n}{n} = +\infty \quad \forall a > 1 \qquad \lim_{n\to+\infty}\frac{a^{-n}}{n} = +\infty \quad \forall 0 < a < 1$$

$$\lim_{n\to+\infty} na^n = 0^+ \quad \forall 0 < a < 1 \qquad \lim_{n\to+\infty} na^{-n} = 0^+ \quad \forall a > 1$$

$$\lim_{n\to+\infty}\frac{\sin\frac{1}{n}}{\frac{1}{n}} = 1^- \qquad \lim_{n\to+\infty}\frac{1-\cos\frac{1}{n}}{\frac{1}{n^2}} = \frac{1}{2}^-$$

$$\lim_{n\to+\infty}\frac{\operatorname{tg}\frac{1}{n}}{\frac{1}{n}} = 1^+ \qquad \lim_{n\to+\infty}\frac{\operatorname{arctg}\frac{1}{n}}{\frac{1}{n}} = 1^-$$

valgono gli stessi risultati, ponendo, al posto di n (rispettivamente, di $\frac{1}{n}$), una qualsiasi successione a_n divergente (rispettivamente, infinitesima).

Esempio 1.8 -

(a) $$a_n = \frac{e^{\frac{7}{n}}-1}{\frac{2}{n}} = \underbrace{\frac{e^{\frac{7}{n}}-1}{\frac{7}{n}}}_{\to 1}\cdot\frac{7}{2} \Rightarrow \lim_{n\to+\infty} a_n = \frac{7}{2};$$

(b) $$a_n = \frac{e^{\frac{2}{n}}-1}{\sin\frac{5}{n}} = \underbrace{\frac{e^{\frac{2}{n}}-1}{\frac{2}{n}}}_{\to 1}\cdot\underbrace{\frac{\frac{5}{n}}{\sin\frac{5}{n}}}_{\to 1}\cdot\frac{2}{5} \Rightarrow \lim_{n\to+\infty} a_n = \frac{2}{5};$$

(c) $$a_n = \frac{\sqrt{1-\frac{3}{n}}-1}{\log(1+\frac{2}{n})} = \underbrace{\frac{\sqrt{1-\frac{3}{n}}-1}{-\frac{3}{n}}}_{\to\frac{1}{2}}\cdot\underbrace{\frac{\frac{2}{n}}{\log(1+\frac{2}{n})}}_{\to 1}\cdot -\frac{3}{2} \Rightarrow \lim_{n\to+\infty} a_n = -\frac{3}{4};$$

(d) $$a_n = \sqrt{n}3^{-\sqrt{n}} = \sqrt{n}\left(\frac{1}{3}\right)^{\sqrt{n}} \to 0^+;$$

(e) $a_n = \dfrac{2^{n^2-n}}{n^2} = \underbrace{\dfrac{2^{n^2-n}}{n^2-n}}_{\to+\infty} \cdot \underbrace{\dfrac{n^2-n}{n^2}}_{\to 1} \Rightarrow \lim\limits_{n\to+\infty} a_n = +\infty;$

(f) $a_n = \left(1+\dfrac{3}{n^2}\right)^n = \left[\underbrace{\left(1+\dfrac{3}{n^2}\right)^{n^2}}_{\to e^3}\right]^{\frac{1}{n}} \Rightarrow \lim\limits_{n\to+\infty} a_n = \lim\limits_{n\to+\infty} e^{\frac{3}{n}} = 1^+.$ □

9 - I simboli di Landau

I simboli di Landau sono delle notazioni che si rivelano molto comode nel *fare matematica* e, in particolare, nel calcolo dei limiti. Essi riguardano il confronto del comportamento di due successioni, al tendere di n all'infinito.

Definizione 1.13 - *Si considerino due successioni $\{a_n\}$ e $\{b_n\}$; $\{b_n\}$ sia definitivamente non nulla. Si dice che, per $n \to +\infty$,*

*$a_n \sim b_n$ (a_n è **asintotica** a b_n)* $\Leftrightarrow$ $\lim\limits_{n\to+\infty} \dfrac{a_n}{b_n} = 1;$

*$a_n = o(b_n)$ (a_n è **o piccolo** di b_n)* $\Leftrightarrow$ $\lim\limits_{n\to+\infty} \dfrac{a_n}{b_n} = 0;$

*$a_n = O(b_n)$ (a_n è **O grande** di b_n)* $\Leftrightarrow$ $\exists M > 0, n_0 \in I\!N :$ $\left|\dfrac{a_n}{b_n}\right| \le M \ \forall n \ge n_0;$

*$a_n \asymp b_n$ (a_n ha lo **stesso ordine di grandezza** di b_n)* $\Leftrightarrow$ $\exists M, N > 0, n_0 \in I\!N :$ $N \le \left|\dfrac{a_n}{b_n}\right| \le M \ \forall n \ge n_0$

in particolare, se esiste $\lim\limits_{n\to+\infty} \dfrac{a_n}{b_n} = l \neq 0$, *allora* $a_n \asymp b_n$.

Osservazione -

◇ Dalle definizioni seguono le seguenti implicazioni (valide solo nel senso indicato):

$$\sim \ \Rightarrow \ \asymp \ \Rightarrow \ O \ \Leftarrow \ o$$

$\diamond$ $\sim$ e $\asymp$ sono relazioni di equivalenza nell'insieme delle successioni definitivamente non nulle.

$\diamond$ Grosso modo, si può dire che i simboli di Landau permettono di esprimere confronti tra i *pesi* delle successioni $\{a_n\}$ e $\{b_n\}$ al tendere di n a $+\infty$. $a_n \sim b_n$ significa che a_n e b_n tendono ad avere lo stesso peso; $a_n = o(b_n)$ significa che il peso di a_n diviene trascurabile rispetto a quello di b_n; $a_n = O(b_n)$ significa che a_n è *controllata* dall'alto da b_n; $a_n \asymp b_n$ significa che ognuna delle due successioni riesce a controllare l'altra.

$\diamond$ Il fatto che si possano confrontare tra loro a_n e b_n con qualche simbolo di Landau, non implica nulla sul *singolo* comportamento di a_n e b_n per $n \to +\infty$; a_n e b_n potrebbero essere infinite, o infinitesime, o convergere ad un numero non nullo, o non avere limite. È però vero che, la conoscenza del comportamento di una delle due, unito a qualche simbolo di Landau, dà informazioni sul comportamento dell'altra: per esempio

$$\begin{array}{llll}
a_n \sim b_n & \wedge \ \lim\limits_{n\to+\infty} b_n = l/\pm\infty & \Rightarrow & \lim\limits_{n\to+\infty} a_n = l/\pm\infty; \\
a_n = O(b_n) & \wedge \ b_n \ \text{limitata} & \Rightarrow & a_n \ \text{limitata}; \\
a_n = O(b_n) & \wedge \ \lim\limits_{n\to+\infty} b_n = 0 & \Rightarrow & \lim\limits_{n\to+\infty} a_n = 0; \\
a_n \asymp b_n & \wedge \ \lim\limits_{n\to+\infty} b_n = 0/\infty & \Rightarrow & \lim\limits_{n\to+\infty} a_n = 0/\infty.
\end{array}$$

$\diamond$ Sono molto comode queste equivalenze:

$$\begin{array}{lll}
a_n = o(1) & \Leftrightarrow & a_n \ \text{infinitesima}; \\
a_n = O(1) & \Leftrightarrow & a_n \ \text{limitata}; \\
\lim\limits_{n\to+\infty} a_n = l \in I\!R & \Leftrightarrow & a_n = l + o(1).
\end{array}$$

$\diamond$ Vale $a_n o(b_n) = o(a_n b_n)$; questa proprietà permette di semplificare i conti, nei prodotti; ad esempio: $((n+o(n))(n^2+o(n^2)) = n^3+n^2o(n)+no(n^2)+o(n)o(n^2) = n^3 + o(n^3)$.

Esempio 1.9 -

(a) $e^{\frac{1}{n}} - 1 \sim \log(1+\frac{1}{n})$; infatti $\dfrac{e^{\frac{1}{n}}-1}{\log(1+\frac{1}{n})} = \underbrace{\dfrac{e^{\frac{1}{n}}-1}{\frac{1}{n}}}_{\to 1} \cdot \underbrace{\dfrac{\frac{1}{n}}{\log(1+\frac{1}{n})}}_{\to 1} \to 1;$

(b) $\sin\frac{1}{n} \asymp \sqrt{1+\frac{1}{n}}-1$; infatti $\dfrac{\sin\frac{1}{n}}{\sqrt{1+\frac{1}{n}}-1} = \underbrace{\dfrac{\sin\frac{1}{n}}{\frac{1}{n}}}_{\to 1} \cdot \underbrace{\dfrac{\frac{1}{n}}{\sqrt{1+\frac{1}{n}}-1}}_{\to 2} \to 2$;

(c) $3n^2-2n+1 \asymp 5n^2-7$; infatti $\displaystyle\lim_{n\to+\infty} \frac{3n^2-2n+1}{5n^2-7} = \lim_{n\to+\infty}\frac{3n^2}{5n^2} = \frac{3}{5}$;

(d) $\sin n = O(1)$; infatti $\left|\dfrac{\sin n}{1}\right| = |\sin n| \le 1\ \forall n$;

(e) $2+\sin n \asymp 3-\cos n$; infatti $\dfrac{1}{4} \le \dfrac{2+\sin n}{3-\cos n} \le \dfrac{3}{2}\ \forall n$;

(f) $e^{-n} = o(\frac{1}{n})$; infatti $\displaystyle\lim_{n\to+\infty}\frac{e^{-n}}{\frac{1}{n}} = \lim_{n\to+\infty} ne^{-n} = 0$;

(g) $n^2+\log n = o(2^n+\sqrt{n})$; infatti $\displaystyle\lim_{n\to+\infty}\frac{n^2+\log n}{2^n+\sqrt{n}} = \lim_{n\to+\infty}\frac{n^2}{2^n} = 0.$ □

I limiti notevoli possono essere *riletti* nel seguente modo:

Limiti notevoli e asintotico

Se x_n è una generica successione infinitesima, definitivamente non nulla, allora

$(1+\alpha x_n)^{\frac{1}{x_n}} \sim e^\alpha \quad \forall\alpha\in\mathbb{R}$ $\qquad a^{x_n}-1 \sim (\log a)x_n \quad \forall a>0$

$\log_a(1+x_n) \sim \dfrac{x_n}{\log a} \quad \forall a>0, a\ne 1$ $\qquad (1+x_n)^\alpha - 1 \sim \alpha x_n \quad \forall\alpha\in\mathbb{R}\setminus\{0\}$

$\sin x_n \sim x_n$ $\qquad \cos x_n \sim 1-\dfrac{x_n^2}{2}$

$\mathrm{tg}x_n \sim x_n$ $\qquad \mathrm{arctg}x_n \sim x_n$

La grande utilità dell'asintotico, nel calcolo dei limiti è data da

Teorema 1.14 - *Nel calcolo di un limite, si può sostituire, **in prodotti e quozienti**, ad una successione a_n un'altra successione b_n (più maneggevole!) asintotica ad a_n. In caso di somme e sottrazioni, la sostituzione non è lecita.*

Siano a_n, b_n e c_n, tali che $a_n \sim b_n$; allora $\lim_{n\to+\infty} a_nc_n = \lim_{n\to+\infty} b_nc_n$.
Infatti: $\displaystyle\lim_{n\to+\infty} a_nc_n = \lim_{n\to+\infty} \underbrace{\frac{a_n}{b_n}}_{\to 1}\cdot b_n\cdot c_n = \lim_{n\to+\infty} b_nc_n.$

Analogamente, vale $\displaystyle\lim_{n\to+\infty}\frac{a_n}{c_n} = \lim_{n\to+\infty}\frac{b_n}{c_n}.$

La sostituzione non è lecita in caso di somme e sottrazioni; ad esempio: $a_n = n^2 + n$, $b_n = n^2$, $c_n = n^2$: vale $a_n \sim b_n$, ma $\lim_{n\to+\infty}(a_n - c_n) = \lim_{n\to+\infty} n = +\infty$ è ben diverso da $\lim_{n\to+\infty}(b_n - c_n) = \lim_{n\to+\infty} 0 = 0$.

Esempio 1.10 -

(a) $$\left.\begin{array}{l} e^{\frac{2}{n}} - 1 \sim \dfrac{2}{n} \\ \log(1 - \dfrac{5}{n}) \sim -\dfrac{5}{n} \end{array}\right\} \Rightarrow \lim_{n\to+\infty} \frac{e^{\frac{2}{n}} - 1}{\log(1 - \frac{5}{n})} = \lim_{n\to+\infty} \frac{\frac{2}{n}}{-\frac{5}{n}} = -\frac{2}{5};$$

(b) $$\lim_{n\to+\infty} \sqrt{n}(e^{\frac{2}{\sqrt{n}}} - 1) = \lim_{n\to+\infty} \sqrt{n}\frac{2}{\sqrt{n}} = 2;$$

(c) $$\left(1 + \sin\frac{1}{2n}\right)^{\sqrt{n^2-1}} = e^{\sqrt{n^2-1}\log\left(1+\sin\frac{1}{2n}\right)}$$

$$\sqrt{n^2-1}\log\left(1 + \sin\frac{1}{2n}\right) \sim \sqrt{n^2-1}\sin\frac{1}{2n} \sim \sqrt{n^2-1}\frac{1}{2n} \sim \frac{n}{2n} \to \frac{1}{2}$$

$$\Rightarrow \lim_{n\to+\infty}\left(1 + \sin\frac{1}{2n}\right)^{\sqrt{n^2-1}} = e^{\frac{1}{2}};$$

(d) $n^2\log(1 + \dfrac{1}{n}) - n$; il fatto che $n^2\log(1+\frac{1}{n})$ sia asintotica ad n non autorizza a sostituire $n^2\log(1 + \frac{1}{n})$ con n, nel limite, perché si semplificherebbe con il successivo n. Per calcolare questo limite, occorrono le formule di Mac Laurin (v. Modulo 3).

□

10 - Infiniti ed infinitesimi

Le successioni convergenti a zero, o divergenti, sono particolarmente interessanti:

Definizione 1.15 - *Una successione a_n si dice* ***infinita*** *se* $\lim_{n\to+\infty} a_n = \pm\infty/\infty$*; si dice* ***infinitesima*** *se* $\lim_{n\to+\infty} a_n = 0$.

Esempi: $\frac{e^n}{n}$ è infinita; $\frac{\log n}{n}$ è infinitesima.

Diamo due criteri, utili per determinare se una successione è infinita o infinitesima (dimostrazioni in appendice).

Teorema 1.16 - Criterio della radice. *Sia a_n una successione (definitivamente) non negativa;*
(i) se esiste $\varrho \in I\!R$, $0 < \varrho < 1$, tale che, definitivamente per $n \to +\infty$, valga $\sqrt[n]{a_n} \le \varrho$, allora $\lim_{n\to+\infty} a_n = 0^+$;
(ii) se esiste $\varrho \in I\!R$, $\varrho > 1$, tale che, definitivamente per $n \to +\infty$, valga $\sqrt[n]{a_n} \ge \varrho$, allora $\lim_{n\to+\infty} a_n = +\infty$.

Corollario 1.17 - *Nel caso in cui esista $\lim_{n\to+\infty} \sqrt[n]{a_n} = l$; allora, dai risultati precedenti, discende:*
(i) $\lim\limits_{n\to+\infty} \sqrt[n]{a_n} = l < 1 \Rightarrow \lim\limits_{n\to+\infty} a_n = 0^+$;
(ii) $\lim\limits_{n\to+\infty} \sqrt[n]{a_n} = l > 1 \Rightarrow \lim\limits_{n\to+\infty} a_n = +\infty$.
Se $\lim_{n\to+\infty} \sqrt[n]{a_n} = 1$, non si può dire nulla a priori su $\lim_{n\to+\infty} a_n$ (caso di indecisione).

Teorema 1.18 - Criterio del rapporto. *Sia a_n una successione (definitivamente) positiva;*
(i) se esiste $\varrho \in I\!R$, $0 < \varrho < 1$, tale che, definitivamente per $n \to +\infty$, valga $\frac{a_{n+1}}{a_n} \le \varrho$, allora $\lim_{n\to+\infty} a_n = 0^+$;
(ii) se esiste $\varrho \in I\!R$, $\varrho > 1$, tale che, definitivamente per $n \to +\infty$, valga $\frac{a_{n+1}}{a_n} \ge \varrho$, allora $\lim_{n\to+\infty} a_n = +\infty$.

Corollario 1.19 - *Nel caso in cui esista $\lim_{n\to+\infty} \frac{a_{n+1}}{a_n} = l$; allora, dai risultati precedenti, discende:*
(i) $\lim\limits_{n\to+\infty} \dfrac{a_{n+1}}{a_n} = l < 1 \Rightarrow \lim\limits_{n\to+\infty} a_n = 0^+$;
(ii) $\lim\limits_{n\to+\infty} \dfrac{a_{n+1}}{a_n} = l > 1 \Rightarrow \lim\limits_{n\to+\infty} a_n = +\infty$.
Se $\lim_{n\to+\infty} \frac{a_{n+1}}{a_n} = 1$, non si può dire nulla a priori su $\lim_{n\to+\infty} a_n$ (caso di indecisione).

Osservazione - I criteri si possono applicare anche a successioni che cambiano segno, considerando $|a_n|$; infatti: $\lim_{n\to+\infty} |a_n| = 0 \quad \Leftrightarrow \quad \lim_{n\to+\infty} a_n = 0$ e $\lim_{n\to+\infty} |a_n| = +\infty \quad \Leftrightarrow \quad \lim_{n\to+\infty} a_n = \infty$.

Esempio 1.11 -

(a) $a_n = \frac{n^n}{n!}$ $\frac{a_{n+1}}{a_n} = \frac{(n+1)^{n+1}}{(n+1)!} \cdot \frac{n!}{n^n} = \left(\frac{n+1}{n}\right)^n \to e > 1$
$\Rightarrow \lim_{n\to+\infty} \frac{n^n}{n!} = +\infty$;

(b) $a_n = \frac{n^{\frac{n}{2}}}{n!}$ $\frac{a_{n+1}}{a_n} = \frac{(n+1)^{\frac{n+1}{2}}}{(n+1)!} \cdot \frac{n!}{n^{\frac{n}{2}}} = \underbrace{\frac{\sqrt{n+1}}{n+1}}_{\to 0^+} \underbrace{\left(\frac{n+1}{n}\right)^{\frac{n}{2}}}_{\to\sqrt{e}} \to 0^+$

$\Rightarrow \lim_{n\to+\infty} \frac{n^{\frac{n}{2}}}{n!} = 0$;

(c) $a_n = \frac{n^\beta}{\alpha^n}$, $(\alpha > 1,\ \beta > 0)$ $\frac{a_{n+1}}{a_n} = \left(\frac{n+1}{n}\right)^\beta \frac{\alpha^n}{\alpha^{n+1}} = \frac{1}{\alpha}\left(\frac{n+1}{n}\right)^\beta$
$\Rightarrow \lim_{n\to+\infty} \frac{a_{n+1}}{a_n} = \frac{1}{\alpha} < 1 \Rightarrow \lim_{n\to+\infty} \frac{n^\beta}{\alpha^n} = 0^+$;

il risultato ottenuto in (c) si può generalizzare a successioni del tipo (c') $\frac{x_n^\beta}{\alpha^{x_n}}$, $\alpha > 1,\ \beta > 0$, ove $\{x_n\}$ è una successione divergente a $+\infty$; si ottiene che anche queste successioni sono infinitesime;

(d) $a_n = \frac{(\log n)^r}{n^s}$, $r, s > 0$; il criterio del rapporto non dà informazioni, poiché $\lim_{n\to+\infty} \frac{a_{n+1}}{a_n} = 1$; si può però scrivere $\frac{(\log n)^r}{n^s} = \frac{(\log n)^r}{e^{s \log n}}$ e questa successione è del tipo (c'), ove si ponga $x_n = \log n$ e $\alpha = e^s$; vale quindi $\lim_{n\to+\infty} \frac{(\log n)^r}{n^s} = 0$ $\forall r, s > 0$;

(e) $a_n = \frac{\alpha^n}{n^{\frac{n}{2}}}$, $\alpha > 1$ $\lim\limits_{n\to+\infty} \sqrt[n]{a_n} = \lim\limits_{n\to+\infty} \frac{\alpha}{\sqrt{n}} = 0 \Rightarrow \lim\limits_{n\to+\infty} a_n = 0^+$;

(f) $a_n = \frac{\alpha^n}{n!}$, $\alpha > 1$ $\lim\limits_{n\to+\infty} \frac{a_{n+1}}{a_n} = \lim\limits_{n\to+\infty} \frac{\alpha^{n+1} n!}{\alpha^n (n+1)!} = \lim\limits_{n\to+\infty} \frac{\alpha}{n+1} = 0$
$\Rightarrow \lim\limits_{n\to+\infty} a_n = 0^+$;

(g) $(1 + \frac{1}{\sqrt{n}})^n$, $(1 + \frac{1}{\sqrt{n}})^{-n}$; per entrambe, il criterio della radice non risponde, poiché $\lim_{n\to+\infty} \sqrt[n]{a_n} = 1$; si nota però che

$$\lim_{n\to+\infty} (1 + \frac{1}{\sqrt{n}})^n = \lim_{n\to+\infty} \left[\left(1 + \frac{1}{\sqrt{n}}\right)^{\sqrt{n}}\right]^{\sqrt{n}} = \lim_{n\to+\infty} e^{\sqrt{n}} = +\infty;$$

$$\lim_{n\to+\infty} (1 + \frac{1}{\sqrt{n}})^{-n} = \lim_{n\to+\infty} \left[\left(1 + \frac{1}{\sqrt{n}}\right)^{\sqrt{n}}\right]^{-\sqrt{n}} = \lim_{n\to+\infty} e^{-\sqrt{n}} = 0^+. \qquad \square$$

Per risolvere le forme di indecisione $\frac{0}{0}$ e $\frac{\infty}{\infty}$ è importante saper *pesare* gli infiniti o infinitesimi, cioè riuscire a stabilire, tra due infiniti, chi va a infinito più in fretta, e, tra due infinitesimi, chi va a zero più in fretta.

Definizione 1.20 -

(i) Date due successioni infinite $\{a_n\}$ e $\{b_n\}$, allora, se

$$\lim_{n\to+\infty}\frac{a_n}{b_n}=\begin{cases}0 & \text{si dice che } a_n \text{ è infinita di ordine inferiore a } b_n\\ \infty & \text{si dice che } a_n \text{ è infinita di ordine superiore a } b_n\\ l\neq 0 & \text{si dice che } a_n \text{ e } b_n \text{ sono infinite dello stesso ordine}\\ \nexists & \text{si dice che } a_n \text{ e } b_n \text{ sono infinite non comparabili}\end{cases}$$

(ii) Date due successioni infinitesime $\{a_n\}$ e $\{b_n\}$ ($\{b_n\}$ definitivamente non nulla), allora, se

$$\lim_{n\to+\infty}\frac{a_n}{b_n}=\begin{cases}0 & \text{si dice che } a_n \text{ è infinitesima di ordine superiore a } b_n\\ \infty & \text{si dice che } a_n \text{ è infinitesima di ordine inferiore a } b_n\\ l\neq 0 & \text{si dice che } a_n \text{ e } b_n \text{ sono infinitesime dello stesso ord.}\\ \nexists & \text{si dice che } a_n \text{ e } b_n \text{ sono infinitesime non comparabili}\end{cases}$$

Attenzione: i primi due casi sono *rovesciati*, tra (i) e (ii); *di ordine superiore* vuol dire che va a infinito più in fretta (e quindi $\lim_{n\to+\infty}\frac{a_n}{b_n}=\infty$) o a zero più in fretta (e quindi $\lim_{n\to+\infty}\frac{a_n}{b_n}=0$).

Esempio 1.12 -

(a) $e^{\frac{2}{n}}-1$ è infinitesima dello stesso ordine di $\log(1+\frac{3}{n})$, perché

$$\lim_{n\to+\infty}\frac{e^{\frac{2}{n}}-1}{\log(1+\frac{3}{n})}=\lim_{n\to+\infty}\frac{\frac{2}{n}}{\frac{3}{n}}=\frac{2}{3};$$

(b) $\sqrt{1+\frac{1}{n^2}}-1$ è infinitesima di ordine superiore a $\sin\frac{1}{n}$, perché

$$\lim_{n\to+\infty}\frac{\sqrt{1+\frac{1}{n^2}}-1}{\sin\frac{1}{n}}=\lim_{n\to+\infty}\frac{\frac{1}{2n^2}}{\frac{1}{n}}=\lim_{n\to+\infty}\frac{1}{2n}=0;$$

(c) 2^n è infinita di ordine superiore a n^{100} e di ordine inferiore a $n!$;

(d) $n(2+\sin n)$ è infinita non comparabile con n. □

Scala di infiniti. Le seguenti successioni sono tutte infinite; ognuna è di ordine superiore a quelle alla sua sinistra; ovviamente, si può continuare senza fine sia a sinistra che a destra e si possono riempire gli spazi intermedi ...

$$\cdots\ \log(\log n),\ \underbrace{\sqrt{\log n},\ \log n,\ (\log n)^2,}_{(\log n)^\alpha,\ \alpha>0}\ \underbrace{\sqrt{n},\ n,\ n^2,}_{n^\alpha,\ \alpha>0}\ \underbrace{e^{\sqrt{n}},\ e^n,\ e^{n^2},}_{e^{n^\alpha},\ \alpha>0}\ e^{e^n},\ \cdots$$

Scala di infinitesimi. Le seguenti successioni sono tutte infinitesime; ognuna è di ordine superiore a quelle alla sua sinistra.

$$\dots\frac{1}{\log(\log n)},\ \underbrace{\frac{1}{\sqrt{\log n}},\ \frac{1}{\log n},\ \frac{1}{(\log n)^2},}_{\frac{1}{(\log n)^\alpha},\ \alpha>0}\ \underbrace{\frac{1}{\sqrt{n}},\ \frac{1}{n},\ \frac{1}{n^2},}_{\frac{1}{n^\alpha},\ \alpha>0}\ \underbrace{\frac{1}{e^{\sqrt{n}}},\ \frac{1}{e^n},\ \frac{1}{e^{n^2}},}_{\frac{1}{e^{n^\alpha}},\ \alpha>0}\ \frac{1}{e^{e^n}},\dots$$

Nel calcolo dei limiti, è importantissimo il

Teorema 1.21 - Principio di eliminazione degli infiniti / infinitesimi. *Un limite della forma* $\frac{\infty}{\infty}$ *può essere calcolato lasciando, a numeratore e a denominatore, l'infinito di ordine superiore (infinito* ***dominante****) e trascurando gli infiniti di ordine inferiore (infiniti trascurabili).*
Analogamente, nel caso di un limite della forma $\frac{0}{0}$*, si può lasciare, a numeratore e a denominatore, l'infinitesimo di ordine inferiore (infinitesimo* ***dominante****) e trascurare gli infinitesimi di ordine superiore (infinitesimi trascurabili).*

Si dimostra in modo simile a quanto visto nell'esempio 1.6.

Esempio 1.13 -

(a) $$\lim_{n\to+\infty}\frac{e^n-n^3+\log(\log n)}{3^n+n^{100}}=\lim_{n\to+\infty}\frac{e^n}{3^n}=\lim_{n\to+\infty}(\frac{e}{3})^n=0^+;$$

(b) $$\lim_{n\to+\infty}\frac{\frac{1}{\sqrt{n}}-\frac{2}{n^2}}{3^{-n}+(\log n)^{-1}}=\lim_{n\to+\infty}\frac{\frac{1}{\sqrt{n}}}{(\log n)^{-1}}=\lim_{n\to+\infty}\frac{\log n}{\sqrt{n}}=0^+;$$

(c) $$\lim_{n\to+\infty}\frac{\overbrace{e^{\frac{1}{n}}-1}+e^{-n}}{\sqrt{1+\frac{1}{n}}-1}=\lim_{n\to+\infty}\frac{\frac{1}{n}}{\frac{1}{2n}}=2.$$

□

A1

Appendice al Capitolo 1

1 - Formule di Eulero-Mascheroni e di De Moivre-Stirling

La **formula di Eulero-Mascheroni** riguarda la somma dei reciproci dei primi n numeri naturali; per $n \to +\infty$, vale

$$1 + \frac{1}{2} + \frac{1}{3} + \cdots + \frac{1}{n} = \sum_{k=1}^{n} \frac{1}{k} = \log n + C + o(1),$$

ove C è una costante ($C = 0.577\ldots$) e $o(1)$ è infinitesimo per $n \to +\infty$. Utilizzando i simboli di Landau, si possono scrivere le seguenti relazioni, via via più forti (negli esercizi, sarà poi sufficiente prendere la prima che basti a risolverlo):

$$\begin{array}{lcl} 1 + \frac{1}{2} + \frac{1}{3} + \cdots + \frac{1}{n} & = & O(\log n) \\ \quad " & \asymp & \log n \\ \quad " & \sim & (\log n), \quad \text{oppure} \quad = \log n + o(\log n) \\ \quad " & = & \log n + O(1) \\ \quad " & = & \log n + C + o(1) \end{array}$$

Esempio A1.1 - $\lim_{n\to+\infty}\left(1 - \frac{1}{2} + \frac{1}{3} - \frac{1}{4} + \cdots - \frac{1}{2n}\right)$. Ci sono i reciproci dei numeri naturali, ma a segni alterni; la furbizia sta nel mettere in evidenza la somma completa, aggiungendo e togliendo pezzi opportuni:

$$1 - \frac{1}{2} + \frac{1}{3} - \frac{1}{4} + \cdots - \frac{1}{2n} = \left(1 + \frac{1}{2} + \cdots + \frac{1}{2n}\right) - 2\left(\frac{1}{2} + \frac{1}{4} + \cdots + \frac{1}{2n}\right) =$$
$$= \sum_{k=1}^{2n} \frac{1}{k} - \sum_{k=1}^{n} \frac{1}{k} = [\log(2n) + C + o(1)] - [\log n + C + o(1)] =$$
$$= \log \frac{2n}{n} + o(1) \to \log 2.$$

□

La **formula di De Moivre-Stirling** riguarda il fattoriale: per $n \to +\infty$, vale

$$\log(n!) = n \log n - n + \log\sqrt{2\pi n} + o(1).$$

Come prima, utilizzando i simboli di Landau, si possono scrivere le seguenti relazioni, via via più forti:

$$\begin{array}{lcl} \log(n!) & \sim & n \log n \\ \quad " & = & n \log n + o(n \log n) \\ \quad " & = & n \log n - n + o(n) \end{array}$$

$$\begin{aligned} '' \quad &= n\log n - n + \tfrac{1}{2}\log n + o(\log n) \\ '' \quad &= n\log n - n + \log\sqrt{2\pi n} + o(1) \end{aligned}$$

Inoltre, passando da $\log(n!)$ a $n!$, si ottiene la formula: $n! \sim n^n e^{-n}\sqrt{2\pi n}$.

Esempio A1.2 - $\displaystyle\lim_{n\to+\infty} \frac{\log(n!) - n\log n + n^2 \sin\frac{2}{n}}{\frac{(n+1)!-n!}{n!}}$.

Si analizzano separatamente numeratore e denominatore:

$$\begin{aligned} &\log(n!) - n\log n + n^2\sin\tfrac{2}{n} = \\ &= n\log n - n + o(n) - n\log n + n^2\left(\tfrac{2}{n} + o(\tfrac{1}{n})\right) = \\ &= n\log n - n + o(n) - n\log n + 2n + o(n) = n + o(n), \\ &\tfrac{(n+1)!-n!}{n!} = \tfrac{n!(n+1)-n!}{n!} = n, \end{aligned}$$

$$\Rightarrow \quad \frac{\log(n!) - n\log n + n^2\sin\frac{2}{n}}{\frac{(n+1)!-n!}{n!}} = \frac{n+o(n)}{n} \to 1.$$

2 - Il criterio di Cauchy

Come si è visto, esistono vari metodi per calcolare il limite di una successione. D'altra parte, se si riesce a intuire (magari con una sperimentazione numerica) il valore probabile del limite, si può utilizzare la definizione, per verificarne la correttezza. Questo, però, è solo un metodo *a posteriori* (si verifica se il *tal* valore è il limite); sarebbe comodo avere anche dei metodi che dimostrino l'esistenza del limite *a priori* (senza avere idea del valore del limite e senza doverlo calcolare). Una condizione sufficiente, ma non necessaria, è la *monotonia* della successione (v. teorema 1.10).

Una condizione necessaria e sufficiente è data da

Teorema 1.1 - Criterio di Cauchy per l'esistenza del limite finito. *Una successione $\{a_n\}$ è convergente se e solo se è verificata la seguente condizione (detta* ***condizione di Cauchy****):*

$$\forall\varepsilon > 0\ \exists n_0 = n_0(\varepsilon): \quad |a_m - a_n| < \varepsilon\ \forall n, m \geq n_0.$$

A parole, la condizione di Cauchy può essere espressa così: comunque piccolo si scelga un numero, allora la differenza tra due termini della successione è definitivamente più piccola di questo numero; in parole ancor più semplici: se gli indici sono abbastanza grandi, allora i termini della successione *si confondono* tra loro.

Tralasciamo la dimostrazione e facciamo invece l'importantissima

Osservazione -

◇ Il criterio di Cauchy è strettamente collegato con le proprietà del campo reale; si può anzi dire che costituisca la grossa differenza tra $\mathbb{R}$, l'insieme dei numeri reali, e $\mathbb{Q}$, l'insieme dei numeri razionali:

$\mathbb{R}$ successioni a valori reali	$\mathbb{Q}$ successioni a valori razionali
$\lim_{n\to+\infty} a_n = l \in \mathbb{R}$	$\lim_{n\to+\infty} a_n = l \in \mathbb{Q}$
$\Updownarrow$	$\Downarrow \; \not\Uparrow$
vale condizione di Cauchy	vale condizione di Cauchy

La condizione di Cauchy è cioè *sempre necessaria*, per la convergenza, ma è *sufficiente solo in* $\mathbb{R}$; in $\mathbb{Q}$ esistono successioni che soddisfano la condizione, ma non convergono (cioè, convergono ad un numero reale, *non* razionale).
Ad esempio, la successione $a_n = (1 + \frac{1}{n})^n$ è costituita tutta da numeri razionali; essa soddisfa la condizione di Cauchy perché è convergente, in $\mathbb{R}$, però il suo limite, il numero di Nepero, non è razionale; pertanto $\{a_n\}$, vista come successione in $\mathbb{Q}$, non è convergente.
Un modo di costruire l'insieme dei numeri reali prende proprio in considerazione le successioni di numeri razionali, che soddisfano la condizione di Cauchy; le successioni convergenti in $\mathbb{Q}$ consentono di ritrovare i numeri razionali, quelle invece che non convergono in $\mathbb{Q}$ permettono di definire dei *nuovi* numeri, i reali non razionali.
Il fatto che $\mathbb{R}$ contenga $\mathbb{Q}$ ed anche tutti i limiti delle successioni di numeri razionali, soddisfacenti la condizione di Cauchy, ma non convergenti, si esprime dicendo che *$\mathbb{R}$ è il* ***completamento*** *di $\mathbb{Q}$.*

◇ Si possono considerare, più in generale, le successioni definite in uno *spazio metrico* qualsiasi; le definizioni di limite e di condizione di Cauchy sono identiche, sostituendo al valore assoluto, la nozione di *distanza* ($d(a_n, l) < \varepsilon$ al posto di $|a_n - l| < \varepsilon$, etc.); la condizione di Cauchy è sempre necessaria, per la convergenza; se è anche sufficiente, lo spazio metrico si dice **completo**. Si ha l'importante risultato: *gli spazi euclidei* $\mathbb{R}^n$ *e* $\mathbb{C}^n$ *sono completi.*

3 - Valore limite, massimo e minimo limite

Una successione regolare ha una meta ben precisa, il suo limite; una irregolare, invece, vaga senza meta. In quest'ultimo caso, però, si possono individuare dei *pezzi* di successione che abbiano una meta precisa, anche se poi ci saranno mete diverse, a seconda del pezzo di successione considerato.

Ad esempio, la successione $a_n = (-1)^n$ (v. figura 1.1 (d)) si può dividere in due pezzi: $\begin{cases} a_n = 1 & \text{se } n \text{ pari, convergente a } 1 \\ a_n = -1 & \text{se } n \text{ dispari, convergente a } -1 \end{cases}$.

Diamo le definizioni matematiche di *pezzo* di successione e di *meta*:

Definizione A1.2 - *Una* ***sottosuccessione*** *di* $\{a_n\}$ *è una successione* $\{b_n\}$ *tale che* $b_n = a_{k_n}$*, ove* k_n *è una successione strettamente crescente di interi naturali.*

Esempio A1.3 - Data $a_n = \frac{1}{n}$, possiamo considerare le sottosuccessioni

$$\begin{array}{ll} a_2,\ a_4,\ a_6, \cdots, & b_n = a_{2n} = \frac{1}{2n} \\ a_1,\ a_3,\ a_5, \cdots, & b_n = a_{2n+1} = \frac{1}{2n+1} \\ a_1,\ a_3,\ a_6, \cdots, & b_n = a_{3n} = \frac{1}{3n} \\ a_1,\ a_4,\ a_9, \cdots, & b_n = a_{n^2} = \frac{1}{n^2} \end{array}$$

□

Osservazione - Una successione ha limite l, finito o infinito, se e solo se **ogni** sua sottosuccessione ha limite l.

Definizione A1.3 - $l \in \mathbb{R}$*, oppure* $l = +\infty / -\infty$*, si dice* ***valore limite*** *per la successione* $\{a_n\}$ *se e solo se esiste una sottosuccessione di* $\{a_n\}$ *che tenda ad* l*. L'insieme dei valori limite di una successione è detto* ***classe limite****.*

Esempio A1.4 -

(a) i valori limiti per $a_n = (-1)^n$ sono 1 e -1;

(b) i valori limiti per $a_n = n \sin(n\frac{\pi}{2})$ sono 0, $+\infty$, $-\infty$. □

Una successione può non avere limite, però ha sempre valori limite; inoltre, questi consentono di avere un'idea di dove si dispongano i suoi termini. Vale infatti il

Teorema A1.4 - *La classe limite di una successione $\{a_n\}$ è chiusa e non vuota. In particolare, da una successione limitata è possibile estrarre una sottosuccessione convergente (**teorema di Bolzano – Weierstrass**).*

Definizione A1.5 - *Il massimo dei valori limiti è detto **massimo limite** ed indicato con $\limsup a_n$ (è finito, se $\{a_n\}$ è limitata superiormente, altrimenti è $+\infty$); il minimo dei valori limiti è detto **minimo limite** ed indicato con $\liminf a_n$ (è finito, se $\{a_n\}$ è limitata inferiormente, altrimenti è $-\infty$). L'intervallo $(\liminf a_n, \limsup a_n)$ è detto **intervallo limite di oscillazione**.*

Teorema A1.6 - *Se il massimo ed il minimo limite sono finiti, allora, comunque scelto $\varepsilon > 0$, a_n cade definitivamente nell'intervallo $(\liminf a_n - \varepsilon, \limsup a_n + \varepsilon)$.*

Figura A1.1

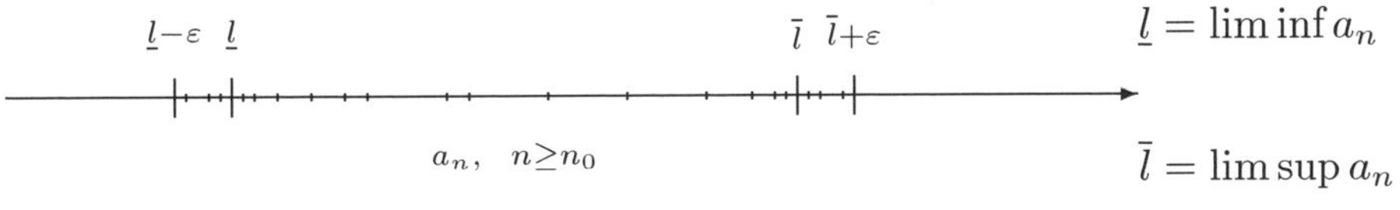

$\underline{l}-\varepsilon$ $\underline{l}$ $\bar{l}$ $\bar{l}+\varepsilon$

$a_n,\ n \geq n_0$

$\underline{l} = \liminf a_n$

$\bar{l} = \limsup a_n$

Esempio A1.5 - $a_n = (-1)^n \left(1 + \dfrac{2}{n}\right)^{n^2 \sin \frac{n\pi}{2}}$. Considerando i diversi valori che assume $\sin \frac{n\pi}{2}$, si ha:

n pari $\Rightarrow a_n = \left(1 + \frac{2}{n}\right)^0 \equiv 1 \Rightarrow \lim_{k\to+\infty} a_{2k} = 1$,

$n = 1 + 4k \Rightarrow a_n = -\left(1 + \frac{2}{n}\right)^{n^2} \Rightarrow \lim_{k\to+\infty} a_{1+4k} = -\infty$,

$n = 3 + 4k \Rightarrow a_n = -\left(1 + \frac{2}{n}\right)^{-n^2} \Rightarrow \lim_{k\to+\infty} a_{3+4k} = 0^-$;

la classe limite è $\{-\infty, 0, 1\}$, il massimo limite è 1, il minimo limite è $-\infty$. □

4 - Successioni definite per ricorrenza

In questo paragrafo ci occupiamo delle successioni definite assegnando un valore iniziale, a_0, ed una legge che consenta di passare da un termine al successivo (dato a_n, si ricava a_{n+1}):

$$\begin{cases} a_0 \in I\!R & \text{noto} \\ a_{n+1} = f(a_n) & (f \text{ è una funzione reale di variabile reale}). \end{cases}$$

In alcuni semplici casi (come le successioni in progressione aritmetica o geometrica), è possibile ricavare la forma esplicita del termine a_n e calcolarne quindi il limite, con i metodi visti in precedenza. Di solito, però, questo non è possibile ed occorre quindi una diversa metodologia.
Lo studio di $\lim_{n\to+\infty} a_n$ comporta due fatti: determinare *se* la successione ha limite (finito o infinito) e, in caso affermativo, calcolarlo.
Per quanto riguarda la prima questione, l'esistenza del limite è certamente garantita nel caso di successione monotona; è quindi importante stabilire se e quando $\{a_n\}$ è monotona. Valgono i seguenti risultati:

◇ *(i) se $a_0 = a_1$, allora la successione $\{a_n\}$ è costante;*
(ii) se $a_0 < a_1$ e f è monotona non decrescente, allora la successione $\{a_n\}$ è monotona non decrescente;
(iii) se $a_0 > a_1$ e f è monotona non decrescente, allora la successione $\{a_n\}$ è monotona non crescente;
(iv) se $a_0 < a_1$ oppure $a_0 > a_1$ e f è monotona strettamente decrescente, allora la successione $\{a_n\}$ non è monotona;
(v) se $a_0 < a_1$ oppure $a_0 > a_1$ e f è monotona non crescente, allora la successione $\{a_n\}$ o non è monotona, o è definitivamente costante (questo secondo caso capita se esiste n tale che $f(a_n) = a_n$).

Riconosciuto se la successione è monotona, occorre ora capire se è, o no, limitata (per distinguere tra limite finito e limite infinito); a questo scopo si ha il seguente risultato:

◇ *Sia f monotona non decrescente e $a_0 < a_1$ (rispettivamente $a_0 > a_1$); se esiste un numero reale c tale che valga $a_0 \le c$ e $f(c) \le c$ (risp. $a_0 \ge c$ e $f(c) \ge c$), allora $\{a_n\}$ è superiormente (risp. inferiormente) limitata da c.*

Risolta la questione dell'*esistenza* del limite, occorre ora *calcolarlo*; si ha:

◇ *Sia f continua e sia $\{a_n\}$ limitata; allora il limite finito $l = \lim_{n\to+\infty} a_n$ è soluzione dell'equazione $f(x) = x$.*

Questo risultato consente di restringere il campo: gli unici candidati ad essere il limite della successione data sono le radici dell'equazione $f(x) = x$.

Esempio A1.6 -

(a) Sia $f(x) = -\frac{x}{2}$, $a_0 = 1$; allora $\{a_n\} = \left\{1, -\frac{1}{2}, \frac{1}{4}, \dots, (-1)^n \frac{1}{2^n}, \dots\right\}$;
f è strettamente decrescente e $\{a_n\}$ non è monotona; non è quindi garantita l'esistenza del limite; si nota che $f(x) = x \quad \Leftrightarrow \quad x = 0$, quindi il limite, se esiste, è zero. In questo caso, è facile però verificare direttamente che $\lim_{n\to+\infty} \frac{(-1)^n}{2^n} = 0$.

(b) Sia $f(x) = 1 + \frac{x}{2}$, $a_0 = 0$; allora $\{a_n\} = \left\{0, 1, \frac{3}{2}, \frac{7}{4}, \dots\right\}$;
f è strettamente crescente e $a_0 < a_1$, quindi $\{a_n\}$ è strettamente crescente (è garantita l'esistenza del limite); si nota che vale, ad esempio, $a_0 \leq 2$ e $f(2) \leq 2$, quindi $\{a_n\}$ è limitata (il limite è quindi finito); l'equazione $f(x) = x$ ha l'unica soluzione $x = 2$; si conclude che $\lim_{n\to+\infty} a_n = 2$ (anche senza essere riusciti a determinare la forma esplicita di a_n). □

Lo studio del comportamento delle successioni definite per ricorrenza è reso più evidente quando si considerino i grafici della funzione continua $y = f(x)$ e della bisettrice $y = x$. Si supponga, ad esempio, che f abbia l'andamento illustrato in figura A1.2.

Fissato un valore di partenza a_0, si determina $a_1 = f(a_0)$ tracciando la verticale $x = a_0$ fino ad incontrare il grafico della f; l'ordinata di questo punto fornisce il valore di a_1; ora occorre *ripartire* da a_1 per trovare $a_2 = f(a_1)$; per far ciò, si riporta a_1 sull'asse delle ascisse, tracciando l'orizzontale $y = a_1$ fino ad incontrare la bisettrice $y = x$, l'ascissa di questo punto è quindi a_1; ora che si ha a_1 sull'asse x, si ripete il procedimento, trovando così a_2 e via via tutti gli altri.

Se la funzione è non decrescente, come nella figura A1.2, si hanno tre casi possibili:

) il valore di partenza è un *punto fisso* della f, cioè $f(a_0) = a_0$ (il punto (a_0, a_0) è intersezione tra il grafico della funzione e la bisettrice); in questo caso, non ci si muove, e la successione è costante ($a_n \equiv a_0$);

(ii) il valore $f(a_0)$ è *sotto* la bisettrice ($f(a_0) < a_0$); in questo caso, si ottiene una gradinata discendente e la successione tende al primo punto di intersezione con la bisettrice, se c'è, altrimenti diverge a $-\infty$;

(iii) il valore $f(a_0)$ è *sopra* la bisettrice ($f(a_0) > a_0$); in questo caso, si ottiene una gradinata ascendente e la successione tende al primo punto di intersezione con la bisettrice, se c'è, altrimenti diverge a $+\infty$.

Ovviamente, può anche capitare che, dopo un certo numero di gradini si vada a finire proprio in un punto d'intersezione tra il grafico e la bisettrice e allora la successione è definitivamente costante.

Figura A1.2

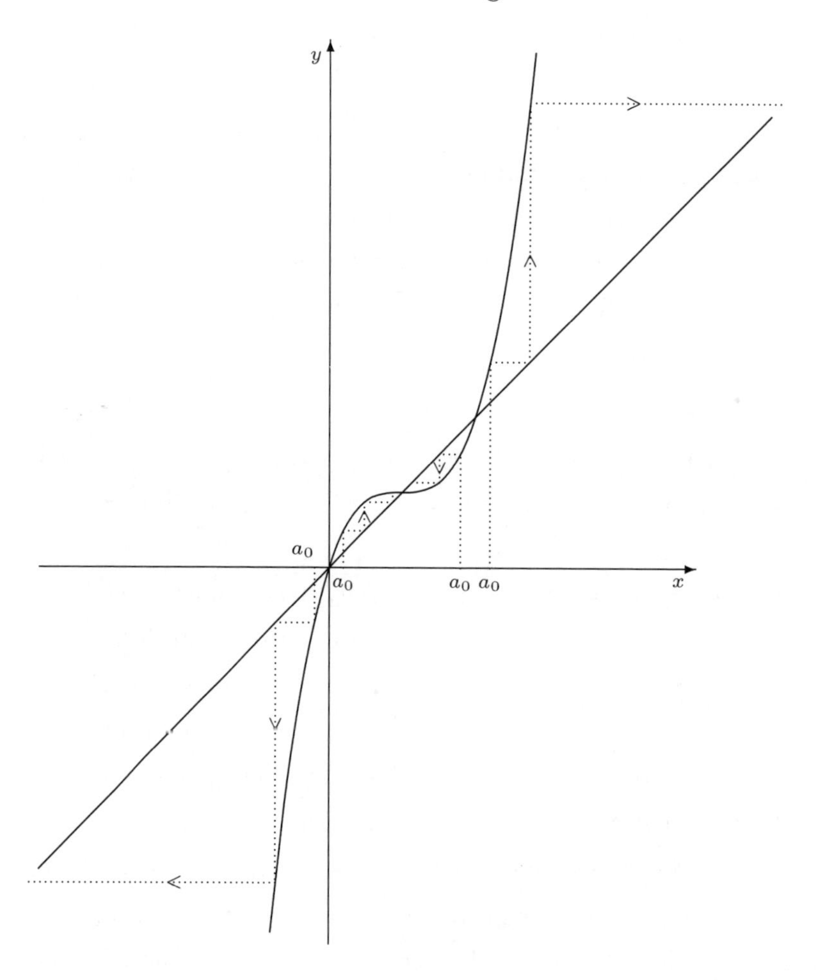

Supponiamo ora che la funzione sia decrescente, come nelle prossime tre figure. In questi casi, si ottengono percorsi oscillatori (al posto di gradinate ascendenti o discendenti): a_n diventa, alternativamente, più grande e più piccolo del valore d'intersezione; queste oscillazioni possono essere sempre più smorzate e quindi si ottiene una successione convergente (figura A1.3), oppure essere esplosive e quindi si ha una successione divergente all'infinito (senza segno, cioè ∞) (figura A1.4); si è nel primo caso se $-1 < f'(x) < 0$, mentre si è nel secondo se $f'(x) < -1$. Può anche capitare che la successione continui ad oscillare, senza né convergere, né divergere, ma tendendo ad uno o più *cicli limite*; questo succede se $f'(x)$ è < -1 in un intorno del punto di intersezione, ma, allontanandosi, diventa > -1 (v. figura A1.5, in cui compare il ciclo limite $\{3, 13\}$).

Nel caso più generale, il grafico della f presenterà porzioni di ognuno dei tipi ora descritti; bisognerà quindi, a seconda del valore di partenza a_0, capire in quale caso si va a finire definitivamente e di conseguenza determinare il carattere della successione.

Figura A1.3

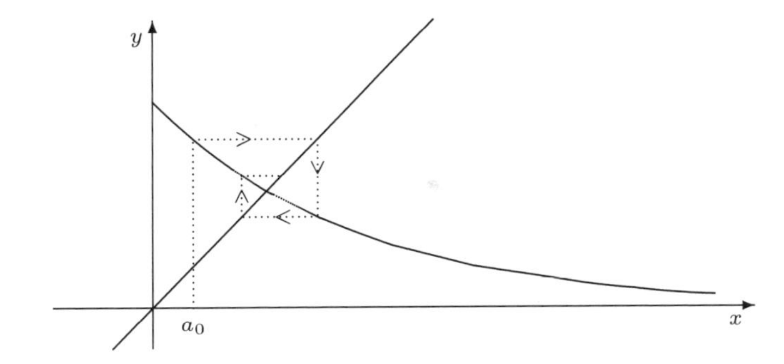

Figura A1.4

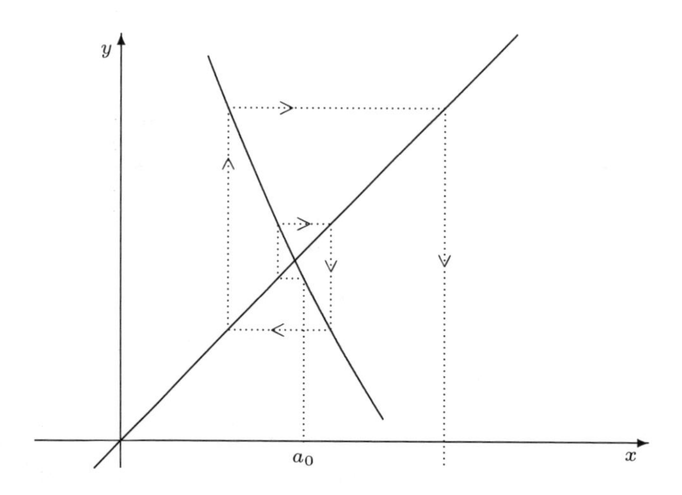

Figura A1.5

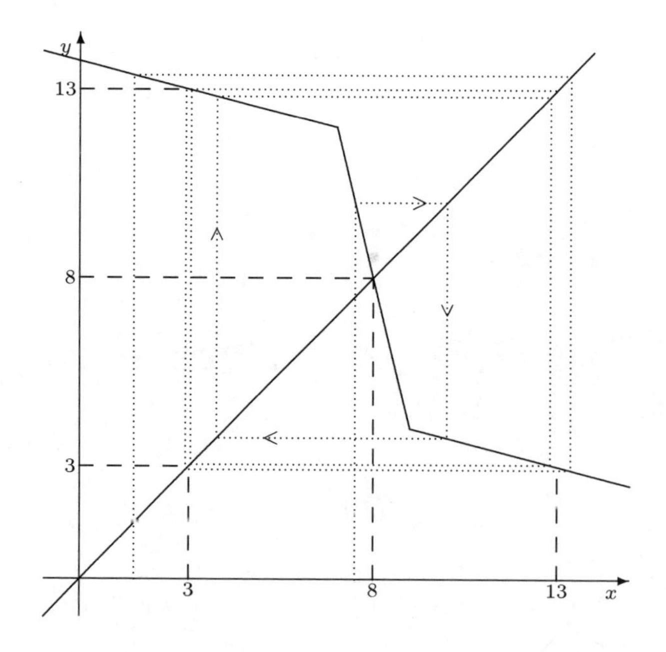

Esempio A1.7 -

(a) $$\begin{cases} a_0 \in \mathbb{R} \\ a_{n+1} = f(a_n), \quad \text{ove} \ \ f(x) = \dfrac{1}{4}(3x^3 - 3x^2 - 2x) \end{cases}$$

Dapprima, occorre studiare brevemente f:

$$f \in \mathcal{C}^\infty(I\!R),\ f(x) = x \ \Leftrightarrow\ 3x(x^2 - x - 2) = 0 \ \Leftrightarrow\ x = 0 \vee x = -1 \vee x = 2,$$

$$f'(x) = \frac{1}{4}(9x^2 - 6x - 2) \begin{cases} = 0 & \text{se } x = \frac{1+\sqrt{3}}{3} \ \vee \ x = \frac{1-\sqrt{3}}{3} \\ > 0 & \text{se } x \in (-\infty, \frac{1-\sqrt{3}}{3}) \cup (\frac{1+\sqrt{3}}{3}, +\infty) \\ < 0 & \text{se } x \in (\frac{1-\sqrt{3}}{3}, \frac{1+\sqrt{3}}{3}) \end{cases}$$

$$(\frac{1-\sqrt{3}}{3}, \frac{\sqrt{3}}{6} - \frac{2}{9}) \text{ massimo relativo, } (\frac{1+\sqrt{3}}{3}, -\frac{\sqrt{3}}{6} - \frac{2}{9}) \text{ minimo relativo,}$$

$$x \in \left(\frac{1-\sqrt{3}}{3}, \frac{1+\sqrt{3}}{3}\right) \ \Rightarrow\ -1 < f'(x) < 0 \quad \text{poiché}$$

$$\frac{1}{4}(9x^2 - 6x - 2) > -1 \ \Leftrightarrow\ 9x^2 - 6x + 2 > 0 \quad \text{vero } \forall x.$$

Pertanto: se $a_0 < -1$, allora $\{a_n\}$ diverge monotonamente a $-\infty$; se $a_0 > 2$, allora $\{a_n\}$ diverge monotonamente a $+\infty$; se $a_0 \in (-1, 0) \cup (0, 2)$, allora $\{a_n\}$ all'inizio può essere monotona, poi, quando va a cadere nel tratto ove f è decrescente, $(\frac{1-\sqrt{3}}{3}, \frac{1+\sqrt{3}}{3})$, compie oscillazioni smorzate e converge a zero (v. figura A1.6).

(b)
$$\begin{cases} a_0 \in I\!R \\ a_{n+1} = f(a_n), \quad \text{ove } f(x) = \frac{1}{2}\left(x + \frac{4}{x}\right) \end{cases}.$$

La funzione f è definita in $(-\infty, 0) \cup (0, +\infty)$ ed è dispari, quindi basta studiarla per $x > 0$:

$$f \in \mathcal{C}^\infty((0, +\infty)),\ f(x) = x \ \Leftrightarrow\ x = 2,\ f'(x) = \frac{x^2-4}{2x^2} \begin{cases} > 0 & \text{se } x > 2 \\ = 0 & \text{se } x = 2 \\ < 0 & \text{se } 0 < x < 2 \end{cases},$$

$$a_0 > 0 \ \wedge\ a_0 \neq 2 \ \Rightarrow\ a_1 > 2 \ \Rightarrow\ a_n > 2 \ \forall n \geq 1,$$

pertanto, per ogni valore iniziale $a_0 > 0$, la successione è, almeno dal secondo termine in poi, monotona decrescente e convergente a 2 (v. figura A1.7).

Osservazione - la (b) è un caso particolare della successione
$\begin{cases} a_0 > 0 \\ a_{n+1} = f(a_n) = \frac{1}{2}\left(a_n + \frac{\alpha}{a_n}\right), \quad \alpha > 0 \end{cases}$; analogamente al caso visto, questa

successione converge a $\sqrt{\alpha}$ e costituisce l'*algoritmo di Erone* per il calcolo della radice quadrata di un numero reale positivo.

Figura A1.6

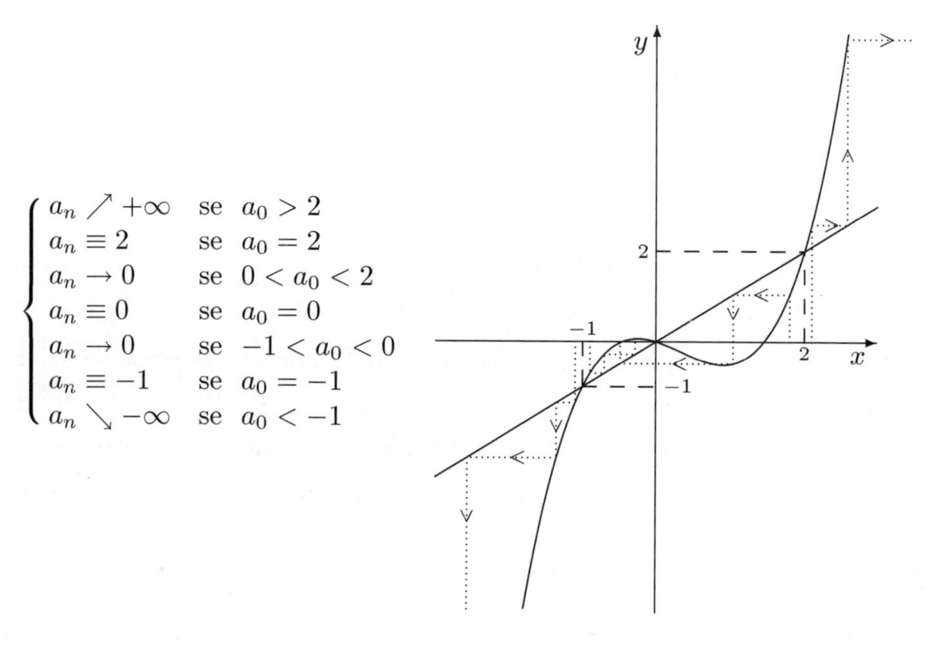

Figura A1.7

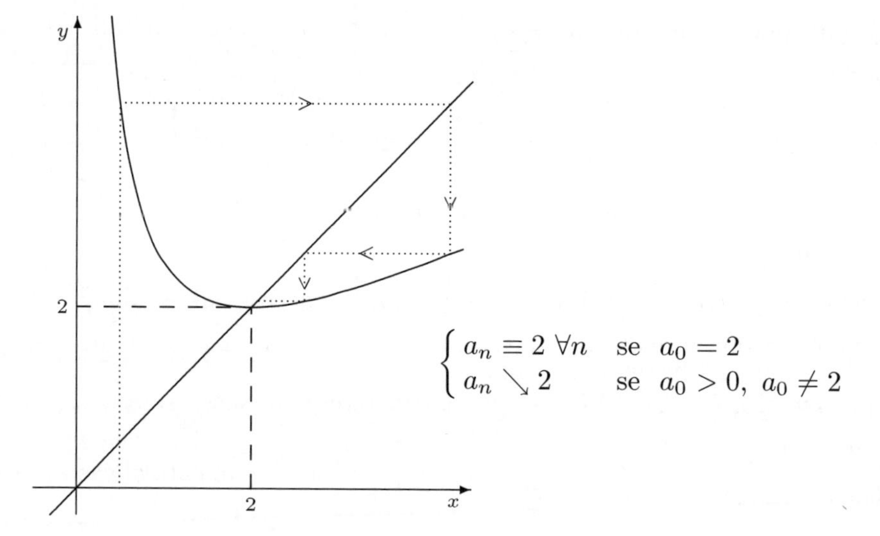

5 - Qualche dimostrazione in più

Il limite della somma.

Sia $a_n \to A$ e $b_n \to B$, $A, B \in \mathbb{R}$; si dimostra che $a_n + b_n \to A + B$.

Fissato $\varepsilon > 0$, esistono, dipendenti da ε, indici n_a e n_b tali che

$$A - \frac{\varepsilon}{2} < a_n < A + \frac{\varepsilon}{2} \quad \forall n \geq n_a \quad \text{e} \quad B - \frac{\varepsilon}{2} < b_n < B + \frac{\varepsilon}{2} \quad \forall n \geq n_b;$$

Allora, posto $\tilde{n} := \max(n_a, n_b)$, si ha che per $n \geq \tilde{n}$ valgono tutte le disuguaglianze, e quindi, sommando membro a membro, si ottiene

$$A + B - \varepsilon < a_n + b_n < A + B + \varepsilon.$$

Il limite del prodotto.

Sia $a_n \to A$ e $b_n \to B$, $A, B \in \mathbb{R}$; si dimostra che $a_n b_n \to AB$.

La successione $\{b_n\}$, essendo convergente, è limitata, quindi esiste M tale che $|b_n| \leq M \ \forall n$.

Fissato $\varepsilon > 0$, esistono, dipendenti da ε, indici n_a e n_b tali che

$$|a_n - A| < \frac{\varepsilon}{M + |A|} \ \forall n \geq n_a \quad \text{e} \quad |b_n - B| < \frac{\varepsilon}{M + |A|} \ \forall n \geq n_b;$$

posto $\tilde{n} := \max(n_a, n_b)$, si ha che per $n \geq \tilde{n}$ valgono tutte le disuguaglianze, e quindi si ottiene

$$|a_n b_n - AB| = |a_n b_n - Ab_n + Ab_n - AB| = |b_n(a_n - A) + A(b_n - B)| \underbrace{\leq}_{(*)}$$

$$\leq |b_n||a_n - A| + |A||b_n - B| < M \frac{\varepsilon}{M + |A|} + |A| \frac{\varepsilon}{M + |A|} = \varepsilon$$

(la $(*)$ è la disuguaglianza triangolare).

Il limite notevole $\lim_{n \to +\infty} \frac{\log_2 n}{n} = 0^+$.

Per $x > 0$, si indica con $[x]$ la *parte intera* di x, cioè l'unico intero n tale che $n \leq x < n + 1$ (ad esempio: $[\frac{3}{2}] = 1$, $[\pi] = 3$).

Si ha $2^x \geq 2^{[x]} = (1 + 1)^n \underbrace{\geq}_{(*)} 1 + n > x$ (la $(*)$ è la disuguaglianza di Bernoulli).

Considerando i logaritmi in base 2, si ottiene

$$2^x > x\ \forall x > 0 \Rightarrow x > \log_2 x\ \forall x > 0 \Rightarrow \sqrt{x} > \log_2 \sqrt{x} = \frac{1}{2}\log_2 x \quad \forall x > 0 \Rightarrow$$

$$\Rightarrow 0 < \frac{\log_2 x}{x} < \frac{2}{\sqrt{x}}\ \forall x > 0 \Rightarrow 0 < \frac{\log_2 n}{n} < \frac{2}{\sqrt{n}}\ \forall n > 0,$$

e quindi, dal teorema del confronto, $\lim\limits_{n\to+\infty} \frac{\log_2 n}{n} = 0^+$.

Criterio della radice.

Nel primo caso, per $n \geq n_0$, si ha: $0 \leq \sqrt[n]{a_n} \leq \varrho < 1 \Rightarrow 0 \leq a_n \leq \underbrace{\varrho^n}_{\to 0}$

pertanto, dal teorema del confronto, $\lim\limits_{n\to+\infty} a_n = 0^+$;

nel secondo caso, per $n \geq n_0$, si ha: $\sqrt[n]{a_n} \geq \varrho > 1 \Rightarrow a_n \geq \underbrace{\varrho^n}_{\to+\infty}$

pertanto, dal teorema del confronto, $\lim\limits_{n\to+\infty} a_n = +\infty$.

Criterio del rapporto.

Nel primo caso, per $n \geq n_0$, si ha: $0 < a_{n+1} \leq \varrho a_n \leq \varrho^2 a_{n-1} \leq \cdots \leq \underbrace{\varrho^{n-n_0+1} a_{n_0}}_{\to 0}$

e quindi $\lim\limits_{n\to+\infty} a_n = 0^+$;

nel secondo caso, per $n \geq n_0$, si ha: $a_{n+1} \geq \varrho a_n \geq \varrho^2 a_{n-1} \geq \cdots \geq \underbrace{\varrho^{n-n_0+1} a_{n_0}}_{\to+\infty}$

e quindi $\lim\limits_{n\to+\infty} a_n = +\infty$.

Esercizi e test risolti

1◁ Si verifichino i seguenti limiti, determinando, in funzione di ε o K, l'intero n_0, richiesto dalla definizione di limite

$$(a)\ \lim_{n\to+\infty}\frac{2n-1}{n+1}=2^-; \qquad (b)\ \lim_{n\to+\infty}\frac{n^2+n-1}{n+1}=+\infty;$$

$$(c)\ \lim_{n\to+\infty}(-1)^n(e^{\frac{1}{n}}-1)=0.$$

▷ (a) Occorre dimostrare che, per ogni $\varepsilon>0$, esiste un indice $n_0(\varepsilon)$, tale che $2-\varepsilon<a_n\le 2\ \forall n\ge n_0$:

$$\frac{2n-1}{n+1}\le\frac{2n+2}{n+1}=2\quad\forall n\in\mathbb{N};$$

$$2-\varepsilon<\frac{2n-1}{n+1}\ \Leftrightarrow\ 2n+2-\varepsilon n-\varepsilon<2n-1\ \Leftrightarrow\ n>\frac{3-\varepsilon}{\varepsilon}=\frac{3}{\varepsilon}-1;$$

l'indice n_0 cercato è quindi il primo intero alla destra di $\frac{3}{\varepsilon}-1$;

(b) fissato $K>0$, si ha: $\frac{n^2+n-1}{n+1}>K \quad\Leftrightarrow\quad n^2+n-1-nK-K>0$; l'equazione $x^2+x(1-K)-1-K=0$ ha radici $x_{1,2}=\frac{K-1\pm\sqrt{K^2+2K+5}}{2}$, reali, poiché $K^2+2K+5>0\ \forall K\in\mathbb{R}$, in quanto il discriminante è negativo; pertanto $x^2+x(1-K)-1-K>0\ \forall x\in(-\infty,x_2)\cup(x_1,+\infty)$; poiché x_2 è negativo, si considera il secondo intervallo; l'indice n_0 cercato è quindi il primo intero alla destra di $x_1=\frac{K-1+\sqrt{K^2+2K+5}}{2}$;

(c) poiché $e^{\frac{1}{n}}>1\ \forall n>1$, si ha che la successione a_n è a segni alterni (negativi quelli di indice dispari, positivi quelli di indice pari), il limite quindi non può essere né per eccesso, né per difetto; fissato $\varepsilon>0$, si ha:

$$|a_n|=\left|(-1)^n(e^{\frac{1}{n}}-1)\right|=e^{\frac{1}{n}}-1<\varepsilon\ \Leftrightarrow\ \frac{1}{n}<\log(1+\varepsilon)\ \Leftrightarrow\ n>\frac{1}{\log(1+\varepsilon)}$$

e quindi l'indice cercato è il primo intero alla destra di $\frac{1}{\log(1+\varepsilon)}$.

2◁ Fra le seguenti successioni, quali sono regolari e quali irregolari?

$$(a)\ \begin{cases}1 & n \text{ pari}\\ 0 & n \text{ dispari}\end{cases};\quad (b)\ e^{(-1)^n\frac{1}{n}};\quad (c)\ e^{(-1)^n n};\quad (d)\ n\cos(n\pi).$$

▷ (a) La successione non è divergente, poiché è limitata; essa non è neppure convergente, poiché, se fosse $\lim_{n\to+\infty}a_n=l\in\mathbb{R}$, allora, fissato $0<\varepsilon<\frac{1}{2}$, si avrebbe definitivamente $l-\varepsilon<a_n<l+\varepsilon$ e quindi, per $n\ge n_0$, i termini della successione disterebbero tra loro meno di $\varepsilon+\varepsilon<1$, ma questo è assurdo, poiché la distanza tra due termini successivi è uno; la successione è quindi irregolare;

(b) $\left|(-1)^n \dfrac{1}{n}\right| = \dfrac{1}{n} \to 0$ per $n \to +\infty$, pertanto $\lim\limits_{n\to+\infty} e^{(-1)^n \frac{1}{n}} = 1$ (né per eccesso, né per difetto, poiché l'esponente cambia segno ad ogni cambio di parità di n); la successione è convergente, quindi regolare;

(c) $e^{(-1)^n n} = \begin{cases} e^n & \text{se } n \text{ pari} \\ e^{-n} & \text{se } n \text{ dispari} \end{cases};$

quindi $\lim\limits_{k\to+\infty} a_{2k} = +\infty$ e $\lim\limits_{k\to+\infty} a_{2k+1} = 0^+$; successione irregolare;

(d) $n\cos(n\pi) = \begin{cases} n & \text{se } n \text{ pari} \\ -n & \text{se } n \text{ dispari} \end{cases} = (-1)^n n,$

pertanto $\lim_{n\to+\infty} n\cos(n\pi) = \infty$; successione divergente, quindi regolare.

3◁ Sia $\{a_n\}$ una successione tale che $|a_n| \geq |a_{n+1}|$ $\forall n \in I\!N$. Allora $\boxed{a}$ $\{a_n\}$ è monotona non decrescente; $\boxed{b}$ $\{a_n\}$ è monotona non crescente; $\boxed{c}$ $\{a_n\}$ può non essere monotona; $\boxed{d}$ $\lim_{n\to+\infty} |a_n| = 0$.

▷ Le informazioni date riguardano la successione dei valori assoluti, $\{|a_n|\}$, non la successione $\{a_n\}$; dall'ipotesi $|a_n| \geq |a_{n+1}|$ discende che $\{|a_n|\}$ è monotona non crescente, ma ciò non implica che $\{a_n\}$ sia monotona; ad esempio:

$$a_n = \begin{cases} \frac{1}{n+1} & \text{se } n \in I\!N \ \wedge \ n \text{ pari} \\ -\frac{1}{n+1} & \text{se } n \in I\!N \ \wedge \ n \text{ dispari} \end{cases} \Rightarrow |a_n| = \frac{1}{n+1} > \frac{1}{n+2} = |a_{n+1}|$$

ma $\{a_n\}$ non è monotona.

Infine, si nota che la decrescenza della successione (non negativa) $\{|a_n|\}$, implica che esiste $\lim_{n\to+\infty} |a_n| \in [0, +\infty)$ (dal Teorema di esistenza del limite per successioni monotone), ma non è detto che tale limite sia 0; ad esempio:

$a_n = (-1)^n\left(1 + \frac{1}{n+1}\right) \Rightarrow \{|a_n|\}$ strettam. decrescente e $\lim_{n\to+\infty} |a_n| = 1^+$.

L'unica risposta giusta è quindi $\boxed{c}$.

4◁ Se la successione $\{a_n\}$ è monotona non crescente per $n \geq 101$, allora $\lim\limits_{n\to+\infty} a_n =$ $\boxed{a}$ $\inf_n\{a_n\}$; $\boxed{b}$ 0^+; $\boxed{c}$ $\inf_{n\geq 101}\{a_n\}$; $\boxed{d}$ 0^-.

▷ Una successione definitivamente monotona è regolare; in particolare, se $\{a_n\}$ è non decrescente, allora $\lim_{n\to+\infty} a_n = \sup_{n\geq n_0}\{a_n\}$, mentre, se a_n

è non crescente, allora $\lim_{n\to+\infty} a_n = \inf_{n\geq n_0}\{a_n\}$ (il comportamento della successione *prima* dell'indice n_0 non conta ...). La risposta giusta è $\boxed{\text{c}}$.

$\boxed{\text{a}}$ è falsa: $a_n = \begin{cases} -1 & \text{se } 0 \leq n < 101 \\ 1 + \frac{1}{n} & \text{se } n \geq 101 \end{cases}$ $\quad \lim_{n\to+\infty} a_n = 1 = \inf_{n\geq 101}\{a_n\}$ ma $\inf_n\{a_n\} = -1$.

5◁ La successione definita da $a_{n+1} = (a_n)^2$ $\boxed{a}$ ha limite 1; $\boxed{b}$ ha limite 0; $\boxed{c}$ diverge a $+\infty$; $\boxed{d}$ converge se $-1 \leq a_0 \leq 1$:

▷ $\{a_n\}$ è un semplice esempio di *successione definita per ricorrenza*; in questo caso, si riesce a ricavare la forma esplicita di a_n:

$$a_1 = a_0^2$$
$$a_2 = a_1^2 = (a_0^2)^2 = a_0^4 = a_0^{2^2}$$
$$a_3 = a_2^2 = (a_0^4)^2 = a_0^8 = a_0^{2^3}$$
$$\ldots\ldots$$
$$a_n = a_{n-1}^2 = \ldots = a_0^{2^n}$$

e quindi vale:

$$a_0 = \pm 1 \quad \Rightarrow \quad a_n = 1 \ \forall n \geq 1$$
$$-1 < a_0 < 1 \quad \Rightarrow \quad \lim_{n\to+\infty} a_n = \lim_{n\to+\infty} (a_0)^{2^n} = 0^+$$
$$|a_0| > 1 \quad \Rightarrow \quad \lim_{n\to+\infty} a_n = \lim_{n\to+\infty} (a_0)^{2^n} = +\infty \quad (\boxed{\text{d}}).$$

6◁ Si calcolino i seguenti limiti, utilizzando il teorema del confronto:

(*a*) $\lim_{n\to+\infty} \left(n - \sqrt{n^2-1}\right)$; (*b*) $\lim_{n\to+\infty} n(2+\cos n)$;

(*c*) $\lim_{n\to+\infty} \dfrac{n\sin n}{n^2+\log n+2}$.

▷ (a) $n - \sqrt{n^2-1} = [n - \sqrt{n^2-1}]\frac{n+\sqrt{n^2-1}}{n+\sqrt{n^2-1}} = \frac{n^2-n^2+1}{n+\sqrt{n^2-1}} = \frac{1}{n+\sqrt{n^2-1}}$

pertanto $0 < a_n \leq \dfrac{1}{n}$ e quindi $\lim_{n\to+\infty} a_n = 0^+$;

(b) $|\cos n| \leq 1 \Rightarrow 1 \leq 2 + \cos n \leq 3 \Rightarrow n \leq n(2+\cos n) \leq 3n$

$\Rightarrow \lim_{n\to+\infty} n(2+\cos n) = +\infty$;

(c) $|a_n| = \left|\dfrac{n\sin n}{n^2+\log n+2}\right| \leq \dfrac{1}{n} \Rightarrow \lim_{n\to+\infty} a_n = 0$

(né per eccesso, né per difetto, poiché a_n continua ad assumere sia valori positivi che valori negativi).

7◁ Sia a_n tale che $\lim_{n\to+\infty} \dfrac{a_n}{n} = 0$; cosa si può dire su $\lim_{n\to+\infty} a_n$?

▷ Nulla; può succedere di tutto. $\{a_n\}$ può convergere (per esempio, per le successioni costanti: $a_n = c \ \forall n \Rightarrow \lim_{n\to+\infty} \frac{a_n}{n} = 0 \wedge \lim_{n\to+\infty} a_n = c$); $\{a_n\}$ può divergere (per esempio $a_n = \sqrt{n} \Rightarrow \lim_{n\to+\infty} \frac{a_n}{n} = 0 \wedge \lim_{n\to+\infty} a_n = +\infty$); $\{a_n\}$ può anche essere irregolare (per esempio:

$$a_n = \cos n\text{:}\ \ |a_n| \le 1 \Rightarrow \left|\frac{a_n}{n}\right| \le \frac{1}{n} \Rightarrow \lim_{n\to+\infty} \frac{a_n}{n} = 0, \text{ ma } \nexists \lim_{n\to+\infty} \cos n).$$

8◁ Delle ipotesi $\lim_{n\to+\infty} a_n = 4$ e $a_n < b_n \ \forall n$, quale delle seguenti affermazioni si può dedurre? $\boxed{a}$ $\lim_{n\to+\infty} b_n \ge 4$; $\boxed{b}$ $\lim_{n\to+\infty} b_n > 4$; $\boxed{c}$ non è detto che esista $\lim_{n\to+\infty} b_n$, ma, se esiste, allora è ≥ 4; $\boxed{d}$ non è detto che esista $\lim_{n\to+\infty} b_n$, ma, se esiste, allora è > 4.

▷ Se esistesse una successione c_n tale che $a_n < b_n \le c_n$ e $\lim_{n\to+\infty} c_n = 4$, allora si potrebbe dedurre $\lim_{n\to+\infty} b_n = 4$, ma, in questo caso, manca il secondo carabiniere ... Non è quindi assicurata, a priori, l'esistenza di $\lim_{n\to+\infty} b_n$; se però questo esiste, allora è ≥ 4 ($\boxed{c}$ giusta). Non è detto che il limite sia > 4; esempio: $a_n = 4 \ \forall n$ e $b_n = 4 + \frac{1}{n^2}$.

9◁ Utilizzando i limiti notevoli ed il simbolo di asintotico, si calcolino i limiti delle seguenti successioni:

$$(a)\ \ n \log\left(1 + \frac{2}{n}\right); \qquad (b)\ \ 7^n \left(\sqrt[5]{1 + 3^{-n}} - 1\right);$$

$$(c)\ \ \left(1 + \sin\frac{1}{2n}\right)^{\sqrt{n^2-1}}; \qquad (d)\ \ (\cos(n\pi))^n + \operatorname{arctg}\frac{\sin\frac{1}{n}}{\log\left(1 + \frac{1}{n}\right)};$$

$$(e)\ \ \frac{n + \alpha^n}{3n^3 + 4} \quad (\alpha \in \mathbb{R}); \qquad (f)\ \ n^\alpha \left(\sqrt[3]{1 + \frac{1}{n^2}} - 1\right) \quad (\alpha \in \mathbb{R});$$

$$(g)\ \ n^{\frac{7}{4}} \log(1 + n^{-2}); \qquad (h)\ \ \frac{e^{\sin\frac{1}{n}} - 1}{\log(1 + e^{-n})}.$$

▷ (a) $n \log\left(1 + \frac{2}{n}\right) \sim n\left(\frac{2}{n}\right) = 2 \Rightarrow \lim_{n\to+\infty} a_n = 2$;

(b) $\sqrt[5]{1 + 3^{-n}} - 1 \sim \dfrac{3^{-n}}{5} \Rightarrow$

$$\lim_{n\to+\infty} 7^n \left(\sqrt[5]{1 + 3^{-n}} - 1\right) = \lim_{n\to+\infty} \frac{7^n}{5 \cdot 3^n} = \lim_{n\to+\infty} \frac{1}{5}\left(\frac{7}{3}\right)^n = +\infty;$$

(c) $\left(1 + \sin\dfrac{1}{2n}\right)^{\sqrt{n^2-1}} = e^{\sqrt{n^2-1}\log\left(1+\sin\frac{1}{2n}\right)}$,

$$\sqrt{n^2-1}\log\left(1+\sin\frac{1}{2n}\right)\sim\sqrt{n^2-1}\sin\frac{1}{2n}\sim$$

$$\sim\frac{\sqrt{n^2-1}}{2n}\sim\frac{n}{2n}\to\frac{1}{2},\ \Rightarrow\ \lim_{n\to+\infty}a_n=e^{\frac{1}{2}};$$

(d) si pone $b_n=(\cos(n\pi))^n$, $c_n=\text{arctg}\dfrac{\sin(\frac{1}{n})}{\log(1+\frac{1}{n})}$; vale $a_n=b_n+c_n$;

si ha: $b_n=\begin{cases}1 & \text{se } n \text{ pari}\\ -1 & \text{se } n \text{ dispari}\end{cases}$ e $c_n\sim\text{arctg}\left(\dfrac{\frac{1}{n}}{\frac{1}{n}}\right)=\dfrac{\pi}{4}$;

pertanto, se n è pari, $n=2k$, $a_{2k}\to 1+\dfrac{\pi}{4}$ per $k\to+\infty$;

mentre, se n è dispari, $n=2k+1$, $a_{2k+1}\to -1+\dfrac{\pi}{4}$ per $k\to+\infty$;
quindi non esiste, né finito, né infinito, $\lim\limits_{n\to+\infty}a_n$;

(e) $|\alpha|\le 1 \Rightarrow \dfrac{n+\alpha^n}{3n^3+4}\sim\dfrac{1}{3n^2}\to 0^+$;

$\alpha>1 \Rightarrow \dfrac{n+\alpha^n}{3n^3+4}\sim\dfrac{\alpha^n}{3n^3}\to+\infty$;

$\alpha<-1 \Rightarrow \dfrac{n+\alpha^n}{3n^3+4}\sim\dfrac{\alpha^n}{3n^3}\to\infty$;

(f) $n^\alpha\left(\sqrt[3]{1+\dfrac{1}{n^2}}-1\right)\sim n^\alpha\left(\dfrac{1}{3n^2}\right)\sim\dfrac{1}{3n^{2-\alpha}}\Rightarrow$

$$\Rightarrow\lim_{n\to+\infty}a_n=\lim_{n\to+\infty}\frac{1}{3n^{2-\alpha}}=\begin{cases}\frac{1}{3} & \text{se } \alpha=2\\ +\infty & \text{se } \alpha>2\\ 0^+ & \text{se } \alpha<2\end{cases};$$

(g) $n^{\frac{7}{4}}\log(1+n^{-2})\sim n^{\frac{7}{4}}\dfrac{1}{n^2}=n^{\frac{7}{4}-2}=n^{-\frac{1}{4}}\to 0^+$;

(h) $\dfrac{e^{\sin\frac{1}{n}}-1}{\log(1+e^{-n})}\sim\dfrac{\sin\frac{1}{n}}{e^{-n}}\sim\dfrac{\frac{1}{n}}{e^{-n}}\to+\infty.$

10◁ Siano $\{a_n\}$ e $\{b_n\}$ le successioni definite da $a_0=0$, $a_{n+1}=10a_n$ e $b_0=-5$, $b_{n+1}-b_n=10$. Allora [a] $b_n=o(a_n)$; [b] $b_n=O(a_n)$; [c] $a_n\asymp b_n$; [d] $a_n=o(b_n)$.

▷ $\{a_n\}$ è una successione geometrica di primo termine 0, quindi è costantemente nulla; $\{b_n\}$ è la successione aritmetica di primo termine -5 e ragione 10, quindi è data da $b_n=-5+10n$. Vale $\lim_{n\to+\infty}\frac{a_n}{b_n}=0$ e quindi la risposta giusta è [d]. Si noti che se fosse stata vera [a] o [c] , allora sarebbe stata vera anche [b].

11◁ Si considerino le successioni definite da $a_n = n^5$ e $b_n = n^4 \log n$; allora, per $n \to +\infty$, si ha [a] $a_n = o(b_n)$; [b] $a_n \asymp b_n$; [c] $a_n \sim b_n$; [d] $b_n = o(a_n)$.

▷ Si ha: $\dfrac{a_n}{b_n} = \dfrac{n^5}{n^4 \log n} = \dfrac{n}{\log n} \longrightarrow +\infty \;\Rightarrow\; \lim_{n\to+\infty} \dfrac{b_n}{a_n} = 0$, e quindi $b_n = o(a_n)$ ([d]). Se fosse stata vera [c], allora sarebbe stata vera anche [b].

12◁ Utilizzando i limiti notevoli ed i simboli di Landau, si calcolino i seguenti limiti:

$$(a) \lim_{n\to+\infty} \left[(n+1) - \sqrt[3]{n^3+n^2}\right]; \ (b) \lim_{n\to+\infty} \left(\sqrt[4]{n^4-1} - \sqrt[6]{n^6+3n^2}\right).$$

▷ (a) Il limite presenta la forma di indecisione $+\infty - \infty$; i due infiniti sono dello stesso ordine (perché $n+1 \sim n$ e $\sqrt[3]{n^3+n^2} \sim n$), quindi non si può capire a priori quale sia il limite;

raccogliendo l'infinito n, si ha $(n+1) - \sqrt[3]{n^3+n^2} = (n+1) - n\sqrt[3]{1+\dfrac{1}{n}}$;

dai limiti notevoli, sappiamo che, se $x_n \to 0$, allora $(1+x_n)^\alpha - 1 \to \alpha$, cioè $(1+x_n)^\alpha = 1 + \alpha x_n + o(1)$; in questo caso, si ha $x_n = \frac{1}{n}$ e $\alpha = \frac{1}{3}$, quindi $\sqrt[3]{1+\frac{1}{n}} = 1 + \frac{1}{3n} + o(\frac{1}{n})$; pertanto:

$$(n+1) - n\sqrt[3]{1+\frac{1}{n}} = n+1-n\left(1+\frac{1}{3n}+o(\frac{1}{n})\right) = \frac{2}{3} + o(1) \to \frac{2}{3};$$

si ricordi che, in presenza di somme e sottrazioni, non si può sostituire ad una successione un'altra che le sia asintotica (se ci sono semplificazioni, si rischiano probabili errori); è invece lecito (e consigliato) sostituire l'espressione completa, data dalla successione asintotica più il resto, che è o piccolo del termine precedente;

il limite si può anche calcolare (però con più conti), ricorrendo alla formula $a^3 - b^3 = (a-b)(a^2+ab+b^2)$:

$$(n+1) - \sqrt[3]{n^3+n^2} =$$

$$= \left((n+1) - \sqrt[3]{n^3+n^2}\right) \frac{(n+1)^2 + (n+1)\sqrt[3]{n^3+n^2} + (n^3+n^2)^{\frac{2}{3}}}{(n+1)^2 + (n+1)\sqrt[3]{n^3+n^2} + (n^3+n^2)^{\frac{2}{3}}} =$$

$$= \frac{(n+1)^3 - (n^3+n^2)}{(n+1)^2 + (n+1)\sqrt[3]{n^3+n^2} + (n^3+n^2)^{\frac{2}{3}}} =$$

$$= \frac{2n^2+3n+1}{(n+1)^2 + (n+1)\sqrt[3]{n^3+n^2} + (n^3+n^2)^{\frac{2}{3}}} \sim \frac{2n^2}{3n^2} \to \frac{2}{3};$$

(b) $\sqrt[4]{n^4-1} - \sqrt[6]{n^6+3n^2}) = n\left(\sqrt[4]{1-\frac{1}{n^4}} - \sqrt[6]{1+\frac{3}{n^4}}\right) =$

$$= n\left(1 - \frac{1}{4n^4} + o\left(\frac{1}{n^4}\right) - 1 - \frac{3}{6n^4} + o\left(\frac{1}{n^4}\right)\right) = -\frac{3}{4n^3} + o\left(\frac{1}{n^3}\right);$$

$$\Rightarrow \lim_{n\to+\infty} \sqrt[4]{n^4-1} - \sqrt[6]{n^6+3n^2}) = 0^-.$$

13◁ Si considerino le successioni $a_n = \sin\frac{1}{\sqrt{n}}$, $b_n = e^{\frac{1}{n}} - 1$, $c_n = 1 - \cos\frac{1}{n}$; allora, per $n \to +\infty$, l'infinitesimo di ordine inferiore e l'infinitesimo di ordine superiore sono, rispettivamente, [a] a_n, b_n; [b] b_n, a_n; [c] a_n, c_n; [d] c_n, b_n.

▷ Utilizzando i limiti notevoli, si ha: $a_n \sim \dfrac{1}{\sqrt{n}}$, $b_n \sim \dfrac{1}{n}$, $c_n \sim \dfrac{1}{2n^2}$; quindi, sono infinitesimi in ordine crescente $\{a_n\}$, $\{b_n\}$ e $\{c_n\}$ ([c]).

14◁ Si considerino le successioni $a_n = n^5$, $b_n = 3 - \log n$, $c_n = 4e^n$; allora, per $n \to +\infty$, l'infinito di ordine inferiore e l'infinito di ordine superiore sono, rispettivamente, [a] a_n, b_n; [b] b_n, a_n; [c] a_n, c_n; [d] b_n, c_n.

▷ Utilizzando i limiti notevoli, si ha: $\displaystyle\lim_{n\to+\infty} \frac{a_n}{b_n} = -\infty$, $\displaystyle\lim_{n\to+\infty} \frac{a_n}{c_n} = 0^+$; quindi, sono infiniti in ordine crescente $\{b_n\}$, $\{a_n\}$ e $\{c_n\}$ ([d]).

15◁ Si calcolino i seguenti limiti:

$$(a)\ \lim_{n\to+\infty} \frac{3n^5+2n^2+4}{4n^6-2n+1}; \quad (b)\ \lim_{n\to+\infty} \frac{(\log n)^2 + n + a^n}{4n^3 - \sqrt{n} + \log n + 5}, \quad a \in \mathbb{R}.$$

▷ Sono forme di indecisione $\frac{\infty}{\infty}$; occorre determinare, a numeratore e a denominatore, gli infiniti dominanti.

(a) $$\lim_{n\to+\infty} \frac{3n^5+2n^2+4}{4n^6-2n+1} = \lim_{n\to+\infty} \frac{3n^5}{4n^6} = \lim_{n\to+\infty} \frac{3}{4n} = 0^+;$$

(b) a denominatore, l'infinito dominante è $4n^3$; a numeratore, invece, dipende da a (infatti, se $|a| > 1$, allora a^n è infinito di ordine superiore a n, mentre, se $|a| \leq 1$, allora a^n non è un infinito, e si deve prendere n); in definitiva, si ha:

$$|a| \leq 1 \;\Rightarrow\; \frac{(\log n)^2 + n + a^n}{4n^3 - \sqrt{n} + \log n + 5} \sim \frac{n}{4n^3} = \frac{1}{4n^2} \to 0^+;$$

$$a > 1 \;\Rightarrow\; \frac{(\log n)^2 + n + a^n}{4n^3 - \sqrt{n} + \log n + 5} \sim \frac{a^n}{4n^3} \to +\infty;$$

$$a < -1 \;\Rightarrow\; \frac{(\log n)^2 + n + a^n}{4n^3 - \sqrt{n} + \log n + 5} \sim \frac{a^n}{4n^3} \to \infty.$$

16◁ Utilizzando i criteri del rapporto e/o della radice, si determinino i seguenti limiti

$$(a) \lim_{n\to+\infty} \left(\frac{n^2+1}{2n^2+1}\right)^n; \quad (b) \lim_{n\to+\infty} \frac{n!}{(2n)!}.$$

▷ (a) $\sqrt[n]{\left(\frac{n^2+1}{2n^2+1}\right)^n} = \left(\frac{n^2+1}{2n^2+1}\right) \to \frac{1}{2} < 1 \Rightarrow \lim_{n\to+\infty} \left(\frac{n^2+1}{2n^2+1}\right)^n = 0^+;$

(b) $\frac{a_{n+1}}{a_n} = \frac{(n+1)!}{(2n+2)!} \cdot \frac{(2n)!}{n!} = \frac{n+1}{(2n+1)(2n+2)} \sim \frac{1}{4n} \to 0 \Rightarrow$

$\Rightarrow \lim_{n\to+\infty} a_n = 0^+.$

17◁ Quale delle seguenti affermazioni è corretta? $\boxed{a}$ una successione regolare verifica la condizione di Cauchy; $\boxed{b}$ una successione converge se e solo se verifica la condizione di Cauchy; $\boxed{c}$ se una successione di numeri razionali verifica la condizione di Cauchy, allora converge ad un numero razionale; $\boxed{d}$ se una successione soddisfa la condizione di Cauchy, allora è divergente.

▷ Una successione convergente soddisfa sempre la condizione di Cauchy; viceversa, una successione di Cauchy converge sempre ad un numero reale ($\boxed{\text{b}}$ vera, $\boxed{\text{d}}$ falsa). Se la successione di Cauchy è formata da numeri razionali, allora converge certamente, ma non è detto che il limite sia razionale ($\boxed{\text{c}}$ falsa). Infine, la $\boxed{\text{a}}$ è falsa, perché una successione divergente è regolare, ma non soddisfa la condizione di Cauchy; ad esempio, per la successione $a_n = n$, vale

$$\lim_{n\to+\infty} a_n = \lim_{n\to+\infty} n = +\infty, \quad \text{ma } |a_n - a_m| = |n - m| \geq 1 \; \forall m \neq n.$$

Esercizi e test proposti

18◁ Si verifichino i seguenti limiti, determinando, in funzione di ε o K, l'intero n_0, richiesto dalla definizione di limite

(a) $\lim_{n\to+\infty} \frac{-n^2+2n+1}{2n+1} = -\infty$; (b) $\lim_{n\to+\infty} \frac{n+2\cos(n\pi)}{n+1} = 1$;

(c) $\lim_{n\to+\infty} \frac{n^2+2n+1}{2n^2-1} = \left(\frac{1}{2}\right)^+$; (d) $\lim_{n\to+\infty} \frac{n^2+1}{n+3} = +\infty$;

(e) $\lim_{n\to+\infty} (-1)^n \log(3+n) = \infty$; (f) $\lim_{n\to+\infty} \sqrt{\frac{1+n}{n^2}} = 0^+$;

(g) $\lim_{n\to+\infty} \sqrt{\frac{n^2-1}{n}} = +\infty$; (h) $\lim_{n\to+\infty} e^{\frac{n-1}{n^2}} = 1^+$;

(i) $\lim_{n\to+\infty} \log\left(\frac{n-7}{n}\right) = 0^-$; (l) $\lim_{n\to+\infty} -e^{\frac{n}{1000}} = -\infty$.

19◁ Nella definizione di successione convergente, la richiesta *definitivamente per* $n \to +\infty$ è equivalente a *per infiniti* n?

20◁ Fra le seguenti successioni, quali sono regolari e quali irregolari?

(a) $1+\sin(n\frac{\pi}{2})$; (b) $\sin(e^{-n})$;

(c) $n+(-1)^n \log n$; (d) $(\cos(n\frac{\pi}{2}))\log n$;

(e) $\begin{cases} e^{-n} & n \text{ pari} \\ e^{\frac{1}{n}} & n \text{ dispari} \end{cases}$; (f) $e^{-|n|}$;

(g) $n^{\cos(n\pi)}$; (h) $(1+(-1)^n)\sqrt{n}$.

21◁ La successione definita da $a_n = -2 \cdot 3^{n-1}$ [a] è convergente a zero; [b] è divergente a $-\infty$; [c] è divergente a $+\infty$; [d] è convergente a -2.

22◁ Sia $\{a_n\}$ monotona non crescente, illimitata; allora [a] $\lim_{n\to+\infty} a_n$ può non esistere, né finito, né infinito; [b] $\lim_{n\to+\infty} a_n \in \mathbb{R}$; [c] $\lim_{n\to+\infty} a_n = -\infty$; [d] nessuna delle altre tre risposte è giusta.

23◁ La successione $a_n = \log_n 4$, $(n > 1)$, è [a] infinitesima; [b] divergente a $+\infty$; [c] divergente a $-\infty$; [d] irregolare.

24◁ Quale delle seguenti affermazioni è corretta?

[a] Se $\lim_{n\to+\infty} a_n = l \in \mathbb{R}$, allora $\lim_{n\to+\infty} |a_n| = |l|$;

[b] se $\lim_{n\to+\infty} |a_n| = |l| \in \mathbb{R}$, allora $\lim_{n\to+\infty} a_n = l$;

$\boxed{c}$ se $\lim_{n\to+\infty} a_n = l \in I\!R$, allora vale definitivamente $a_n > \frac{l}{2}$;
$\boxed{d}$ se $\lim_{n\to+\infty} |a_n| = 0$, allora $\lim_{n\to+\infty} a_n = 0^+$.

25◁ E' noto che una successione convergente è limitata; è vero il viceversa?

26◁ $\lim_{n\to+\infty} \left((-1)^n \frac{29}{n}\right) =$ $\boxed{a}$ 29 per n pari; $\boxed{b}$ ± 29; $\boxed{c}$ non esiste; $\boxed{d}$ 0.

27◁ Se $\lim_{n\to+\infty} a_n = 5$, allora $\boxed{a}$ $a_n \neq 5\ \forall n$; $\boxed{b}$ $a_n > 0\ \forall n$; $\boxed{c}$ $\exists n_0 : a_n > 4\ \forall n \geq n_0$; $\boxed{d}$ $\exists n_0 : a_{n_0} = 5$.

28◁ Per le successioni $a_n = e^{3\log n}$ e $b_n = 5n^3$, vale: $\boxed{a}$ $a_n = o(b_n)$; $\boxed{b}$ $a_n \sim b_n$; $\boxed{c}$ $b_n = o(a_n)$; $\boxed{d}$ $a_n = O(b_n) \wedge b_n = O(a_n)$.

29◁ La successione $\{a_n = e^{-n}\}$ è $\boxed{a}$ $o(\frac{1}{n})$; $\boxed{b}$ $\sim (\frac{1}{n^2})$; $\boxed{c}$ $\asymp (\frac{1}{n})$; $\boxed{d}$ $\sim (\frac{1}{n})$.

30◁ Utilizzando i criteri del rapporto e/o della radice, si determinino i seguenti limiti: (a) $\displaystyle\lim_{n\to+\infty} \left(\frac{1}{n}\right)^{2n} (2+n)^n$; (b) $\displaystyle\lim_{n\to+\infty} \frac{n!}{(n+1)! - n!}$.

31◁ Vero o falso?

(a) $e^{-n} = o(n^{-n})$; (b) $nO(\log n) = o(n^2)$;

(c) $n^\gamma o(n^\delta) = o(n^{\gamma+\delta})$; (d) $\log(1+e^n) = o(\sqrt{n})$;

(e) $\dfrac{3n^4 - \log n + 7}{-n + 5n^2} \asymp n^2$; (f) $\log\left(\cos\dfrac{1}{n}\right) \sim \dfrac{1}{n^2}$.

32◁ Si dispongano in ordine crescente di infinito le seguenti successioni:

(a) $\left(1+\dfrac{1}{n}\right)^{n^2}$; (b) $e^{\sqrt{n}}$; (c) $\log(\log(e^{\sqrt{n}}))$; (d) $n!$; (e) $\log(\log n)$.

33◁ Si dispongano in ordine crescente di infinitesimo le seguenti successioni:

(a) $\dfrac{\log n}{n}$; (b) $\sqrt{1+\sin\dfrac{1}{n}} - 1$; (c) e^{-n}; (d) $1 - \cos\dfrac{1}{n}$; (e) $e^{-\log n}$; (f) $\dfrac{1}{n!}$.

34◁ Si calcolino i seguenti limiti

(a) $\displaystyle\lim_{n\to+\infty} \frac{\log(2+\frac{1}{n}) - \log 2}{1 - \cos^2\frac{1}{n}}$; (b) $\displaystyle\lim_{n\to+\infty} \left(\sqrt[3]{1+\frac{1}{2n}} - 1\right)\left(\frac{n+1}{n}\right)^{n\log}$

(c) $\displaystyle\lim_{n\to+\infty} (\sqrt{n^2-5n+6} - n)$; (d) $\displaystyle\lim_{n\to+\infty} n(\sqrt{n^2+1} - n)$;

(e) $\displaystyle\lim_{n\to+\infty} (n + \sqrt[3]{1-n^3})$; (f) $\displaystyle\lim_{n\to+\infty} \frac{n+(-1)^n}{n-(-1)^n}$.

35◁ Si dimostri che la funzione $f(x) = \sqrt{x} + \sqrt[4]{\log(1 - |\mathrm{tg}(\pi x)|)}$ è in realtà una successione e se ne calcoli il limite.

36◁ Utilizzando la formula di Eulero-Mascheroni, si dimostri che le successioni

$$a_n = 1 + \frac{1}{3} + \frac{1}{5} + \cdots + \frac{1}{2n+1} \quad \text{e} \quad b_n = \log\sqrt{n} \text{ sono asintotiche.}$$

37◁ Fra le seguenti successioni, quali soddisfano la condizione di Cauchy e quali no? (a) $\log\left(\sqrt{1 + \frac{1}{n^2}}\right)$; (b) $\log n$; (c) $\left(1 + \frac{(-1)^n}{n}\right)^n$.

38◁ Si determini la classe limite delle successioni

$$(a)\ \left(1 - \frac{(-1)^n}{n}\right)^n; \qquad (b)\ \sin\left(\frac{n\pi}{3}\right)\frac{e^{\frac{1}{n^2}} - \cos\frac{1}{n}}{\sqrt[3]{n^3+1} - n}.$$

39◁ In dipendenza del dato iniziale a_0, si determini il limite della successione definita per ricorrenza $\begin{cases} a_0 \\ a_{n+1} = f(a_n) \end{cases}$, ove

(a) $f(x) = 2(\mathrm{arctg}x)^2$; (b) $f(x) = \frac{5x}{1+x^2}$; (c) $f(x) = \frac{x^2+6}{5}$; (d) $f(x) = 2xe^{-\frac{x}{2}}$.

Soluzioni esercizi e test proposti

18 n_0 è il primo intero alla destra di: (a) $K + 1 + \sqrt{K^2 + 3K + 2}$; (b) $\frac{3-\varepsilon}{\varepsilon}$; (c) $\frac{1+\sqrt{2\varepsilon^2+3\varepsilon+1}}{2\varepsilon}$; (d) $\frac{K+\sqrt{K^2+12K-4}}{2}$; (e) $e^K - 3$; (f) $\frac{1+\sqrt{1+4\varepsilon^2}}{2\varepsilon^2}$; (g) $\frac{K^2+\sqrt{K^4+4}}{2}$; (h) $\frac{1+\sqrt{1-4\log(1+\varepsilon)}}{2\log(1+\varepsilon)}$; (i) $\frac{7e^\varepsilon}{e^\varepsilon - 1}$; (l) $1000\log K$. **19** No. **20** Regolari: (b), (c), (f); irregolari le altre. **21** [b]. **22** [c]. **23** [a]. **24** [a]. **25** No. **26** [d]. **27** [c]. **28** [d]. **29** [a]. **30** 0. **31** Vere: (b), (c), (e); false le altre. **32** (e), (c), (b), (a), (d). **33** (a), (b)-(e), (d), (c), (f). **34** (a) $+\infty$; (b) $\frac{1}{6}$; (c) $-\frac{5}{2}$; (d) $\frac{1}{2}$; (e) 0; (f) 1. **35** $+\infty$. **36** Vale: $a_n \sim \frac{\log n}{2} \sim b_n$. **37** (a) sì, (b) e (c) no. **38** (a) $\{e, \frac{1}{e}\}$; (b) $\{-\frac{9\sqrt{3}}{4}, 0, \frac{9\sqrt{3}}{4}\}$. **39** (a) se (α, α) e (β, β) sono i punti di intersezione, diversi dall'origine, tra il grafico $y = f(x)$ e la bisettrice $y = x$ ($\alpha \in (0,1)$, $\beta > 1$), allora: $a_0 = 0 \Rightarrow a_n \equiv 0$, $a_0 = \alpha \Rightarrow a_n \equiv \alpha$, $a_0 = \beta \Rightarrow a_n \equiv \beta$, $0 \le a_0 < \alpha \Rightarrow a_n \to 0^+$, $\alpha < a_0 < \beta \Rightarrow a_n \to \beta^-$, $a_0 > \beta \Rightarrow a_n \to \beta^+$, idem per $a_0 < 0$, perché f è pari; (b) $a_0 > 0 \Rightarrow a_n \to 2$, $a_0 < 0 \Rightarrow a_n \to -2$, $a_0 = 0 \Rightarrow a_n \equiv 0$; (c) $|a_0| = 2 \Rightarrow a_n \equiv 2$; $|a_0| = 3 \Rightarrow a_n \equiv 3$; $|a_0| < 3 \Rightarrow a_n \to 2$, $|a_0| > 3 \Rightarrow a_n \to +\infty$; (d) $a_0 < 0 \Rightarrow a_n \to -\infty$, $a_0 = 0 \Rightarrow a_n \equiv 0$, $a_0 > 0 \Rightarrow a_n \to 2\log 2$.

Test Capitolo 1

1) Quale delle seguenti affermazioni è corretta?

- [a] $a_n \sim b_n \quad \Rightarrow e^{a_n} \sim e^{b_n}$;
- [b] $a_n \sim b_n \quad \Rightarrow \log(a_n) \sim \log(b_n)$;
- [c] $a_n \asymp b_n \quad \Rightarrow \lim_{n\to+\infty} a_n = \lim_{n\to+\infty} b_n$;
- [d] $\begin{cases} a_n \sim b_n \\ \{a_n\} \text{ limitata} \end{cases} \Rightarrow \lim(a_n - b_n) = 0.$

2) Quale, dei seguenti numeri, è più vicino a $\left(1 - \frac{1}{100000}\right)^{100000}$? (rispondere *senza* usare la calcolatrice!)

[a] 0; [b] $\frac{1}{3}$; [c] 1; [d] $\frac{1}{7}$.

3) $\lim_{n\to+\infty} \left(\frac{n^3-1}{2+n^3}\right)^{n^3}$ [a] non esiste; [b] e^3; [c] e^{-3}; [d] 0.

4) Quale, tra i seguenti, è l'infinito di ordine superiore?

[a] $\frac{n}{e^{\frac{1}{2n^2}}-1}$; [b] $\frac{1}{\log\left(1+\frac{1}{n}\right)}$; [c] $e^{\sqrt{n}\log(n^2)}$; [d] e^n.

5) Siano $a_n = e^n$ e $b_n = n!$; allora, per $n \to +\infty$, vale:

[a] $a_n \sim b_n$; [b] $a_n = O(b_n)$, ma non $a_n = o(b_n)$; [c] $a_n = o(b_n)$; [d] $a_n \asymp b_n$.

2

Serie

1 - Introduzione – una somma senza fine ...

Una freccia, Achille, un Tizio indeciso, una rendita finanziaria, il numero 0.333....

La prima cosa che si impara a fare coi numeri è certamente la *somma*: $2+3=5$, $\frac{1}{2}+1+2=\frac{7}{2}$, etc. Man mano che aumenta il numero di addendi, il conto diventa più lungo (e noioso), ma sempre fattibile senza problemi teorici. Le cose cambiano completamente se si pretende di *sommare un numero infinito di addendi*. Occorre dare un significato all'idea di *continuare ad aggiungere addendi, senza mai fermarsi*; visivamente, questo fatto, si rappresenta aggiungendo dei puntini alla somma di alcuni addendi, dai quali si capisca la regola con cui si definiscono gli addendi successivi; ad esempio: $1+2+3+4+\cdots$, oppure $1+\frac{1}{2}+\frac{1}{4}+\frac{1}{9}+\cdots$. Intuitivamente: se gli addendi sono tutti uguali, ad esempio, $1+1+1+\cdots$, sembra che, continuando a sommare, si ottengano numeri sempre più grandi e quindi si direbbe che si ottenga come somma $+\infty$; lo stesso, se gli addendi sono tutti maggiori od uguali ad un certo numero, ad esempio $1+\frac{2}{3}+\frac{3}{5}+\frac{4}{7}+\frac{5}{9}+\cdots$. Se però gli addendi diventano sempre più piccoli, come ad esempio in $1+\frac{1}{2}+\frac{1}{3}+\cdots$, non si saprebbe cosa rispondere, perché non si capisce quale sia il loro contributo alla somma totale; se poi gli addendi cambiano segno, come ad esempio in $1+(-1)+1+(-1)+\cdots$, oppure $-1+3+(-5)+7+\cdots$, le cose si complicano ancor di più.

Evidentemente, ci vuole una teoria che consenta di dare un significato ben preciso a tutto ciò. Questo sarà fatto nel prossimo paragrafo, utilizzando i due concetti di *somma di un numero finito di addendi* e di *limite*.

Vediamo ora alcuni esempi che portano a dover considerare una somma di infiniti addendi.

Esempio 2.1 - Un paradosso di Zenone: la freccia che non arriva. La punta di una freccia, partita dall'arco, si dirige verso il bersaglio. Supponiamo che il tragitto da percorrere sia lungo 1. La freccia percorre la prima metà del tragitto, lunga $\frac{1}{2}$; successivamente, percorre la metà del tragitto che le rimane, lunga $\frac{1}{4}$; poi, ancora la metà di quel che rimane, lunga $\frac{1}{8}$, etc. etc.; la freccia deve quindi percorrere la somma di un numero infinito di tragitti: $\frac{1}{2} + \frac{1}{4} + \frac{1}{8} + \cdots$. Zenone conclude che la freccia non raggiunge mai il bersaglio, perché, *in un tempo finito, si può fare solo un numero finito di cose* ...) Però, nella realtà, la freccia, in un tempo finito, arriva! Dov'è l'inghippo?

Figura 2.1

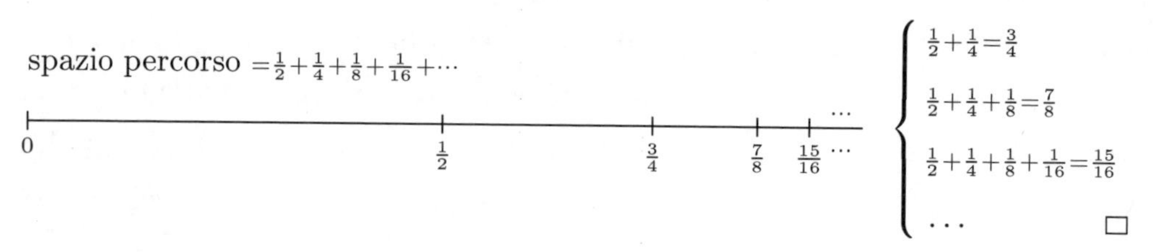

□

Esempio 2.2 - Un altro paradosso di Zenone: Achille e Tartaruga. Achille gareggia con Tartaruga, che, essendo più lenta, parte con un certo vantaggio; quando Achille raggiunge la posizione iniziale di Tartaruga, questa è comunque andata un po' avanti, anche se di poco; quando Achille avrà percorso anche questa breve distanza, Tartaruga si sarà spostata un pochino avanti; Zenone conclude che Achille non raggiungerà mai Tartaruga. Ma, nella realtà, la raggiunge eccome! Dov'è il trucco? □

Esempio 2.3 - Un Tizio indeciso. Tizio fa un passo avanti, di un metro; poi torna indietro di mezzo metro; poi va avanti di un terzo di metro; e poi indietro di un quarto, etc. etc. Alla fine di questo *numero infinito* di passi, dove si troverà? Occorre calcolare $1 - \frac{1}{2} + \frac{1}{3} - \frac{1}{4} + \frac{1}{5} - \frac{1}{6} + \cdots$.

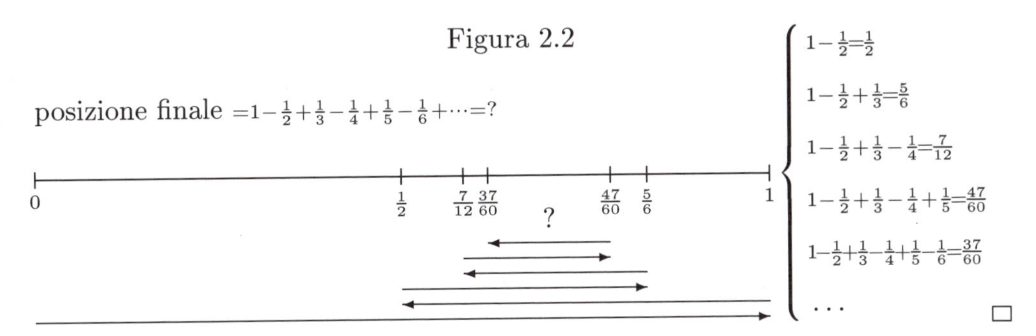

Figura 2.2

□

Esempio 2.4 - Un esempio finanziario. In regime di interesse composto, al tasso annuo i, il valore attuale di una rendita perpetua, di rata annua costante R, anticipata, è data da $R+\frac{R}{1+i}+\frac{R}{(1+i)^2}+\frac{R}{(1+i)^3}+\cdots$.
Se vado in banca per acquistare la rendita, devo sapere quanto vale questa somma di infiniti addendi! □

Esempio 2.5 - Numeri periodici. Con la scrittura $\frac{1}{3}=0.\overline{3}$, intendiamo il numero illimitato periodico $0.3333\ldots$. Siamo quindi tentati di dire che $\frac{1}{3}$ è la *somma degli infiniti addendi* $\frac{3}{10}+\frac{3}{10^2}+\frac{3}{10^3}+\cdots$. □

2 - Serie numeriche convergenti, divergenti, irregolari

Consideriamo una infinità numerabile di numeri, cioè una *successione* $\{a_n\}=\{a_0,a_1,a_2,\cdots,a_n,\cdots\}$; vogliamo dare un senso, se possibile, alla frase *sommare gli infiniti addendi* a_k. Dato che sappiamo fare la somma di un numero *finito*, anche se enorme, di addendi, possiamo calcolare

$$\begin{aligned}
S_0 &= a_0\\
S_1 &= a_0+a_1\\
S_2 &= a_0+a_1+a_2\\
\cdots &\cdots\\
S_n &= a_0+a_1+a_2+a_3+\cdots+a_{n-1}+a_n=\sum_{k=0}^{n}a_k\\
\cdots &\cdots
\end{aligned}$$

Sembra che, all'aumentare dell'intero n, cioè del numero di addendi considerati, ci si avvicini sempre più all'idea di *sommare infiniti addendi.* Aumentare

sempre più l'intero n equivale a considerare il *limite* per $n \to +\infty$.
Con queste premesse, diventa naturale la definizione

Definizione 2.1 - *Data una successione $\{a_n\}$ di numeri reali, si definisce* ***serie numerica reale*** *l'espressione simbolica $\sum_{n=0}^{+\infty} a_n$; a_n è detto termine generale della serie. Alla serie $\sum_{n=0}^{+\infty} a_n$ si associa la* ***successione delle somme parziali*** *$\{S_n\}$, definita da $S_n = \sum_{k=0}^{n} a_k$. La serie si dice*

- ***convergente con somma S*** *se e solo se* $\lim_{n\to+\infty} S_n = S \in \mathbb{R}$,
- ***divergente*** *a* $+\infty/-\infty/\infty$ *se e solo se* $\lim_{n\to+\infty} S_n = +\infty/-\infty/\infty$,
- ***irregolare*** *o* ***oscillante*** *se e solo se non esiste* $\lim_{n\to+\infty} S_n$.

Osservazione - Il termine *somma* andrebbe riservato alle serie convergenti, perché solo allora S è un numero; con leggero abuso di linguaggio, si può estendere al caso delle serie divergenti e parlare di somma infinita.

Le serie convergenti o divergenti si dicono *determinate* o *regolari*; le serie irregolari si dicono anche *indeterminate*.
Determinare il *carattere* di una serie significa stabilire se sia convergente o divergente o irregolare; il carattere di una serie è lo stesso della successione delle somme parziali $\{S_n\}$ (attenzione, non della successione $\{a_n\}$).
È importante ribadire che, per dare significato alla somma di infiniti addendi (cosa possibile solo per le serie regolari), occorrono *due* concetti: la somma di un numero finito di addendi (per definire S_n) ed il limite (per arrivare a $\lim_{n\to+\infty} S_n$).

Osservazione -
◇ Il carattere di una serie non cambia se si aggiungono, o tolgono, o alterano, un numero *finito* di addendi della serie (ovviamente, nel caso convergente, può però cambiare la somma).
Questo fatto consente, all'occorrenza, di potersi disinteressare dei primi *tot* termini di una serie; ad esempio, se i primi cento termini cambiano segno, ma poi, dal centounesimo in poi, sono tutti positivi, si possono applicare i criteri per le serie positive (v. paragrafo 5).
◇ Date due serie $\sum_{n=0}^{+\infty} a_n$ e $\sum_{n=0}^{+\infty} b_n$ ed un numero reale k, si possono definire:

prodotto di una serie per un numero: $$k\sum_{n=0}^{+\infty} a_n := \sum_{n=0}^{+\infty} ka_n$$

somma di due serie: $$\sum_{n=0}^{+\infty} a_n + \sum_{n=0}^{+\infty} b_n := \sum_{n=0}^{+\infty} (a_n + b_n)$$

Dai teoremi sui limiti, applicati alle successioni delle somme parziali, segue:

(i) se $k \neq 0$, allora le serie $\sum_{n=0}^{+\infty} a_n$ e $\sum_{n=0}^{+\infty} ka_n$ hanno lo stesso carattere; nel caso convergente, se $\sum_{n=0}^{+\infty} a_n = A$ allora $\sum_{n=0}^{+\infty} ka_n = kA$;

(ii) se le serie $\sum_{n=0}^{+\infty} a_n$ e $\sum_{n=0}^{+\infty} b_n$ sono convergenti (con somme A e B), allora anche $\sum_{n=0}^{+\infty} (a_n + b_n)$ è convergente ed ha somma $A+B$; se una converge e l'altra diverge, allora la serie somma diverge; se entrambe divergono, dello stesso segno, allora la serie somma diverge; non si può dire nulla nel caso in cui divergano di segno opposto (caso di indecisione).

3 - Alcuni esempi importanti (e le risposte ai problemi)

Diamo alcuni importanti esempi di serie numeriche, di cui determineremo il carattere (rispondendo così ai quesiti introduttivi).

Esempio 2.6 -

(a) $1+2+3+4+\cdots$, cioè $a_n = n$; si ha $S_n = \sum_{k=0}^{n} k = 1+2+3+\cdots+n = \frac{n(n+1)}{2}$, $\lim_{n\to+\infty} S_n = +\infty$, e quindi la serie $\sum_{n=0}^{+\infty} n$ è divergente a $+\infty$.

(b) $1+1+1+1+\cdots$, cioè $a_n = 1$; si ha $S_n = \sum_{k=0}^{n} 1 = n+1$, $\lim_{n\to+\infty} S_n = +\infty$, e quindi la serie $\sum_{n=0}^{+\infty} 1$ è divergente a $+\infty$.

(c) $1 + \frac{2}{3} + \frac{3}{5} + \frac{4}{7} + \frac{5}{9} + \cdots$, cioè $a_n = \frac{n}{2n-1}$, $\forall n \geq 1$; si ha $a_n \geq \frac{1}{2}$ $\forall n \geq 1$ e quindi $S_n = \sum_{k=1}^{n} a_k \geq \sum_{k=1}^{n} \frac{1}{2} = \frac{n}{2}$, $\lim_{n\to+\infty} S_n = +\infty$, pertanto la serie $\sum_{n=1}^{+\infty} \frac{n}{2n-1}$ è divergente a $+\infty$.

(d) $1 + (-1) + 1 + (-1) + \cdots$, cioè $a_n = (-1)^n$, $\forall n$; si ha $S_0 = 1$, $S_1 = 0$, $S_2 = 1$, $S_3 = 0$, $\ldots$, $S_n = \begin{cases} 1 & \text{se } n \text{ pari} \\ 0 & \text{se } n \text{ dispari} \end{cases}$, non esiste $\lim_{n\to+\infty} S_n$, e quindi la serie $\sum_{n=0}^{+\infty} (-1)^n$ è irregolare.

(e) $-1 + 3 + (-5) + 7 + \cdots$, cioè $a_n = (-1)^n(2n-1)$ $\forall n \geq 1$; si ha $S_1 =$

$-1,\ S_2 = -1+3 = 2,\ S_3 = -1+3-5 = -3,\ \ldots,\ S_n = \begin{cases} n & \text{se } n \text{ è pari} \\ -n & \text{se } n \text{ è dispari} \end{cases},$

$\lim_{n\to+\infty} S_n = \infty$; e quindi la serie $\sum_{n=1}^{+\infty} (-1)^n(2n-1)$ è divergente a ∞.

(f) **Serie geometrica.** Si ha quando il termine generale $\{a_n\}$ è una *successione geometrica* di ragione q (v. cap.1, esempio 1.1): $a_n = a_0 q^n$.

I casi $q = 0$ e $q = 1$ sono banali; si ottengono, rispettivamemte, la serie identicamente nulla $\displaystyle\sum_{n=1}^{+\infty} 0^n$ (convergente con somma 0) e la serie a termini costanti $a_0 + a_0 + a_0 + \cdots$ divergente a $\pm\infty$, a seconda del segno di a_0.

Consideriamo quindi $q \neq 0, 1$. Possiamo poi supporre $a_0 = 1$ (altrimenti, basta raccogliere a_0). Si ha $S_n = \displaystyle\sum_{k=0}^{n} a_k = \sum_{k=0}^{n} q^k = 1 + q + q^2 + \cdots + q^n = \frac{1-q^{n+1}}{1-q}$;

l'ultima uguaglianza si può dimostrare per induzione, oppure verificare direttamente, moltiplicando ambo i membri per $(1-q)$; si ha quindi:

$$\lim_{n\to+\infty} S_n = \begin{cases} \dfrac{1}{1-q} & \text{se } |q| < 1 \quad \text{serie convergente con somma } \dfrac{1}{1-q} \\ +\infty & \text{se } q > 1 \quad \text{serie divergente a } +\infty \\ \infty & \text{se } q < -1 \quad \text{serie divergente a } \infty \\ \nexists & \text{se } q = -1 \quad \text{serie irregolare.} \end{cases}$$

□

La freccia arriva!

La freccia percorre prima $\frac{1}{2}$, poi $\frac{1}{4}$, poi $\frac{1}{8}$, etc.; in totale $\frac{1}{2} + \frac{1}{4} + \frac{1}{8} + \cdots + \frac{1}{2^n} + \cdots = \sum_{n=1}^{+\infty} \frac{1}{2^n}$; a parte la mancanza del primo termine, $\frac{1}{2^0} = 1$, si tratta della serie geometrica di ragione $\frac{1}{2}$, quindi convergente; la sua somma è

$$\sum_{n=1}^{+\infty} \frac{1}{2^n} = \left(\sum_{n=0}^{+\infty} \frac{1}{2^n}\right) - 1 = \frac{1}{1-\frac{1}{2}} - 1 = 2 - 1 = 1.$$

La freccia percorre l'intero spazio, lungo 1, e arriva!

Achille raggiunge Tartaruga!

Supponiamo che la velocità v di Achille sia h volte quella di Tartaruga ($h > 1$) e che questa parta con un vantaggio lungo C. Nel tempo $\frac{C}{v}$, Achille raggiunge il punto di partenza di Tartaruga, ma, nel frattempo, questa ha percorso il tratto $\frac{C}{h}$; nel tempo $\frac{C}{vh}$, Achille copre questo percorso, ma, nel frattempo, Tartaruga percorre $\frac{C}{h^2}$; Achille impiega $\frac{C}{vh^2}$ per coprire anche questo, ma Tartaruga fa $\frac{C}{vh^3}$, etc. La somma di tutti questi tempi è

$$\frac{C}{v} + \frac{C}{vh} + \frac{C}{vh^2} + \frac{C}{vh^3} + \cdots = \frac{C}{v}\left(1 + \frac{1}{h} + \frac{1}{h^2} + \frac{1}{h^3} + \cdots\right) = \frac{C}{v}\sum_{n=0}^{+\infty} \frac{1}{h^n};$$

si tratta della serie geometrica di ragione $\frac{1}{h} < 1$, convergente. Achille raggiunge quindi Tartaruga nel tempo (finito!) $\frac{C}{v}\sum_{n=0}^{+\infty}\frac{1}{h^n} = \frac{C}{v}\frac{1}{1-\frac{1}{h}} = \frac{Ch}{v(h-1)}$.

Il giusto prezzo della rendita!

$$R + \frac{R}{1+i} + \frac{R}{(1+i)^2} + \cdots = R\sum_{n=0}^{+\infty}\frac{1}{(1+i)^n} = R\frac{1}{1-\frac{1}{1+i}} = R\frac{1+i}{i} = R(1+\frac{1}{i}).$$

La frazione generatrice di un numero decimale periodico.

$$0.\overline{3} = \frac{3}{10} + \frac{3}{10^2} + \frac{3}{10^3} + \cdots = 3\sum_{n=1}^{+\infty}\frac{1}{10^n} = 3\left(\frac{1}{1-\frac{1}{10}} - 1\right) = \frac{1}{3}.$$

Un esempio con l'antiperiodo:

$$1.2\overline{34} = 1.2 + \frac{34}{1000} + \frac{34}{100000} + \frac{34}{10000000} + \cdots =$$

$$= 1.2 + \frac{34}{1000}\left(1 + \frac{1}{100} + \frac{1}{100^2} + \cdots\right) = 1.2 + \frac{34}{1000}\sum_{n=0}^{+\infty}\frac{1}{100^n} =$$

$$= \frac{12}{10} + \frac{34}{1000}\cdot\frac{1}{1-\frac{1}{100}} = \frac{12}{10} + \frac{34}{990} = \frac{12(100-1)+34}{990} = \frac{1234-12}{990}.$$

In generale:

$$n.a_1\ldots a_k\overline{a_{k+1}\ldots a_{k+h}} = \frac{na_1\ldots a_k}{10^k} + \frac{a_{k+1}\ldots a_{k+h}}{10^{k+h}}\left(1 + \frac{1}{10^h} + \frac{1}{10^{2h}} + \cdots\right) =$$

$$= \frac{na_1\ldots a_k}{10^k} + \frac{a_{k+1}\ldots a_{k+h}}{10^k(10^h-1)} = \frac{na_1\ldots a_{k+h} - na_1\ldots a_k}{\underbrace{99\cdots 9}_{h\ \text{volte}}\cdot\underbrace{00\cdots 0}_{k\ \text{volte}}}$$

La risposta al problema del Tizio indeciso è rimandata al paragrafo 6.

(g) **Serie armonica.** È la serie associata alla successione dei reciproci dei numeri naturali: $\sum_{n=1}^{+\infty}\frac{1}{n}$.

La serie armonica è divergente a $+\infty$. La dimostrazione (di Nicola d'Oresme, risalente addirittura al 1360) è riportata in appendice. Diamo qui una dimostrazione velocissima, che deve però sfruttare la *formula di Eulero-Mascheroni* (v. A1.1): $1 + \frac{1}{2} + \frac{1}{3} + \cdots + \frac{1}{n} = \log n + C + o(1)$; pertanto $S_n = \sum_{k=1}^{n}\frac{1}{k} \sim \log n$ e $\lim_{n\to+\infty} S_n = +\infty$.

(h) **Serie di Mengoli / serie telescopiche.**

Una serie $\sum_{n=0}^{+\infty} a_n$ si dice **telescopica** se il termine generale a_n si può scrivere come differenza di due termini consecutivi di un'altra successione b_n, cioè $a_n = b_n - b_{n+1}$: questo consente di ricavare esplicitamente S_n:

$$S_n = \underbrace{(b_0 - b_1)}_{a_0} + \underbrace{(b_1 - b_2)}_{a_1} + \cdots + \underbrace{(b_{n-1} - b_n)}_{a_{n-1}} + \underbrace{(b_n - b_{n+1})}_{a_n} = b_0 - b_{n+1}$$

(a parte il primo e l'ultimo, tutti gli altri termini si semplificano; è come quando si chiude un *telescopio*).

Si ha $\lim_{n\to+\infty} S_n = b_0 - \lim_{n\to+\infty} b_n$ e quindi *una serie telescopica* $\sum_{n=0}^{+\infty} a_n = \sum_{n=0}^{+\infty} (b_n - b_{n+1})$ ha lo stesso carattere della successione $\{b_n\}$; se questa converge ad un valore b, allora la somma della serie è $b_0 - b$.

La **serie di Mengoli** è la più semplice serie telescopica, quella associata a $b_n = \frac{1}{n}$:

$$\sum_{n=1}^{+\infty} a_n = \sum_{n=1}^{+\infty} (b_n - b_{n+1}) = \sum_{n=1}^{+\infty} \left(\frac{1}{n} - \frac{1}{n+1}\right) = \sum_{n=1}^{+\infty} \frac{1}{n(n+1)};$$

$$\lim_{n\to+\infty} S_n = b_1 - \lim_{n\to+\infty} b_n = 1 - \lim_{n\to+\infty} \frac{1}{n} = 1 \Rightarrow \sum_{n=1}^{+\infty} \frac{1}{n(n+1)} = 1.$$

La figura 2.3 mostra una semplice dimostrazione geometrica: ogni rettangolino, individuato dai punti ad ascissa intera sull'iperbole $y = \frac{1}{x}$, ha area $\frac{1}{n(n+1)}$; traslandoli sulla sinistra, si vede che questi infiniti rettangolini compongono un quadrato di lato uno, quindi la somma della serie di Mengoli è uno.

Figura 2.3

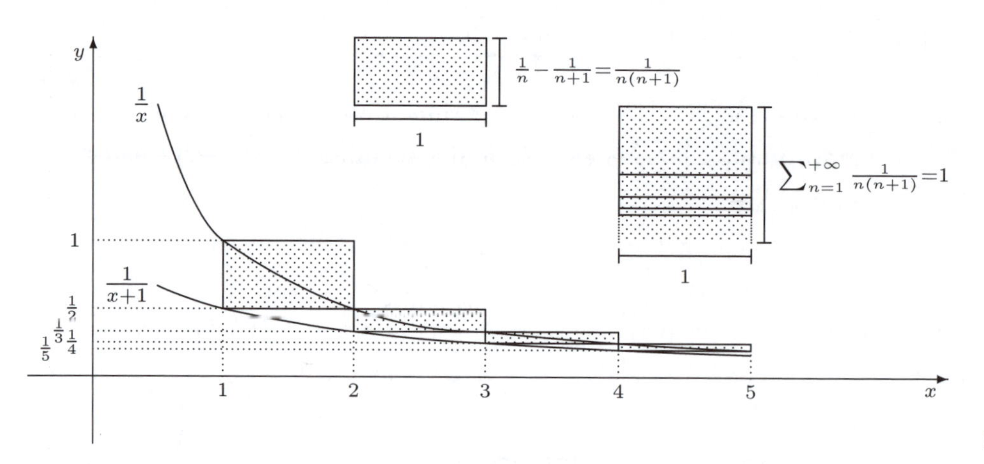

□

Osservazione - È interessante paragonare la serie armonica (divergente) con la serie di Mengoli o una serie geometrica convergente, per esempio quella di ragione $\frac{1}{2}$.

In tutti i casi, gli addendi diventano sempre più piccoli ($\lim_{n\to+\infty} a_n = 0$), ma l'*ordine di infinitesimo*, è diverso; $\frac{1}{2^n}$ e $\frac{1}{n(n+1)} \sim \frac{1}{n^2}$ sono infinitesimi di ordine superiore a $\frac{1}{n}$. Questo fa sì che, nel caso $\frac{1}{2^n}$ o $\frac{1}{n(n+1)}$, gli infiniti addendi che si vanno a sommare non *pesano* troppo (e la serie converge), mentre nel caso $\frac{1}{n}$, gli addendi, anche se infinitesimi, però, presi in numero infinito, pesano troppo (e la serie diverge).

4 - Condizioni per la convergenza

In questo paragrafo, diamo due importanti risultati: una condizione necessaria, ma non sufficiente, per la convergenza, ed una condizione necessaria e sufficiente per la convergenza.

Teorema 2.2 - Condizione necessaria per la convergenza di una serie. *Se la serie* $\sum_{n=0}^{+\infty} a_n$ *è convergente, allora il termine generale* $\{a_n\}$ *è infinitesimo:* $\sum_{n=0}^{+\infty} a_n$ *convergente* $\Rightarrow$ $\lim_{n\to+\infty} a_n = 0$.

Il termine generale a_n può essere scritto come

$$a_n = (a_0 + a_1 + \cdots + a_{n-1} + a_n) - (a_0 + a_1 + \cdots + a_{n-1}) = S_n - S_{n-1};$$

per ipotesi, la serie è convergente, quindi $\lim_{n\to+\infty} S_n = S$; ne consegue

$$\lim_{n\to+\infty} a_n = \lim_{n\to+\infty} (S_n - S_{n-1}) = S - S = 0.$$

Osservazione - L'esempio della serie armonica (divergente, ma con il termine generale $\frac{1}{n}$, infinitesimo), mostra che la condizione $\lim_{n\to+\infty} a_n = 0$ è necessaria, ma non sufficiente, per la convergenza. Quello che conta è l'ordine di infinitesimo (si veda l'esempio 2.11 della serie armonica generalizzata).

Il prossimo risultato discende dal *criterio di convergenza di Cauchy* (v. A1.2), applicato alla successione $\{S_n\}$.

Teorema 2.3 - Criterio di Cauchy – Condizione necessaria e sufficiente per la convergenza di una serie.

$$\sum_{n=0}^{+\infty} a_n \ \textit{converge} \quad \Leftrightarrow \quad \forall \varepsilon > 0 \ \exists n_0 = n_0(\varepsilon) : \ \forall n, m > n_0 \quad |S_n - S_m| < \varepsilon;$$

o, equivalentemente,

$$\sum_{n=0}^{+\infty} a_n \quad \textit{converge} \qquad \Leftrightarrow \qquad \forall \varepsilon > 0 \; \exists n_0 = n_0(\varepsilon) : \; \forall n > n_0 \; \wedge \; \forall p \in I\!N$$

$$|S_{n+p} - S_n| = |a_{n+1} + a_{n+2} + \cdots + a_{n+p}| < \varepsilon.$$

In altre parole, una serie è convergente se e solo se il **resto parziale di ordine** n, $R_{n,p} = a_{n+1} + \cdots + a_{n+p}$, è infinitesimo (uniformemente rispetto a p). Si noti che, applicando il criterio di Cauchy con $p = 1$, si ottiene

$\sum_{n=0}^{+\infty} a_n$ converge $\Rightarrow \forall \varepsilon > 0 \; \exists n_0 = n_0(\varepsilon) : \; \forall n > n_0 \quad |R_{n,1}| = |a_{n+1}| < \varepsilon$

cioè $\lim_{n\to+\infty} a_n = 0$, la *condizione necessaria* per la convergenza. Ovviamente, avendo ora specificato un certo p ($p = 1$), vale solo $\Rightarrow$ e non più $\Leftarrow$.

Esempio 2.7 - Applichiamo il criterio di Cauchy alla serie armonica $\sum_{n=1}^{+\infty} \frac{1}{n}$, scegliendo $p = n$: si ha

$$|S_{2n} - S_n| = \underbrace{\underbrace{\frac{1}{n+1}}_{> \frac{1}{2n}} + \underbrace{\frac{1}{n+2}}_{> \frac{1}{2n}} + \cdots + \underbrace{\frac{1}{2n}}_{\geq \frac{1}{2n}}}_{n \text{ addendi}} \geq \frac{1}{2n} \cdot n = \frac{1}{2}.$$

Basta quindi prendere $\varepsilon \leq \frac{1}{2}$ ed il criterio di Cauchy non è soddisfatto; la serie armonica, pertanto, non converge. □

5 - Serie a termini non negativi

Le *serie a termini non negativi* $\sum_{n=0}^{+\infty} a_n$, con $a_n \geq 0 \; \forall n$, sono le più semplici da studiare; innanzitutto, sono sempre regolari (o convergono, o divergono a $+\infty$), inoltre esistono dei comodi criteri per determinarne il carattere.

Osservazione - Dato che il carattere di una serie non cambia se si modificano i primi *tot* addendi, gli stessi risultati valgono anche per le *serie a termini definitivamente non negativi*, cioè tali che $a_n \geq 0 \; \forall n \geq n_0$.
Infine, se si deve studiare una *serie a termini definitivamente non positivi*, cioè $a_n \leq 0 \; \forall n \geq n_0$, si può pensare di raccogliere a fattore il segno meno, e ricondursi così ad una serie a termini non negativi.
I risultati di questo paragrafo si possono quindi applicare ad una qualsiasi **serie a termini di segno definitivamente costante** (enunciati e dimostrazioni

saranno dati, per semplicità, solo per le serie a termini non negativi).

Il primo importante risultato riguarda la *regolarità* di queste serie:

Teorema 2.4 - Regolarità delle serie a termini non negativi. *Se la serie $\sum_{n=0}^{+\infty} a_n$ è a termini non negativi ($a_n \geq 0\ \forall n$), allora è regolare, cioè o converge (ed ha somma non negativa), o diverge a $+\infty$.*

Se $a_n \geq 0\ \forall n$ allora la successione delle somme parziali $\{S_n\}$ risulta monotona non decrescente; infatti: $S_n = \underbrace{a_0 + a_1 + \cdots + a_{n-1}}_{S_{n-1}} + a_n = S_{n-1} + a_n \geq S_{n-1}\ \forall n$.

La tesi segue allora dal *teorema di esistenza del limite per successioni monotone* (teorema 1.10); il limite è finito (serie convergente) o $+\infty$ (serie divergente) a seconda che la successione $\{S_n\}$ sia, o no, limitata superiormente.

Esempio 2.8 - Si è visto che la serie armonica $\sum_{n=1}^{+\infty} \frac{1}{n}$ non converge perché non soddisfa il criterio di Cauchy; poiché è una serie a termini positivi, allora diverge a $+\infty$. □

Vediamo ora alcuni comodi *criteri sufficienti* per determinare il carattere.

Definizione 2.5 - *Se vale $0 \leq a_n \leq b_n\ \forall n$ (o $\forall n \geq n_0$), allora $\sum_{n=0}^{+\infty} a_n$ si dice* ***minorante*** *di $\sum_{n=0}^{+\infty} b_n$ e $\sum_{n=0}^{+\infty} b_n$ si dice* ***maggiorante*** *di $\sum_{n=0}^{+\infty} a_n$.*

Esempio 2.9 - La serie $\sum_{n=2}^{+\infty} \frac{1}{\log n}$ è maggiorante della serie armonica $\sum_{n=1}^{+\infty} \frac{1}{n}$; infatti $\log n < n \Rightarrow \frac{1}{\log n} > \frac{1}{n}$.
La serie $\sum_{n=2}^{+\infty} \frac{1}{n^2}$ è minorante della serie di Mengoli $\sum_{n=1}^{+\infty} \frac{1}{n(n+1)} = \sum_{n=2}^{+\infty} \frac{1}{(n-1)n}$; infatti $n^2 = n \cdot n > n(n-1) \Rightarrow \frac{1}{n^2} < \frac{1}{n(n-1)}$. □

Teorema 2.6 - Criterio del confronto.

$$0 \leq a_n \leq b_n\ \forall n \geq n_0 \ \wedge \ \sum_{n=0}^{+\infty} b_n \ \textit{convergente} \ \Rightarrow \ \sum_{n=0}^{+\infty} a_n \ \textit{convergente};$$

$$0 \leq a_n \leq b_n\ \forall n \geq n_0 \ \wedge \ \sum_{n=0}^{+\infty} a_n \ \textit{divergente} \ \Rightarrow \ \sum_{n=0}^{+\infty} b_n \ \textit{divergente}.$$

A parole: una serie minorante di una serie convergente è convergente; una serie maggiorante di una serie divergente è divergente.

Basta considerare il caso $a_n \leq b_n \ \forall n$. Siano, rispettivamente, $\{S_n^A\}$ e $\{S_n^B\}$ le successioni delle somme parziali delle due serie; vale quindi $S_n^A \leq S_n^B \ \forall n$. Se $\sum_{n=0}^{+\infty} b_n$ converge, allora la successione $\{S_n^B\}$ è limitata superiormente e, di conseguenza, anche $\{S_n^A\}$; pertanto, $\sum_{n=0}^{+\infty} a_n$ converge.
Se $\sum_{n=0}^{+\infty} a_n$ diverge, allora la successione $\{S_n^A\}$ è illimitata superiormente e, di conseguenza, anche $\{S_n^B\}$; pertanto, $\sum_{n=0}^{+\infty} b_n$ diverge.

Esempio 2.10 - Dall'esempio precedente: $\sum_{n=2}^{+\infty} \frac{1}{\log n}$ è divergente e $\sum_{n=1}^{+\infty} \frac{1}{n^2}$ è convergente. Inoltre, $\sum_{n=0}^{+\infty} e^{-n}$ è convergente (perché $e^{-n} < \frac{1}{n^2} \ \forall n \geq 1$). □

Esempio 2.11 - Serie armonica generalizzata. $\sum_{n=1}^{+\infty} \frac{1}{n^\alpha}$, $\alpha \in \mathbb{R}$.
Per $\alpha \leq 0$, il termine generale non è infinitesimo, quindi la serie diverge a $+\infty$.
Per $\alpha > 0$, confrontando con le serie $\sum_{n=1}^{+\infty} \frac{1}{n}$ (divergente) e $\sum_{n=1}^{+\infty} \frac{1}{n^2}$ (convergente), si ottiene:

$$0 < \alpha \leq 1 \ \Rightarrow \ \frac{1}{n^\alpha} \geq \frac{1}{n} \ \Rightarrow \ \sum_{n=1}^{+\infty} \frac{1}{n^\alpha} \ \text{divergente;}$$

$$\alpha \geq 2 \ \Rightarrow \ \frac{1}{n^\alpha} \leq \frac{1}{n^2} \ \Rightarrow \ \sum_{n=1}^{+\infty} \frac{1}{n^\alpha} \ \text{convergente;}$$

anche nel caso $1 < \alpha < 2$, la serie $\sum_{n=1}^{+\infty} \frac{1}{n^\alpha}$ converge (dimostrazione in appendice). Si conclude: $\displaystyle\sum_{n=1}^{+\infty} \frac{1}{n^\alpha} \begin{cases} \text{converge} & \text{se } \alpha > 1 \\ \text{diverge a } +\infty & \text{se } \alpha \leq 1 \end{cases}$.

Il problema della determinazione della somma della serie $\sum_{n=1}^{+\infty} \frac{1}{n^\alpha}$ è molto difficile; il caso $\alpha = 2$ fu risolto da Eulero, che dimostrò la formula $\sum_{n=1}^{+\infty} \frac{1}{n^2} = \frac{\pi^2}{6}$.
È utile considerare anche una scala *più fine*, aggiungendo il logaritmo; si ha

$$\sum_{n=2}^{+\infty} \frac{1}{n^\alpha (\log n)^\beta} \begin{cases} \text{converge} & \text{se } \alpha > 1 \text{ e } \beta \text{ qualsiasi} \\ \text{converge} & \text{se } \alpha = 1 \text{ e } \beta > 1 \\ \text{diverge a } +\infty & \text{negli altri casi} \end{cases} \quad \text{(v.appendice).}$$ □

Osservazione - Questi risultati confermano quanto *sospettato* con i primi esempi: affinché una serie converga, è importante non solo che il termine generale sia infinitesimo, ma che vada a zero *abbastanza velocemente*.

Utilissima conseguenza del criterio del confronto è il

Corollario 2.7 - Criterio del confronto asintotico. *Due serie a termini positivi, con i termini generali asintotici tra loro, hanno lo stesso carattere (in generale, però, non la stessa somma, nel caso convergente):*

$$a_n \sim b_n \quad \Rightarrow \quad \sum_{n=0}^{+\infty} a_n \text{ e } \sum_{n=0}^{+\infty} b_n \begin{cases} \textit{o entrambe convergenti} \\ \textit{o entrambe divergenti} \end{cases}$$

Il risultato vale anche sotto l'ipotesi più debole $a_n \asymp b_n$.

Se $a_n \asymp b_n$, allora vale, per $n \geq n_0$, $N \leq \frac{a_n}{b_n} \leq M$. Se $\sum_{n=0}^{+\infty} a_n$ converge, allora anche $\sum_{n=0}^{+\infty} b_n$ converge (perché $b_n \leq \frac{1}{N} a_n$); se $\sum_{n=0}^{+\infty} a_n$ diverge, allora anche $\sum_{n=0}^{+\infty} b_n$ diverge (perché $b_n \geq \frac{1}{M} a_n$).

Osservazione - Il criterio del confronto asintotico costituisce un utilissimo strumento per determinare il carattere di una serie: basta infatti analizzare il termine generale della serie e, sfruttando opportunamente i limiti notevoli e le formule di MacLaurin, pervenire a un termine generale molto più semplice (ma dello stesso ordine di grandezza del precedente); si ha inoltre la comodità di poter usare l'*ugual ordine di grandezza*, al posto del più restrittivo *asintotico*, il che permette di tralasciare eventuali fattori costanti.
Spesso si riesce a determinare il carattere di una serie, trovando qualche *parentela* (maggiorazioni, minorazioni, $\sim$, $\asymp$) tra il termine generale della serie data e quello ad esempio della armonica generalizzata (di cui si conosce il carattere).

Esempio 2.12 - $\sum_{n=1}^{+\infty} \left(\sqrt[4]{1 + \frac{\log n}{n^\alpha}} - 1 \right)$, per $\alpha > 0$. Si ha, per $n \to +\infty$, $a_n \sim \frac{\log n}{4n^\alpha} \asymp \frac{\log n}{n^\alpha}$; pertanto, dal confronto con la serie armonica generalizzata, si ottiene che la serie data converge se e solo se $\alpha > 1$. □

Esempio 2.13 - $\sum_{n=0}^{+\infty} \left(\sqrt{n^2+1} - n \right)$. Si ha, per $n \to +\infty$:
$a_n = n\sqrt{1 + \frac{1}{n^2}} - n = n \left(\sqrt{1 + \frac{1}{n^2}} - 1 \right) = n \left(\frac{1}{2n^2} + o\left(\frac{1}{n^2}\right) \right) = \frac{1}{2n} + o\left(\frac{1}{n}\right) \asymp \frac{1}{n}$;
pertanto la serie data è divergente a $+\infty$. □

I due criteri seguenti sono molto comodi in certe situazioni (ad esempio quando il termine generale presenta potenze o fattoriali). Le dimostrazioni sono in appendice.

Teorema 2.8 - Criterio della radice. *Sia* $\sum_{n=0}^{+\infty} a_n$ *una serie a termini non negativi;*

(i) se esiste $\varrho \in \mathbb{R}$, $0 < \varrho < 1$, *tale che, definitivamente per* $n \to +\infty$, *valga* $\sqrt[n]{a_n} \leq \varrho$, *allora la serie è convergente;*

(ii) se esistono infiniti termini a_n *della serie tali che* $\sqrt[n]{a_n} \geq 1$, *allora la serie è divergente a* $+\infty$.

Corollario 2.9 - *Nel caso in cui esista* $\lim_{n\to+\infty} \sqrt[n]{a_n} = l$, *vale:*

$$(i) \quad \lim_{n\to+\infty} \sqrt[n]{a_n} = l < 1 \qquad \Rightarrow \sum_{n=0}^{+\infty} a_n \text{ convergente;}$$

$$(ii) \quad \lim_{n\to+\infty} \sqrt[n]{a_n} = l > 1 \text{ o } \begin{cases} \lim_{n\to+\infty} \sqrt[n]{a_n} = 1 \\ \lim_{n\to+\infty} \sqrt[n]{a_n} \neq 1^- \end{cases} \Rightarrow \sum_{n=0}^{+\infty} a_n = +\infty.$$

Se $\lim_{n\to+\infty} \sqrt[n]{a_n} = 1^-$, *non si può dire nulla a priori sul carattere di* $\sum_{n=0}^{+\infty} a_n$ *(caso di indecisione).*

Esempio 2.14 -

(a) $\sum_{n=0}^{+\infty} \frac{n}{2^n}$; si ha $\lim_{n\to+\infty} \sqrt[n]{\frac{n}{2^n}} = \lim_{n\to+\infty} \frac{e^{\frac{\log n}{n}}}{2} = \frac{1}{2} < 1$; la serie converge;

(b) per le serie $\sum_{n=1}^{+\infty} \frac{1}{n}$ e $\sum_{n=1}^{+\infty} \frac{1}{n^2}$, vale $\lim_{n\to+\infty} \sqrt[n]{a_n} = 1^-$ (caso di indecisione); la prima diverge e la seconda converge;

(c) $\sum_{n=1}^{+\infty} \frac{k^n}{\sqrt{n}}$, $k \geq 0$; si ha $\lim_{n\to+\infty} \sqrt[n]{\frac{k^n}{\sqrt{n}}} = \lim_{n\to+\infty} \frac{k}{e^{\frac{\log n}{2n}}} = k^-$; pertanto la serie converge se $0 \leq k < 1$ e diverge se $k > 1$; per $k = 1$, il criterio non dà risposta, però si nota che si ottiene la serie $\sum_{n=0}^{+\infty} \frac{1}{\sqrt{n}}$, divergente. □

Teorema 2.10 - Criterio del rapporto (o di D'Alembert). *Sia* $\sum_{n=0}^{+\infty} a_n$ *una serie a termini positivi;*

(i) se esiste $\varrho \in \mathbb{R}$, $0 < \varrho < 1$, *tale che, definitivamente per* $n \to +\infty$, $\frac{a_{n+1}}{a_n} \leq \varrho$, *allora* $\sum_{n=0}^{+\infty} u_n$ *è convergente;*

(ii) se si ha, definitivamente per $n \to +\infty$, $\frac{a_{n+1}}{a_n} \geq 1$, *allora* $\sum_{n=0}^{+\infty} a_n = +\infty$.

Corollario 2.11 - *Nel caso in cui esista* $\lim_{n\to+\infty} \frac{a_{n+1}}{a_n} = l$, *vale:*

$$(i) \quad \lim_{n\to+\infty} \frac{a_{n+1}}{a_n} = l < 1 \qquad \Rightarrow \sum_{n=0}^{+\infty} a_n \quad \textit{convergente};$$

$$(ii) \quad \lim_{n\to+\infty} \frac{a_{n+1}}{a_n} = l > 1 \ \textit{o} \ \lim_{n\to+\infty} \frac{a_{n+1}}{a_n} = 1^+ \ \Rightarrow \sum_{n=0}^{+\infty} a_n = +\infty \ .$$

Se $\lim_{n\to+\infty} \frac{a_{n+1}}{a_n} = 1$, *ma non* $= 1^+$, *non si può dire nulla a priori sul carattere di* $\sum_{n=0}^{+\infty} a_n$ *(caso di indecisione).*

Esempio 2.15 -

(a) $\sum_{n=0}^{+\infty} \frac{1}{n!}$; $\lim_{n\to+\infty} \frac{a_{n+1}}{a_n} = \lim_{n\to+\infty} \frac{n!}{(n+1)!} = \lim_{n\to+\infty} \frac{n!}{n!(n+1)} = \lim_{n\to+\infty} \frac{1}{n+1} =$ 0; la serie quindi converge; si può dimostrare che la sua somma è il numero di Nepero e; la serie è *rapidamente* convergente ed è molto più utile, per il calcolo di e, della successione $(1+\frac{1}{n})^n$, utilizzata per definire e (v. cap.1, paragrafo 7).

(b) $\sum_{n=0}^{+\infty} \frac{k^n}{n!}$; $\lim_{n\to+\infty} \frac{a_{n+1}}{a_n} = \lim_{n\to+\infty} \frac{k^{n+1}}{(n+1)!} \cdot \frac{n!}{k^n} = \lim_{n\to+\infty} \frac{k}{n+1} = 0$ e quindi la serie converge per ogni $k \geq 0$; si può anche utilizzare il criterio della radice, sfruttando la *formula di De Moivre-Stirling* (v. A1.1):

$$n! = n^n e^{-n}\sqrt{2\pi n}e^{o(1)} \ \Rightarrow \ n! \sim n^n e^{-n}\sqrt{2\pi n} \ \Rightarrow \ \sqrt[n]{\frac{k^n}{n!}} \sim \frac{k}{ne^{-1}} \to 0;$$

(c) per le serie $\sum_{n=1}^{+\infty} \frac{1}{n}$ e $\sum_{n=1}^{+\infty} \frac{1}{n^2}$, vale $\lim_{n\to+\infty} \frac{a_{n+1}}{a_n} = 1^-$ (caso di indecisione); la prima diverge e la seconda converge. □

Osservazione -

◇ Si noti, in (ii), la differenza tra il criterio della radice (si chiede l'esistenza di *infiniti* termini $a_n \geq 1$) ed il criterio del rapporto (si chiede che valga $\frac{a_{n+1}}{a_n} \geq 1$ *definitivamente*, cioè *per tutti gli n da un certo* n_0 *in poi*).

◇ I corollari sono certamente più comodi da usare, ma funzionano solo *se esiste* il limite (della radice o del rapporto); in caso contrario, occorre utilizzare il teorema.

◇ Il criterio della radice è più forte di quello del rapporto, permette cioè di rispondere in un maggior numero di casi.

Esempio 2.16 -

(a) $\sum_{n=1}^{+\infty} a_n$, con $a_n = \begin{cases} \frac{1}{n^2} & \text{se } n \text{ pari} \\ \frac{1}{n^3} & \text{se } n \text{ dispari} \end{cases}$;

si ha $\frac{a_{n+1}}{a_n} = \begin{cases} \frac{1}{(n+1)^3} \cdot n^2 \sim \frac{1}{n} & \text{se } n \text{ pari} \\ \frac{1}{(n+1)^2} \cdot n^3 \sim n & \text{se } n \text{ dispari} \end{cases}$, quindi non esiste $\lim_{n\to+\infty} \frac{a_{n+1}}{a_n}$

e neppure si può applicare il teorema; si vede però che la serie data è minorante di $\sum_{n=1}^{+\infty} \frac{1}{n^2}$ e quindi converge;

(b) $\sum_{n=0}^{+\infty} a_n$, con $a_n = \begin{cases} \frac{4}{2^n} & \text{se } n \text{ pari} \\ \frac{2}{2^n} & \text{se } n \text{ dispari} \end{cases}$;

$\sqrt[n]{a_n} \le \sqrt[n]{\frac{4}{2^n}} = \frac{\sqrt[n]{4}}{2} \le 0.8 < 1 \ \forall n \ge 3$ e $\frac{a_{n+1}}{a_n} = \begin{cases} \frac{2}{2^{n+1}} \cdot \frac{2^n}{4} = \frac{1}{4} & \text{se } n \text{ pari} \\ \frac{4}{2^{n+1}} \cdot \frac{2^n}{2} = 1 & \text{se } n \text{ dispari} \end{cases}$;

quindi: il criterio della radice garantisce che la serie converge; il criterio del rapporto non si può applicare, perché non vale, definitivamente, né $\frac{a_{n+1}}{a_n} \le \varrho < 1$, né $\frac{a_{n+1}}{a_n} \ge 1$.

□

6 - Serie a termini di segno qualsiasi

Consideriamo ora le serie a termini di segno qualsiasi, $\sum_{n=0}^{+\infty} a_n$, $a_n \in \mathbb{R}$, ad esempio $1 - \frac{1}{2} + \frac{1}{3} - \frac{1}{4} + \frac{1}{5} - \frac{1}{6} + \cdots$, oppure $1 + \frac{1}{3} - \frac{1}{2} + \frac{1}{5} + \frac{1}{7} - \frac{1}{6} + \cdots$. La serie di sinistra ha una caratteristica che la rende più maneggevole: è una *serie a termini di segno alternato.*

Serie a termini di segno alternato.

Conviene mettere in evidenza il cambio di segno, scrivendo la serie nella forma $\sum_{n=0}^{+\infty} (-1)^n a_n$, con $a_n \ge 0$. Per questo tipo di serie, esiste una comoda *condizione sufficiente per la convergenza*:

Teorema 2.12 - Criterio di Leibniz. *Sia $\sum_{n=0}^{+\infty}(-1)^n a_n$ una serie a termini di segno alternato. Allora:*

$$\left.\begin{array}{l} (i)\ a_n \geq a_{n+1} \quad \forall n \\ (ii)\ \lim\limits_{n\to+\infty} a_n = 0 \end{array}\right\} \Rightarrow \sum_{n=0}^{+\infty}(-1)^n a_n \text{ converge.}$$

Inoltre: le somme parziali di indice pari (rispettivamente dispari) approssimano la somma della serie per eccesso (risp. difetto), cioè $S_{2n+1} \leq S \leq S_{2n}$; l'errore commesso fermando la somma all'indice n non supera, in valore assoluto, il primo termine trascurato, cioè $|S - S_n| \leq a_{n+1}$.

Dimostriamo che le successioni delle somme parziali di indice pari, S_{2n}, e di indice dispari, S_{2n+1}, costituiscono una coppia di successioni convergenti (v. definizione 1.11), cioè, sono monotone, rispettivamente decrescenti e crescenti, e la loro differenza tende a zero:

$$a_{2n+1} \geq a_{2n+2} \Rightarrow$$

$$S_{2n+2} = \underbrace{a_0 - a_1 + \cdots + a_{2n}}_{S_{2n}} - a_{2n+1} + a_{2n+2} = S_{2n} - a_{2n+1} + a_{2n} \leq S_{2n} \Rightarrow S_{2n} \text{ decrescente;}$$

$$a_{2n} \geq a_{2n+1} \Rightarrow$$

$$S_{2n+1} = \underbrace{a_0 - a_1 + \cdots + a_{2n-1}}_{S_{2n-1}} + a_{2n} - a_{2n+1} = S_{2n-1} + a_{2n} - a_{2n+1} \geq S_{2n-1} \Rightarrow S_{2n+1} \text{ crescente;}$$

$$\lim_{n\to+\infty} a_n = 0^+ \Rightarrow$$

$$S_{2n} - S_{2n+1} = \underbrace{a_0 - a_1 + \cdots + a_{2n}}_{S_{2n}} - \underbrace{(a_0 - a_1 + \cdots + a_{2n} - a_{2n+1})}_{S_{2n+1}} = a_{2n+1} \Rightarrow \lim_{n\to+\infty}(S_{2n} - S_{2n+1}) = 0^+.$$

La situazione è rappresentata nella seguente figura

Figura 2.4

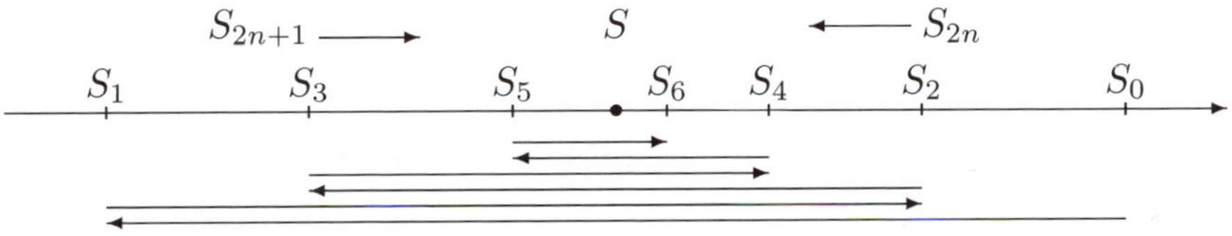

$S_{2n+1} \longrightarrow \quad S \quad \longleftarrow S_{2n}$

$S_1 \quad S_3 \quad S_5 \quad S_6 \quad S_4 \quad S_2 \quad S_0$

$\{S_{2n}\}$ è decrescente e limitata inferiormente (perché $S_{2n} \geq S_{2n+1} \geq \cdots \geq S_1$)

quindi ha limite finito, per eccesso, S; $\{S_{2n+1}\}$ è crescente e limitata superiormente (perché $S_{2n+1} \leq S_{2n} \leq \cdots \leq S_0$) quindi ha limite finito, per difetto; il limite è ancora S, perché $\lim_{n\to+\infty} S_{2n+1} = \lim_{n\to+\infty}(S_{2n} - a_{2n+1}) = \lim_{n\to+\infty} S_{2n} = S$.

Per quanto riguarda la maggiorazione sull'errore che si commette, fermando la somma all'indice n, si nota che:

$$\text{indice pari}: \qquad 0 \leq S_{2n} - S \leq S_{2n} - S_{2n+1} = a_{2n+1}$$

$$\text{indice dispari}: \qquad 0 \leq S - S_{2n-1} \leq S_{2n} - S_{2n-1} = a_{2n}$$

e quindi, per ogni indice n, $|S - S_n| \leq a_{n+1}$.

Esempio 2.17 -
(a) **Il Tizio indeciso.** La serie $\sum_{n=0}^{+\infty} \frac{(-1)^n}{n+1} = 1 - \frac{1}{2} + \frac{1}{3} - \frac{1}{4} + \cdots$ è una serie a termini di segno alternato $\sum_{n=0}^{+\infty} (-1)^n a_n$, con $a_n = \frac{1}{n+1}$ infinitesima e strettamente decrescente; per il criterio di Leibniz, quindi, è convergente (Tizio, alla fine, arriverà in un punto ben preciso!). Il fatto però che a_n sia infinitesimo *lento* (è solo del primo ordine), fa sì che la serie sia *lentamente convergente*; per avere un valore approssimato a meno di un centesimo occorre $a_{n+1} = \frac{1}{n+2} < \frac{1}{100}$ e quindi $n \geq 99$. Si può dimostrare che la somma della serie è $\log 2$ (v. figura 2.2).
(b) La serie $\sum_{n=0}^{+\infty} \frac{(-1)^n}{n!} = 1 - 1 + \frac{1}{2} - \frac{1}{6} + \frac{1}{24} - \frac{1}{120} + \cdots$ soddisfa le ipotesi del criterio di Leibniz, quindi converge. La convergenza è molto più rapida della precedente (perché $\frac{1}{n!}$ è infinitesimo di ordine superiore a qualsiasi $\frac{1}{n^k}$); per avere un valore approssimato a meno di un centesimo occorre $a_{n+1} = \frac{1}{(n+1)!} < \frac{1}{100}$ e quindi basta $n = 4$ (perché $\frac{1}{5!} = \frac{1}{120}$), ottenendo $S_4 = \frac{3}{8} = 0.375$. Si può dimostrare che la somma della serie è $\frac{1}{e}$ (v. esempio A2.4). □

Osservazione - Il criterio di Leibniz è una condizione *sufficiente*, ma non necessaria, per la convergenza; ad esempio, la serie $\sum_{n=1}^{+\infty} \frac{1+(-1)^n n}{n^2} = \frac{3}{4} - \frac{2}{9} + \frac{5}{16} - \frac{4}{25} + \cdots$ è convergente, perché somma delle due serie (convergenti) $\sum_{n=1}^{+\infty} \frac{1}{n^2}$ e $\sum_{n=1}^{+\infty} \frac{(-1)^n}{n}$, eppure $a_n = |\frac{1+(-1)^n n}{n^2}|$ non è monotona ($\frac{3}{4} > \frac{2}{9}$, $\frac{2}{9} < \frac{5}{16}$, $\frac{5}{16} > \frac{4}{25}$, $\ldots$).

Serie a termini di segno qualsiasi (anche non alternato).

Un modo per studiarle è quello di considerare la *serie dei valori assoluti* $\sum_{n=0}^{+\infty} |a_n|$. Trattandosi di una serie a termini non negativi, è regolare e si possono utilizzare i criteri visti nel paragrafo 5; nel caso convergente, si ottiene come conseguenza la convergenza della serie di partenza $\sum_{n=0}^{+\infty} a_n$. Vale infatti il

Teorema 2.13 - *Se la serie* $\sum_{n=0}^{+\infty} |a_n|$ *converge, allora anche la serie* $\sum_{n=0}^{+\infty} a_n$ *converge.*

Indichiamo con S_n e $\tilde{S}_n$, le somme parziali, rispettivamente, di $\sum_{n=0}^{+\infty} a_n$ e di $\sum_{n=0}^{+\infty} |a_n|$. Se la serie $\sum_{n=0}^{+\infty} |a_n|$ converge, allora, per il criterio di Cauchy, $\forall \varepsilon > 0 \, \exists n_0 = n_0(\varepsilon) : \forall n \geq n_0 \wedge \forall p \in \mathbb{N} \quad \left|\tilde{S}_{n+p} - \tilde{S}_n\right| = |a_{n+1}| + \cdots + |a_{n+p}| < \varepsilon$; per la disuguaglianza triangolare, si ha
$|S_{n+p} - S_n| = |a_{n+1} + \cdots + a_{n+p}| \leq |a_{n+1}| + \cdots + |a_{n+p}|$;
se ne deduce $|S_{n+p} - S_n| < \varepsilon \; \forall n > n_0, \; \forall p \in \mathbb{N}$, e quindi $\sum_{n=0}^{+\infty} a_n$ converge.

Definizione 2.14 - *Una serie* $\sum_{n=0}^{+\infty} a_n$ *si dice* ***assolutamente convergente*** *se converge la serie dei valori assoluti* $\sum_{n=0}^{+\infty} |a_n|$.

Esempio 2.18 - $\sum_{n=0}^{+\infty} a_n = -1 + \frac{1}{2} + \frac{1}{4} - \frac{1}{8} + \frac{1}{16} + \frac{1}{32} - \cdots, \; a_n = \begin{cases} -\frac{1}{2^n} & \text{se } n = 3k \\ \frac{1}{2^n} & \text{se } n \neq 3k \end{cases}$.

La serie dei valori assoluti, $\sum_{n=0}^{+\infty} |a_n| = \sum_{n=0}^{+\infty} \frac{1}{2^n}$ è la serie geometrica di ragione $\frac{1}{2}$, quindi convergente; la serie data è quindi assolutamente convergente. □

Osservazione - Una serie assolutamente convergente è anche convergente (la somma, però, può cambiare). Viceversa, una serie può convergere, *senza* convergere assolutamente (in questo caso si parla di *convergenza semplice*); un esempio è la serie $\sum_{n=1}^{+\infty} \frac{(-1)^n}{n}$, che converge, per il criterio di Leibniz, ma diverge assolutamente, perché $\sum_{n=1}^{+\infty} |a_n| = \sum_{n=1}^{+\infty} \frac{1}{n} = +\infty$.

Una importante caratteristica delle serie assolutamente convergenti è la *proprietà commutativa*; come nel caso delle somme finite, nelle serie assolutamente convergenti (e solo per esse) si può cambiare l'ordine degli addendi, e la serie resta convergente e con la stessa somma. Al contrario, nelle serie semplicemente (ma non assolutamente) convergenti, si può cambiare l'ordine degli addendi in modo da ottenere, come somma, qualsiasi valore fissato (anche infinito).
Innanzitutto, occorre spiegare cosa si intende per *cambiare l'ordine degli addendi*:

Definizione 2.15 - *Una serie* $\sum_{n=0}^{+\infty} b_n$ *si dice un* ***riordinamento*** *della serie* $\sum_{n=0}^{+\infty} a_n$ *se esiste un'applicazione biunivoca* $f : \mathbb{N} \to \mathbb{N}$ *tale che* $b_n = a_{f(n)}$ *(in altre parole: esiste una biiezione tra i "posti" di una serie e quelli dell'altra, in modo che elementi di posto corrispondente siano uguali tra loro).*

Esempio 2.19 -

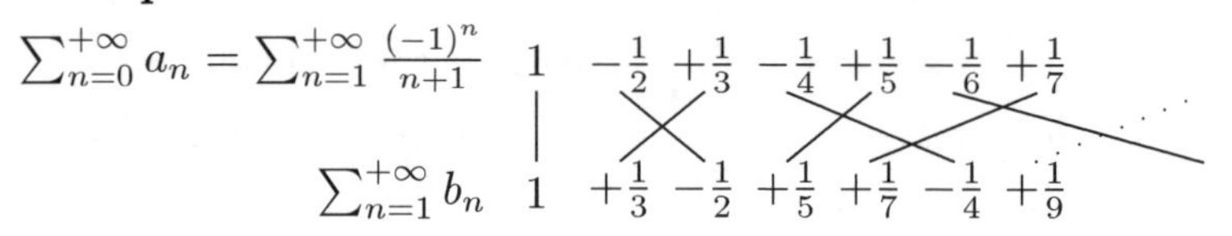

□

Valgono i seguenti teoremi, di cui tralasciamo la dimostrazione:

Teorema 2.16 - Proprietà commutativa delle serie assolutamente convergenti. *Una serie converge assolutamente se e solo se anche ogni suo riordinamento converge assolutamente ed ha la stessa somma.*

Teorema 2.17 - Teorema di Riemann-Dini. *Se una serie converge semplicemente, ma non assolutamente, allora, comunque fissato* $\alpha \in \mathbb{R}$, *oppure* $\alpha = \pm\infty$, *è possibile trovare un suo riordinamento tale che* $\sum_{n=0}^{+\infty} b_n = \alpha$.

Esempio 2.20 - $\sum_{n=0}^{+\infty} \frac{(-1)^n}{n+1} = 1 - \frac{1}{2} + \frac{1}{3} - \frac{1}{4} + \cdots$.
La serie converge semplicemente, ma non assolutamente. Per il Teorema di Riemann-Dini, si può cambiare l'ordine degli addendi, in modo che la somma sia qualsiasi valore prefissato. Ad esempio, si può dimostrare che vale

$$1 - \frac{1}{2} + \frac{1}{3} - \frac{1}{4} + \frac{1}{5} + \cdots = \log 2, \quad 1 + \frac{1}{3} - \frac{1}{2} + \frac{1}{5} + \frac{1}{7} - \frac{1}{4} + \cdots = \frac{3}{2}\log 2.$$ □

A2

Appendice al Capitolo 2

1 - Serie di potenze, serie di Taylor

In questo capitolo abbiamo dato un senso alla frase *sommare un numero infinito di addendi*; ora ampliamo un po' il discorso, considerando, come addendi, non dei semplici *numeri*, ma dei *numeri dipendenti da una variabile* x, cioè delle *funzioni*.

Ad esempio: sommando i numeri $1, \frac{1}{2}, \frac{1}{4}, \ldots$ si ottiene la serie geometrica di ragione $\frac{1}{2}$; se invece, per ogni n, al posto del *numero*, potenza $\frac{1}{2^n}$, si considera la *funzione*, potenza x^n, e si cerca di farne la somma infinita, si ottiene una *serie di funzioni*:

$\sum_{n=0}^{+\infty} \left(\frac{1}{2}\right)^n$	$\sum_{n=0}^{+\infty} x^n$
serie numerica	serie di funzioni

Definizione A2.1 - *Siano $a_n(x)$ funzioni reali, definite in un comune insieme $X \subseteq \mathbb{R}$; si dice **serie di funzioni** l'espressione* $\displaystyle\sum_{n=0}^{+\infty} a_n(x)$.

*La serie $\displaystyle\sum_{n=0}^{+\infty} a_n(x)$ si dice convergente (assolutamente/semplicemente), divergente, irregolare, in $\overline{x} \in X$, a seconda che la serie numerica $\displaystyle\sum_{n=0}^{+\infty} a_n(\overline{x})$ sia convergente (assolutamente/semplicemente), divergente, irregolare. Se la serie di funzioni converge per ogni x in un insieme $A \subseteq X$, allora si può considerare, in A, la **funzione somma** $S(x) = \displaystyle\sum_{n=0}^{+\infty} a_n(x), \quad x \in A$.*

Esempio A2.1 -

(a) **Serie geometrica.** Sappiamo che la serie geometrica di ragione x, $\sum_{n=0}^{+\infty} x^n$

converge (assolutamente) se $-1 < x < 1$, diverge a $+\infty$ se $x \geq 1$, diverge a ∞ se $x < -1$ ed è irregolare se $x = -1$. Pertanto, la serie di funzioni $\sum_{n=0}^{+\infty} x^n$ è assolutamente convergente in $A = (-1, 1)$ e la sua funzione somma è $S(x) = \frac{1}{1-x}$.

(b) **Serie esponenziale.** La serie $\sum_{n=0}^{+\infty} \frac{x^n}{n!}$ è assolutamente convergente in tutto $I\!R$; infatti: comunque fissato $\overline{x} \neq 0$, si ha $\frac{|a_{n+1}(\overline{x})|}{|a_n(\overline{x})|} = \frac{|\overline{x}|^{n+1}}{(n+1)!} \cdot \frac{n!}{|\overline{x}|^n} = \frac{|\overline{x}|}{n+1} \to 0$ e quindi la serie converge, per il criterio del rapporto; per $\overline{x} = 0$, si ha $\sum_{n=0}^{+\infty} \frac{\overline{x}^n}{n!} = 1$. La funzione somma è $S(x) = e^x$ (v. esempio A2.4).

(c) $\sum_{n=0}^{+\infty} n! x^n$ converge solo per $x = 0$, poiché, per $x \neq 0$, non è soddisfatta la condizione necessaria di convergenza $\lim_{n \to +\infty} a_n(x) = 0$.

(d) $\sum_{n=0}^{+\infty} e^{nx}$ converge in $A = (-\infty, 0)$, perché è la serie geometrica di ragione $e^x < 1$; la sua funzione somma è $S(x) = \frac{1}{1-e^x}$.

(e) $\sum_{n=1}^{+\infty} \log\left(1 + \frac{1}{n^x}\right)$ converge in $(1, +\infty)$, perché $a_n(x) \sim \frac{1}{n^x}$. □

Un caso particolarmente importante di serie di funzioni è il seguente:

Definizione A2.2 - *Una serie di funzioni è detta* ***serie di potenze****, centrata in 0, se il termine n-esimo è un monomio $a_n x^n$:* $\displaystyle\sum_{n=0}^{+\infty} a_n x^n$.

Le serie di potenze sono ovviamente definite su tutto $I\!R$.

I casi (a), (b) e (c) dell'esempio precedente sono serie di potenze.

Più in generale, si possono considerare le serie di potenze centrate in un punto fissato $x_0 \in I\!R$, $\sum_{n=0}^{+\infty} a_n (x - x_0)^n$; il cambio di variabile $x - x_0 = t$ consente di riportarne lo studio al caso precedente.

Una serie di potenze converge sempre, banalmente, nel suo centro; può capitare che converga *solo* in $x = 0$ (esempio: $\sum_{n=0}^{+\infty} n! x^n$), oppure per *alcuni* x (esempio: $\sum_{n=0}^{+\infty} x^n$, convergente in $(-1, 1)$), oppure per *ogni* x (esempio: $\sum_{n=0}^{+\infty} \frac{x^n}{n!}$).

Nel seguente teorema, riportiamo i principali risultati riguardanti le serie di potenze:

Teorema A2.3 - *Sia $\sum_{n=0}^{+\infty} a_n x^n$ una serie di potenze. Allora:*

◇ ***Teorema di Abel****. Se la serie converge in $\overline{x}$, allora converge assolutamente per ogni x nell'intervallo $(-|\overline{x}|, |\overline{x}|)$ (in $\overline{x}$ converge per ipotesi, in $-\overline{x}$ non si può dire nulla, a priori).*

◇ *Si dice* ***raggio di convergenza*** *della serie l'estremo superiore dei valori assoluti delle* $\overline{x}$ *in cui converge, cioè* $r := \sup\{|\overline{x}| : \sum_{n=0}^{+\infty} a_n \overline{x}^n \text{ converge}\}$; $(-r, r)$ *è detto* ***intervallo di convergenza***.
Se $r = 0$, *allora la serie converge solo in* $x = 0$.
Se $r = +\infty$, *allora la serie converge assolutamente in ogni* $x \in \mathbb{R}$.
Se $0 < r < +\infty$, *allora la serie converge assolutamente in ogni* $x \in (-r, r)$ *e diverge nei punti esterni* $x > r$ *o* $x < -r$; *nei punti* $x = r$ *o* $x = -r$, *nulla si può dire a priori (può convergere assolutamente, oppure solo semplicemente, oppure divergere, oppure essere irregolare).*
La convergenza è uniforme in ogni intervallo $[-\tilde{r}, \tilde{r}]$, *con* $\tilde{r} < r$.
◇ ***Teorema di Cauchy - Hadamard.*** *Se i coefficienti* a_n *sono definitivamente non nulli ed esiste, finito o infinito,* $\lim_{n\to+\infty} \frac{|a_{n+1}|}{|a_n|} = l$, *allora il raggio di convergenza* r *è uguale a* $\frac{1}{l}$;
se esiste, finito o infinito, $\lim_{n\to+\infty} \sqrt[n]{|a_n|} = l$, *allora il raggio di convergenza* r *è uguale a* $\frac{1}{l}$ *(si conviene:* $r = 0$, *se* $l = +\infty$ *e* $r = +\infty$, *se* $l = 0$*).*
Il raggio di convergenza r *è sempre ottenibile come* $r = \dfrac{1}{\limsup \sqrt[n]{|a_n|}}$.
◇ ***Teorema di continuità - derivazione.*** *In ogni punto dell'intervallo di convergenza, la funzione somma* $S(x) = \sum_{n=0}^{+\infty} a_n x^n$ *è continua e derivabile con derivata continua; la sua derivata è la somma delle serie delle derivate, vale cioè la* ***formula di derivazione per serie*** : $S'(x) = \sum_{n=1}^{+\infty} n a_n x^{n-1} = \sum_{n=0}^{+\infty} (n+1) a_{n+1} x^n$.
(per un analogo risultato riguardante l'integrazione, v. A3.4).

Esempio A2.2 -
(a) Per la serie geometrica $\sum_{n=0}^{+\infty} x^n$, si ha $a_n = 1\ \forall n$, quindi $r = 1$; in $x = 1$ la serie diverge a $+\infty$, in $x = -1$, è irregolare;
(b) per la serie esponenziale $\sum_{n=0}^{+\infty} \frac{x^n}{n!}$, si ha $\frac{a_{n+1}}{a_n} = \frac{n!}{(n+1)!} = \frac{1}{n+1} \to 0$, quindi $r = +\infty$;
(c) per la serie $\sum_{n=0}^{+\infty} \frac{x^n}{n}$, si ha $\frac{a_{n+1}}{a_n} = \frac{n}{n+1} \to 1$, quindi $r = 1$; in $x = 1$ la serie diverge a $+\infty$, in $x = -1$, la serie è semplicemente convergente;
(d) per la serie $\sum_{n=0}^{+\infty} \frac{x^n}{n^2}$, si ha $\frac{a_{n+1}}{a_n} = \frac{n^2}{(n+1)^2} \to 1$, quindi $r = 1$; in $x = \pm 1$ la serie converge assolutamente. □

Finora, abbiamo considerato una serie di potenze ed abbiamo esaminato le proprietà della sua funzione somma; ora rovesciamo il problema: data una funzione f, ci chiediamo se f possa essere vista come la somma di una serie di potenze, cioè se valga $f(x) = \sum_{n=0}^{+\infty} a_n x^n$, per qualche successione $\{a_n\}$.

Per il teorema precedente, si ha: $\quad f(x) = \sum_{n=0}^{+\infty} a_n x^n \;\Rightarrow$

$$
\begin{array}{ll}
f'(x) = \sum_{n=1}^{+\infty} n a_n x^{n-1} & \Rightarrow\ f'(0) = a_1 \\
f''(x) = \sum_{n=2}^{+\infty} n(n-1) a_n x^{n-2} & \Rightarrow\ f''(0) = 2a_2 \\
\ldots & \ldots\ \ldots \\
f^{(k)}(x) = \sum_{n=k}^{+\infty} n(n-1)\cdots(n-k+1) a_n x^{n-k} & \Rightarrow\ f^{(k)}(0) = k! a_k \\
\ldots & \ldots\ \ldots
\end{array}
$$

e quindi, se f si può scrivere come somma di una serie di potenze, allora questa è per forza data da $\displaystyle\sum_{n=0}^{+\infty} \frac{f^{(n)}(0)}{n!} x^n$. Questa serie costituisce la naturale estensione, ad un numero infinito di addendi, del polinomio di MacLaurin di f; $T_n(x) = \sum_{k=0}^{n} \frac{f^{(k)}(0)}{k!} x^k$.

Siamo quindi portati alla seguente definizione:

Definizione A2.4 - *Sia f una funzione reale di classe $\mathcal{C}^\infty$ in un intorno di un punto x_0. La serie di potenze* $\displaystyle\sum_{n=0}^{+\infty} \frac{f^{(n)}(x_0)}{n!}(x - x_0)^n$ *è detta **serie di Taylor** di f, relativa al punto x_0 (se $x_0 = 0$, si dice **serie di MacLaurin**). La funzione f si dice **sviluppabile in serie di Taylor** in $(x_0 - r, x_0 + r)$ se la serie di Taylor converge $\forall x \in (x_0 - r, x_0 + r)$ e se la sua somma coincide con $f(x)$, cioè se vale* $\displaystyle f(x) = \sum_{n=0}^{+\infty} \frac{f^{(n)}(x_0)}{n!}(x - x_0)^n \quad \forall x \in (x_0 - r, x_0 + r).$

Osservazione - È noto (v. Modulo 3) che il *polinomio di Taylor* di ordine n approssima f in un intorno di x_0 e che questa approssimazione è sempre più buona, all'aumentare di n. È quindi naturale aspettarsi che, mandando n a $+\infty$ e considerando quindi la *serie di Taylor*, si ottenga l'approssimazione migliore, cioè l'uguaglianza. Come vedremo, questo risultato positivo capita, per fortuna, molto spesso, ma non sempre (può succedere infatti che la serie non converga in alcun punto x, diverso dal centro x_0, oppure che converga, ma che la sua somma non coincida con $f(x)$).

polinomio di Taylor	*serie* di Taylor
$T_n(x) = \sum_{k=0}^{n} \frac{f^{(k)}(x_0)}{k!}(x-x_0)^k$	$\sum_{n=0}^{+\infty} \frac{f^{(n)}(x_0)}{n!}(x-x_0)^n$
numero *finito* di addendi	numero *infinito* di addendi
approssima f:	(nei casi buoni) è *uguale* a f:
$f(x) = T_n(x) + o((x-x_0)^n)$	$f(x) = \sum_{n=0}^{+\infty} \frac{f^{(n)}(x_0)}{n!}(x-x_0)^n$

Esempio A2.3 -

(a) La funzione $f(x) = \begin{cases} e^{-\frac{1}{x^2}} & \text{se } x \neq 0 \\ 0 & \text{se } x = 0 \end{cases}$ è di classe $\mathcal{C}^\infty(\mathbb{R})$ e vale $f^{(n)}(0) = 0 \ \forall n \in \mathbb{N}$; la serie di MacLaurin di f è quindi la serie identicamente nulla, convergente con somma 0; poiché $f(x) \neq 0 \ \forall x \neq 0$, si conclude che f *non* è sviluppabile in serie di MacLaurin in alcun intorno dell'origine;

(b) la funzione $f(x) = \frac{1}{1-x}$ è di classe $\mathcal{C}^\infty$ in $\mathbb{R} \backslash \{1\}$ e vale $f^{(n)}(0) = n! \ \forall n \in \mathbb{N}$; la serie di MacLaurin di f è quindi $\sum_{n=0}^{+\infty} \frac{n!}{n!} x^n$, cioè la serie geometrica di ragione x, convergente in $(-1,1)$, con somma proprio $\frac{1}{1-x}$; si conclude che f è sviluppabile in serie di MacLaurin in $(-1,1)$. □

Per sapere se una funzione è sviluppabile in serie di Taylor, è molto comoda la seguente condizione sufficiente, che richiede che le derivate di f non crescano troppo velocemente:

Teorema A2.5 - Criterio di sviluppabilità in serie di Taylor. *Se f è di classe $\mathcal{C}^\infty$ in $(x_0 - r, x_0 + r)$ ed esistono due costanti positive K e M tali che* $\left|f^{(n)}(x)\right| \leq KM^n \quad \forall n \in \mathbb{N}, \quad \forall x \in (x_0 - r, x_0 + r)$,
allora f è sviluppabile in serie di Taylor in $(x_0 - r, x_0 + r)$.

Esempio A2.4 - Sia $f(x) = e^x$; allora, fissato comunque $r > 0$, si ha $f^{(n)}(x) =$

$e^x \le e^r = K \; \forall n, \; \forall x \in (-r, r)$; poichè r è arbitrario, si conclude che e^x è sviluppabile in serie di MacLaurin in tutto $\mathbb{R}$: $e^x = \sum_{n=0}^{+\infty} \frac{x^n}{n!}$. □

Nella tabella, riportiamo gli sviluppi in serie di MacLaurin delle principali funzioni, specificando l'intervallo di validità

Serie di MacLaurin		
◇ *s. geometrica*	$\frac{1}{1-x} = \sum_{n=0}^{+\infty} x^n$	$\forall x \in (-1, 1)$
◇ *s. esponenziale*	$e^x = \sum_{n=0}^{+\infty} \frac{x^n}{n!}$	$\forall x \in \mathbb{R}$
◇ *serie logaritmica*	$\log(1+x) = \sum_{n=1}^{+\infty} (-1)^{n-1} \frac{x^n}{n}$	$\forall x \in (-1, 1]$
◇ *serie trigonometriche*	$\sin x = \sum_{n=0}^{+\infty} (-1)^n \frac{x^{2n+1}}{(2n+1)!}$	$\forall x \in \mathbb{R}$
	$\cos x = \sum_{n=0}^{+\infty} (-1)^n \frac{x^{2n}}{(2n)!}$	$\forall x \in \mathbb{R}$
	$\mathrm{arctg} x = \sum_{n=0}^{+\infty} (-1)^n \frac{x^{2n+1}}{2n+1}$	$\forall x \in [-1, 1]$
◇ *serie binomiale* ($\alpha \in \mathbb{R}$)	$(1+x)^\alpha = \sum_{n=0}^{+\infty} \binom{\alpha}{n} x^n$	$\forall x \in (-1, 1)$

Osservazione - Nella serie binomiale, $\binom{\alpha}{n}$ indica il *coefficiente binomiale* $\frac{\overbrace{\alpha(\alpha-1)\cdots(\alpha-n+1)}^{n \text{ fattori}}}{n!}$. Se α è un numero naturale, $\alpha = m$, allora $\binom{\alpha}{n} = 0$ per $n > \alpha$ e quindi la serie è in realtà un polinomio, lo sviluppo del binomio di Newton $(1+x)^m = 1 + mx + \cdots + x^m$. Se α non è un numero naturale, allora $\binom{\alpha}{n} \neq 0 \; \forall n$ e quindi si ottiene una vera serie.

Casi interessanti sono, ad esempio, $\alpha = -1,\ \frac{1}{2},\ -\frac{1}{2}$:

$$\frac{1}{1+x} = \sum_{n=0}^{+\infty}(-1)^n x^n;$$

$$\sqrt{1+x} = 1 + \frac{x}{2} - \frac{x^2}{8} + \frac{x^3}{16} + \cdots = 1 + \frac{x}{2} + \sum_{n=2}^{+\infty}(-1)^{n+1}\frac{(2n-3)!!x^n}{(2n)!!};$$

$$\frac{1}{\sqrt{1+x}} = 1 - \frac{x}{2} + \frac{3x^2}{8} - \frac{5x^3}{16} + \cdots = 1 + \sum_{n=1}^{+\infty}(-1)^n\frac{(2n-1)!!x^n}{(2n)!!}.$$

ove $n!! = n(n-2)(n-4)\cdots$ (l'ultimo fattore è 2 se n è pari, altrimenti è 1).

2 - Qualche dimostrazione in più

La serie armonica è divergente (esempio 2.6 (g)).

Consideriamo la successione delle somme parziali, con indice potenza di 2, cioè S_1, S_2, S_4, S_8, ..., S_{2^n}, ... e valutiamo la differenza tra un termine ed il precedente:

$$S_{2^n} - S_{2^{n-1}} = \left(1+\tfrac{1}{2}+\cdots+\tfrac{1}{2^n}\right) - \left(1+\tfrac{1}{2}+\cdots+\tfrac{1}{2^{n-1}}\right) = \underbrace{\overbrace{\tfrac{1}{2^{n-1}+1}}^{\geq \frac{1}{2^n}} + \overbrace{\tfrac{1}{2^{n-1}+2}}^{\geq \frac{1}{2^n}} + \cdots + \overbrace{\tfrac{1}{2^n}}^{\geq \frac{1}{2^n}}}_{2^{n-1}\ \text{addendi}} \geq 2^{n-1}\cdot\tfrac{1}{2^n} = \tfrac{1}{2}$$

A questo punto, una piccola furbizia di scrittura:

$$S_{2^n} = \underbrace{S_1}_{=1} + \underbrace{\underbrace{(S_2 - S_1)}_{\geq\frac{1}{2}} + \underbrace{(S_4 - S_2)}_{\geq\frac{1}{2}} + \underbrace{(S_8 - S_4)}_{\geq\frac{1}{2}} + \cdots + \underbrace{(S_{2^n} - S_{2^{n-1}})}_{\geq\frac{1}{2}}}_{n\ \text{addendi}} \geq 1 + \tfrac{n}{2};$$

pertanto $\lim_{n\to+\infty} S_{2^n} = +\infty$. La serie è a termini positivi, quindi la successione delle somme parziali, $\{S_n\}$ è monotona non decrescente; essa è inoltre illimitata superiormente, poiché $\lim_{n\to+\infty} S_{2^n} = +\infty$; si conclude che $\lim_{n\to+\infty} S_n = +\infty$ e quindi la serie armonica è divergente.

La serie armonica generalizzata $\sum_{n=2}^{+\infty} \frac{1}{n^\alpha (\log n)^\beta}$ (esempio 2.11).

Si utilizza una condizione necessaria e sufficiente per la convergenza, detta **criterio di condensazione** (di cui tralasciamo la dimostrazione):

Data una serie $\sum_{n=0}^{+\infty} a_n$ *con* $a_n \geq 0 \ \wedge \ a_n \geq a_{n+1}$ $\forall n$, *allora* $\sum_{n=0}^{+\infty} a_n$ *converge se e solo se converge* $\sum_{n=0}^{+\infty} 2^n a_{2^n}$.

Consideriamo il caso $\beta = 0$ e $1 < \alpha < 2$. Applicando il criterio di condensazione, si ottiene:

$$a_n = \frac{1}{n^\alpha} \ \Rightarrow \ \sum_{n=0}^{+\infty} 2^n a_{2^n} = \sum_{n=0}^{+\infty} 2^n \frac{1}{2^{n\alpha}} = \sum_{n=0}^{+\infty} (2^{1-\alpha})^n$$

e la serie geometrica $\sum_{n=0}^{+\infty} (2^{1-\alpha})^n$ converge se e solo se $2^{1-\alpha} < 1$, cioè $\alpha > 1$.

Consideriamo ora il caso $\beta \neq 0$.

Per $\alpha < 1$, vale, definitivamente per $n \to +\infty$, $\frac{1}{n^\alpha (\log n)^\beta} > \frac{1}{n}$ e quindi la serie diverge a $+\infty$, in quanto maggiorante della serie armonica.

Per $\alpha > 1$, sia $\varepsilon > 0$ tale che $\alpha - \varepsilon > 1$ (ad esempio, $\varepsilon = \dfrac{\alpha - 1}{2}$); allora, qualsiasi sia $\beta \in \mathbb{R}$, vale, definitivamente per $n \to +\infty$,

$$\frac{1}{(\log n)^\beta} < \frac{1}{n^{-\varepsilon}} \ \text{ e quindi } \ \frac{1}{n^\alpha (\log n)^\beta} < \frac{1}{n^{\alpha-\varepsilon}} \ ;$$

la serie è quindi convergente, perché minorante della serie convergente $\sum_{n=1}^{+\infty} \frac{1}{n^{\alpha-\varepsilon}}$.

Per $\alpha = 1$: se $\beta \leq 0$; allora, per ogni $n \geq 3$ si ha $\frac{1}{(\log n)^\beta} \geq 1$ e quindi la serie data, essendo definitivamente maggiorante della serie armonica, è divergente; se $\beta > 0$, si utilizza il criterio di condensazione:

$$\sum_{n=2}^{+\infty} 2^n a_{2^n} = \sum_{n=2}^{+\infty} 2^n \frac{1}{2^n (\log(2^n))^\beta} = \sum_{n=2}^{+\infty} \frac{1}{n^\beta (\log 2)^\beta} = \frac{1}{(\log 2)^\beta} \sum_{n=2}^{+\infty} \frac{1}{n^\beta}$$

e questa serie converge se e solo se $\beta > 1$.

Criterio della radice (teorema 2.8-corollario 2.9).

Dimostrazione del teorema:

(i) $0 \leq \sqrt[n]{a_n} \leq \varrho < 1 \ \Rightarrow \ 0 \leq a_n \leq \varrho^n$; pertanto la serie data è minorante della serie geometrica di ragione $\varrho < 1$ e quindi convergente; dal teorema del confronto segue la convergenza della serie $\sum_{n=0}^{+\infty} a_n$.

(ii) Si hanno infiniti termini della serie tali che $\sqrt[n]{a_n} \geq 1$ cioè $a_n \geq 1$, pertanto non è soddisfatta la condizione necessaria di convergenza $\lim_{n\to+\infty} a_n = 0$; la serie quindi diverge a $+\infty$.

Dimostrazione del corollario:

(i) Scelto $\varepsilon > 0$ tale che $l + \varepsilon < 1$, si ha definitivamente $\sqrt[n]{a_n} < l + \varepsilon < 1$ e quindi la serie converge.

(ii) O è definitivamente $a_n \geq 1$ (se $l > 1$), o esistono infiniti a_n tali che $a_n \geq 1$ (se $\lim_{n\to+\infty} \sqrt[n]{a_n} = 1$ ma non 1^-) e quindi la serie diverge a $+\infty$.

Criterio del rapporto o di D'Alembert (teorema 2.10-corollario 2.11).

Dimostrazione del teorema:

(i) Per $n \geq n_0$ opportuno, si ha

$$0 < a_{n+1} \leq \varrho a_n \leq \varrho^2 a_{n-1} \leq \cdots \leq \varrho^{n-n_0+1} a_{n_0} \to 0 \quad \text{per} \quad n \to +\infty$$

e quindi la serie data è minorante dalla serie $\varrho^{1-n_0} a_{n_0} \sum_{n=0}^{+\infty} \varrho^n$, convergente in quanto la ragione ϱ è minore di uno; pertanto $\sum_{n=0}^{+\infty} a_n$ è convergente.

(ii) La successione $\{a_n\}$ è, definitivamente, positiva e monotona non decrescente, pertanto non può essere soddisfatta la condizione necessaria per la convergenza $\lim_{n\to+\infty} a_n = 0$ e la serie diverge a $+\infty$.

Dimostrazione del corollario:

(i) Scelto $\varepsilon > 0$ tale che $l + \varepsilon < 1$, si ha definitivamente $\frac{a_{n+1}}{a_n} < l + \varepsilon < 1$ e quindi la serie converge.

(ii) Si ha definitivamente $\frac{a_{n+1}}{a_n} \geq 1$ e quindi la serie è divergente a $+\infty$. 

Esercizi e test risolti

1◁ Sia $\{a_n\} = \{0, 1, -1, 2, -2, \ldots, n, -n, \ldots\}$; allora la serie $\sum_{n=0}^{+\infty} a_n$ $\boxed{a}$ è convergente ed ha somma positiva; $\boxed{b}$ è convergente ed ha somma negativa; $\boxed{c}$ è divergente; $\boxed{d}$ è indeterminata.

▷ La successione delle somme parziali è
$S_0 = 0,\ S_1 = 1,\ S_2 = 1 - 1 = 0,\ S_3 = 0 + 2 = 2,\ S_4 = 2 - 2 = 0,\ S_5 = 0 + 3 = 3,\ \ldots,$ cioè $\begin{cases} S_{2n} = 0 \\ S_{2n+1} = n + 1 \end{cases}$;
non esiste $\lim_{n\to+\infty} S_n$, né finito, né infinito; la serie è indeterminata ($\boxed{\text{d}}$).

2◁ $\sum_{n=1}^{+\infty} (1 + \frac{1}{n^2}) =$ $\boxed{a}$ $+\infty$; $\boxed{b}$ e; $\boxed{c}$ 1; $\boxed{d}$ 2.

▷ Il termine generale della serie data è positivo e convergente a 1; pertanto, non essendo soddisfatta la condizione necessaria, la serie non è convergente e poiché è a termini positivi, si conclude che è divergente a $+\infty$ ($\boxed{\text{a}}$).

3◁ L'espressione "$\forall\varepsilon > 0\ \exists n_0(\varepsilon)$ tale che $n \in \mathbb{N},\ n \geq n_0 \Rightarrow |a_n| < \varepsilon$", vuol dire $\boxed{a}$ $\sum_{n=0}^{+\infty} a_n$ è convergente; $\boxed{b}$ $\sum_{n=0}^{+\infty} a_n = 0$; $\boxed{c}$ $\lim_{n\to+\infty} a_n = 0$; $\boxed{d}$ $\lim_{n\to+\infty} |a_n| = -\infty$.

▷ L'espressione data significa $\lim_{n\to+\infty} |a_n| = 0$ e quindi $\lim_{n\to+\infty} a_n = 0$. Il fatto che sia verificata la condizione necessaria $\lim_{n\to+\infty} a_n = 0$ non assicura la convergenza di $\sum_{n=0}^{+\infty} a_n$, né tantomeno che $\sum_{n=0}^{+\infty} a_n = 0$; quanto poi alla $\boxed{\text{d}}$, essa è del tutto assurda (come può una successione di numeri non negativi, divergere a meno infinito?).

4◁ Si determini il carattere delle seguenti serie e, nel caso di serie regolari, se ne calcoli la somma:

$$(a)\ \sum_{n=1}^{+\infty} \frac{1}{(2n-1)(2n+1)}; \quad (b)\ \sum_{n=0}^{+\infty} \frac{10}{4n^2 + 8n + 3};$$

$$(c)\ \sum_{n=1}^{+\infty} [-2\log(n+1) + \log(n+2) + \log n].$$

▷ (a) La serie è del tipo *telescopico*, in quanto
$a_n = \frac{1}{(2n-1)(2n+1)} = \frac{1}{2}\left(\frac{1}{2n-1} - \frac{1}{2n+1}\right) = \frac{1}{2}(b_n - b_{n+1}),$ con $b_n = \frac{1}{2n-1}$;
segue $\lim_{n\to+\infty} S_n = \frac{1}{2}(b_1 - \lim_{n\to+\infty} b_n) = \frac{b_1}{2} = \frac{1}{2}$ e quindi la serie

converge e ha somma $\frac{1}{2}$;

(b) decomponendo il denominatore, si ottiene $4n^2+8n+3 = (2n+1)(2n+3)$; dato che $2n+3 = 2(n+1)+1$, viene il sospetto che si tratti di una serie telescopica; vediamo quindi se è possibile scrivere a_n come $b_n - b_{n+1}$, cioè $\frac{10}{4n^2+8n+3} = A\left(\frac{1}{2n+1} - \frac{1}{2n+3}\right)$; si ha:

$\frac{10}{4n^2+8n+3} = A\left(\frac{1}{2n+1} - \frac{1}{2n+3}\right) = A\frac{2n+3-2n-1}{4n^2+8n+3} \quad \Leftrightarrow \quad 10 = 2A \quad \Leftrightarrow \quad A = 5$;

si tratta quindi della serie telescopica associata alla successione $b_n = \frac{5}{2n+1}$; pertanto $\lim_{n\to+\infty} S_n = b_0 - \lim_{n\to+\infty} b_n = b_0 - \lim_{n\to+\infty} \frac{5}{2n+1} = b_0 = 5$ e quindi la serie converge e ha somma 5;

(c) raggruppando bene i termini, si ottiene:

$a_n = [\log n - \log(n+1)] - [\log(n+1) - \log(n+2)] = \log\left(\frac{n}{n+1}\right) - \log\left(\frac{n+1}{n+2}\right)$;

si ha quindi la serie telescopica associata alla successione $b_n = \log\left(\frac{n}{n+1}\right)$:

$$\lim_{n\to+\infty} S_n = b_1 - \lim_{n\to+\infty} b_n = \log\frac{1}{2} - \lim_{n\to+\infty} \log\left(\frac{n}{n+1}\right) = -\log 2.$$

5◁ In dipendenza dal parametro reale k, si determini il carattere delle seguenti serie e, nel caso convergente, se ne calcoli la somma:

$$(a)\ \sum_{n=0}^{+\infty}\left(\frac{k}{k+4}\right)^n; \quad (b)\ \sum_{n=0}^{+\infty}\frac{3^n}{k^{2n}}; \quad (c)\ \sum_{n=0}^{+\infty}(4k-2)^{3+5n}.$$

▷ Sono tutte serie geometriche:

(a) la ragione è $\frac{k}{k+4}$, pertanto la serie converge se e solo se $|\frac{k}{k+4}| < 1$, cioè $k > -2$; la somma della serie, in questo caso, è $\frac{1}{1-\frac{k}{k+4}} = \frac{k+4}{4}$;

(b) la ragione è $\frac{3}{k^2}$, pertanto la serie converge se e solo se $\frac{3}{k^2} < 1$, cioè $k > \sqrt{3}$ o $k < -\sqrt{3}$; la somma della serie, in questo caso, è $\frac{k^2}{k^2-3}$;

(c) raccogliendo a fattore $(4k-2)^3$, si riconosce la serie geometrica di ragione $(4k-2)^5$, che converge se e solo se $|4k-2| < 1$, cioè $\frac{1}{4} < k < \frac{3}{4}$; la somma della serie, in questo caso, è $\frac{(4k-2)^3}{1-(4k-2)^5}$.

6◁ Dov'è l'errore? $\frac{1}{1-x} = \sum_{n=0}^{+\infty} x^n$ e quindi, ponendo $x = 2$, si ottiene $\frac{1}{1-2} = -1 = \sum_{n=0}^{+\infty} 2^n$; cioè: il numero negativo -1 è uguale alla somma di infiniti numeri positivi!!

▷ La serie geometrica $\sum_{n=0}^{+\infty} x^n$ converge, e ha per somma $\frac{1}{1-x}$, se e solo se $-1 < x < 1$; non è quindi lecito mettere $x = 2$ e pretendere che l'uguaglianza valga ancora ...

7◁ Si determini il termine generale e il carattere delle seguenti serie:

$(a)\ 1+\frac{1}{4}+\frac{1}{9}+\frac{1}{16}+\cdots;$ $\quad(b)\ 2+\frac{3}{4}+\frac{4}{9}+\frac{5}{16}+\frac{6}{25}+\cdots;$

$(c)\ \frac{2}{5}+\frac{4}{8}+\frac{6}{11}+\frac{8}{14}+\cdots;$ $\quad(d)\ \frac{\log 2}{4}+\frac{\log 3}{9}+\frac{\log 4}{16}+\cdots;$

$(e)\ 1+\frac{3}{4}+\frac{1}{9}+\frac{3}{16}+\frac{1}{25}+\cdots;$ $\quad(f)\ 1+\frac{1}{2}+\frac{1}{9}+\frac{1}{12}+\frac{1}{25}+\cdots.$

▷ Sono tutte serie a termini positivi; si ha:

(a) $a_n=\frac{1}{n^2}$; convergente (perché minorante della serie di Mengoli);

(b) $a_n=\frac{n+1}{n^2}\sim\frac{1}{n}$; divergente a $+\infty$ (confronto con la serie armonica);

(c) $a_n=\frac{2n}{2+3n}\sim\frac{2}{3}$; divergente a $+\infty$ (non è soddisfatta la condizione necessaria);

(d) $a_n=\frac{\log n}{n^2}$; convergente (confronto con la serie armonica generalizzata);

(e) $a_n=\frac{2+(-1)^n}{n^2}$; vale $a_n\leq\frac{3}{n^2}$ e pertanto la serie converge (perché minorante della serie convergente $3\sum_{n=1}^{+\infty}\frac{1}{n^2}$);

(f) $a_n=\begin{cases}\frac{1}{n(n-1)} & \text{se } n \text{ pari}\\ \frac{1}{n^2} & \text{se } n \text{ dispari}\end{cases}$; serie convergente (perché minorante della serie di Mengoli).

8◁ Si determini il carattere delle seguenti serie:

$(a)\sum_{n=1}^{+\infty}\left(\sin\frac{1}{n}\right)(e^{\frac{1}{n}}-1);$ $\quad(b)\sum_{n=2}^{+\infty}\frac{1}{\sqrt{n}-\sqrt[3]{n}};$ $\quad(c)\sum_{n=2}^{+\infty}\frac{e^{-\pi n}+n}{n\log^3 n};$

$(d)\sum_{n=1}^{+\infty}\frac{1}{n\log(1+\sqrt{n})};$ $\quad(e)\sum_{n=1}^{+\infty}\left(\frac{1}{n^2}-\frac{1}{(n+1)^2}\right);$ $\quad(f)\sum_{n=1}^{+\infty}\frac{5n^2+(\log n)^7}{e^{\sqrt[3]{n}}-n}.$

▷ Sono tutte serie a termini (definitivamente) non negativi; utilizzando i limiti notevoli o considerando, a numeratore e a denominatore, gli infiniti dominanti, si possono confrontare con serie di cui si conosce già il carattere:

(a) $\left(\sin\frac{1}{n}\right)(e^{\frac{1}{n}}-1)\sim\frac{1}{n}\cdot\frac{1}{n}=\frac{1}{n^2}\ \Rightarrow$ serie convergente;

(b) $\frac{1}{\sqrt{n}-\sqrt[3]{n}}\sim\frac{1}{\sqrt{n}}\ \Rightarrow$ serie divergente;

(c) $\frac{e^{-\pi n}+n}{n\log^3 n}\sim\frac{n}{n\log^3 n}=\frac{1}{\log^3 n}\ \Rightarrow$ serie divergente;

(d) $\frac{1}{n\log(1+\sqrt{n})}\sim\frac{1}{n\log(\sqrt{n})}=\frac{2}{n\log n}\ \Rightarrow$ serie divergente;

(e) $\left(\frac{1}{n^2}-\frac{1}{(n+1)^2}\right)=\frac{n^2+1+2n-n^2}{n^2(n+1)^2}\sim\frac{2n}{n^4}\asymp\frac{1}{n^3}\ \Rightarrow$ serie convergente (si noti che è una serie telescopica, associata a $b_n=\frac{1}{n^2}$, quindi ha somma 1);

(f) $\frac{5n^2+(\log n)^7}{e^{\sqrt[3]{n}}-n} \sim \frac{5n^2}{e^{\sqrt[3]{n}}} \asymp \frac{n^2}{e^{\sqrt[3]{n}}}$; per ogni $\alpha \in I\!R$ (per quanto grande) si ha, definitivamente, $e^{\sqrt[3]{n}} > n^\alpha$ (poiché l'esponenziale è infinito di ordine superiore a qualsiasi potenza di n); pertanto esiste n_0 tale che, per ogni $n \geq n_0$, si abbia: $\frac{1}{e^{\sqrt[3]{n}}} < \frac{1}{n^4}$ e quindi $\frac{n^2}{e^{\sqrt[3]{n}}} < \frac{n^2}{n^4} = \frac{1}{n^2}$; dal criterio del confronto, si conclude che la serie è convergente.

9◁ Utilizzando i criteri della radice e del rapporto, si determini il carattere delle seguenti serie:

$$(a)\ \sum_{n=1}^{+\infty} \frac{e^n}{n^n};\quad (b)\ \sum_{n=0}^{+\infty} \left(\frac{n+1}{2^{n+1}}\right)^n;\quad (c)\ \sum_{n=1}^{+\infty} \left(\frac{2n}{2n-1}\right)^n;$$

$$(d)\ \sum_{n=1}^{+\infty} \frac{n^4}{n!};\quad (e)\ \sum_{n=0}^{+\infty} \frac{2n-1}{2^n};\qquad (f)\ \sum_{n=1}^{+\infty} \frac{n^n}{(2n)!}.$$

▷ (a) $\lim_{n\to+\infty} \sqrt[n]{\frac{e^n}{n^n}} = \lim_{n\to+\infty} \frac{e}{n} = 0^+$; convergente;

(b) $\lim_{n\to+\infty} \sqrt[n]{a_n} = \lim_{n\to+\infty} \frac{n+1}{2^{n+1}} = 0^+$; convergente;

(c) $\lim_{n\to+\infty} \sqrt[n]{a_n} = \lim_{n\to+\infty} \frac{2n}{2n-1} = 1^+$; divergente a $+\infty$;

(d) $\lim_{n\to+\infty} \frac{a_{n+1}}{a_n} = \lim_{n\to+\infty} \frac{(n+1)^4}{(n+1)!}\frac{n!}{n^4} = \lim_{n\to+\infty} \left(\frac{n+1}{n}\right)^4 \frac{1}{n+1} = 0^+$; convergente;

(e) $\lim_{n\to+\infty} \frac{a_{n+1}}{a_n} = \lim_{n\to+\infty} \frac{2n+1}{2^{n+1}} \cdot \frac{2^n}{2n-1} = \lim_{n\to+\infty} \frac{2n+1}{2(2n-1)} = \frac{1}{2}$; convergente;

(f) $\frac{a_{n+1}}{a_n} = \frac{(n+1)^{n+1}}{(2n+2)!}\frac{(2n)!}{n^n} = \left(\frac{n+1}{n}\right)^n \frac{(n+1)(2n)!}{(2n)!(2n+1)(2n+2)} = \left(1+\frac{1}{n}\right)^n \frac{1}{2(2n+1)} \to 0^+$; convergente.

10◁ È possibile determinare il carattere della serie $\sum_{n=1}^{+\infty} \frac{1}{\sqrt{n(n+1)}}$? [a] no, perché è il caso di indecisione del criterio della radice; [b] no, perché è il caso di indecisione del criterio del rapporto; [c] sì, converge; [d] nessuna delle altre tre risposte è giusta.

▷ Se si cerca di applicare il criterio della radice o del rapporto, si ottiene

$$\lim_{n\to+\infty} \sqrt[n]{\frac{1}{\sqrt{n(n+1)}}} = \lim_{n\to+\infty} \frac{1}{e^{\frac{\log(n(n+1))}{2n}}} = 1^-;$$

$$\lim_{n\to+\infty} \frac{a_{n+1}}{a_n} = \lim_{n\to+\infty} \frac{\sqrt{n(n+1)}}{\sqrt{(n+1)(n+2)}} = \lim_{n\to+\infty} \sqrt{\frac{n}{n+2}} = 1^-;$$

i criteri non rispondono (caso di indecisione); questo non vuol dire che non sia possibile determinare il carattere della serie, bisogna solo cambiare metodo. Si ha $a_n \sim \frac{1}{n}$, quindi la serie diverge, per il confronto con la serie armonica ($\boxed{\text{d}}$).

11◁ Si consideri la serie $\sum_{n=1}^{+\infty} \left[\left(\frac{n+1}{2n}\right)(\cos n)^2\right]^n$. Quale delle seguenti affermazioni è corretta? $\boxed{a}$ il criterio della radice non dà risposta, perché non esiste $\lim_{n\to+\infty} \sqrt[n]{a_n}$; $\boxed{b}$ la serie converge; $\boxed{c}$ la serie diverge; $\boxed{d}$ la serie è irregolare.

▷ $\boxed{\text{d}}$ è falsa, perché si tratta di una serie a termini non negativi, quindi regolare. Si ha $\sqrt[n]{a_n} = \left(\frac{n+1}{2n}\right)(\cos n)^2 \le \frac{n+1}{2n} \le \frac{3}{4} \quad \forall n \ge 2$; per il criterio della radice, quindi, la serie converge ($\boxed{\text{b}}$). Si noti che il fatto che non esista $\lim_{n\to+\infty} \sqrt[n]{a_n}$ non significa che non si possa applicare il teorema.

12◁ In dipendenza dal parametro reale x, si determini il carattere delle seguenti serie:

$$(a)\ \sum_{n=1}^{+\infty} \frac{\left(1+\frac{1}{n}\right)^{n^2}}{e^{nx}}; \qquad (b)\ \sum_{n=2}^{+\infty} \frac{\left(\sqrt{n+1}-\sqrt[4]{n^2+1}\right)^x}{(\log n)^2};$$

$$(c)\ \sum_{n=1}^{+\infty} \frac{\sin\frac{n\pi}{n+1}}{\left(\sqrt{n+1}-\sqrt{n}\right)^x}; \quad (d)\ \sum_{n=0}^{+\infty} \frac{1}{x^n + x^{-n}} \quad (x>0).$$

▷ Sono tutte a termini positivi, quindi, o convergono, o divergono a $+\infty$.

(a) $\frac{\left(1+\frac{1}{n}\right)^{n^2}}{e^{nx}} \asymp \frac{e^n}{e^{nx}} = \frac{1}{e^{n(x-1)}}$; la serie ha quindi lo stesso carattere della serie geometrica di ragione $\frac{1}{e^{x-1}}$ che è convergente se e solo se $e^{x-1} > 1$, cioè $x > 1$;

$$\text{(b)}\quad \left(\sqrt{n+1}-\sqrt[4]{n^2+1}\right)^x = \left(\sqrt{n(1+\frac{1}{n})} - \sqrt[4]{n^2(1+\frac{1}{n^2})}\right)^x =$$

$$= \left(\sqrt{n}(1+\frac{1}{2n}+o(\frac{1}{n})) - \sqrt{n}(1+\frac{1}{4n^2}+o(\frac{1}{n^2}))\right)^x \sim \left(\frac{1}{2\sqrt{n}}\right)^x$$

$$\Rightarrow\ a_n = \frac{\left(\sqrt{n+1}-\sqrt[4]{n^2+1}\right)^x}{(\log n)^2} \asymp \frac{1}{n^{\frac{x}{2}}(\log n)^2}$$

quindi la serie converge se e solo se $x \ge 2$;

$$\text{(c)}\quad \sin\frac{n\pi}{n+1} = \sin\frac{n\pi+\pi-\pi}{n+1} = \sin\left(\pi - \frac{\pi}{n+1}\right) = \sin\frac{\pi}{n+1} \sim \frac{\pi}{n+1}$$

$$\left(\sqrt{n+1}-\sqrt{n}\right)^x = \left(\sqrt{n}(1+\frac{1}{2n}+o(\frac{1}{n})) - \sqrt{n}\right)^x \sim \frac{1}{2n^{\frac{x}{2}}}$$

$$\Rightarrow a_n = \frac{\sin \frac{n\pi}{n+1}}{\left(\sqrt{n+1} - \sqrt{n}\right)^x} \asymp \frac{1}{n^{1-\frac{x}{2}}}$$

pertanto la serie converge se e solo se $1 - \frac{x}{2} > 1$ cioè $x < 0$;

(d) $\lim_{n\to+\infty} \sqrt[n]{\frac{1}{x^n+x^{-n}}} = \begin{cases} \frac{1}{x} & \text{se } x > 1 \\ x & \text{se } 0 < x < 1 \\ 1^- & \text{se } x = 1 \end{cases}$; pertanto, per il criterio della radice, la serie converge per $x \neq 1$; per $x = 1$, il criterio non dà informazioni, ma, in questo caso, si ha $a_n = \frac{1}{2}$ $\forall n$ e quindi, non essendo soddisfatta la condizione necessaria per la convergenza, la serie diverge.

13◁ Si determini il carattere delle seguenti serie:

(a) $\displaystyle\sum_{n=2}^{+\infty} \frac{(-1)^n}{(\log n)^3}$; (b) $\displaystyle\sum_{n=0}^{+\infty} (-1)^n \log\left(1 + \frac{n}{n^2+1}\right)$;

(c) $\displaystyle\sum_{n=1}^{+\infty} (-1)^n \sin\frac{1}{n}$; (d) $\displaystyle\sum_{n=2}^{+\infty} (-1)^n \left(e^{\frac{1}{n\log n}} - 1\right)$.

▷ Sono tutte a termini di segno alternato: $\sum_n (-1)^n a_n$, $a_n \geq 0$.

(a) Vale $0 < \log n < \log(n+1)$ $\forall n > 1$, quindi $\frac{1}{(\log(n+1))^3} < \frac{1}{(\log n)^3}$ $\forall n > 1$; inoltre $\lim_{n\to+\infty} \frac{1}{(\log n)^3} = 0$; sono quindi soddisfatte le condizioni del criterio di Leibniz e la serie converge;

(b) $\displaystyle\frac{n+1}{(n+1)^2+1} < \frac{n}{n^2+1}$ poiché

$$\frac{(n+1)(n^2+1) - n(n^2+2n+2)}{(n^2+2n+2)(n^2+1)} = \frac{-n^2-n+1}{(n^2+2n+2)(n^2+1)} < 0 \quad \forall n > 0$$

$$\Rightarrow a_{n+1} = \log\left(1 + \frac{n+1}{(n+1)^2+1}\right) < \log\left(1 + \frac{n}{n^2+1}\right) = a_n \quad \forall n > 0,$$

inoltre $\lim_{n\to+\infty} a_n = 0$; quindi, per il criterio di Leibniz, la serie converge;

(c) vale $0 < \frac{1}{n+1} < \frac{1}{n} < \frac{\pi}{2}$ $\forall n > 0$, quindi $a_{n+1} = \sin\frac{1}{n+1} < \sin\frac{1}{n} = a_n$; inoltre $\lim_{n\to+\infty} \sin\frac{1}{n} = 0$; pertanto, la serie converge;

(d) vale $0 < n\log n < (n+1)\log(n+1)$ $\forall n > 1$, quindi $a_{n+1} = \left(e^{\frac{1}{(n+1)\log(n+1)}} - 1\right) < \left(e^{\frac{1}{n\log n}} - 1\right) = a_n$; inoltre $\lim_{n\to+\infty} a_n = 0$; la serie converge.

14◁ Si stabilisca se le seguenti serie sono a termini di segno alternato e se ne determini il carattere:

$$(a)\ \sum_{n=1}^{+\infty}\left(\sin\frac{(4n+1)\pi}{4}\right)\log\left(1+\frac{1}{n}\right);\quad (b)\ \sum_{n=1}^{+\infty}\frac{1+2(-1)^n}{n};$$

$$(c)\ \sum_{n=0}^{+\infty}\frac{3+(-1)^n}{5^n};\qquad (d)\ \sum_{n=2}^{+\infty}\frac{1}{\sqrt{n}+(-1)^n n};$$

$$(e)\ \sum_{n=1}^{+\infty}(-1)^n\cos(k\pi n)\frac{\log n}{n}\quad (k\in\mathbb{Z})$$

▷ In questi casi, la serie non è scritta già nella forma $\sum_n (-1)^n a_n,\quad a_n\geq 0$; occorre un ragionamento preliminare.

(a) $\sin\frac{(4n+1)\pi}{4}=\begin{cases}\frac{\sqrt{2}}{2} & \text{se } n \text{ pari}\\ -\frac{\sqrt{2}}{2} & \text{se } n \text{ dispari}\end{cases}\Rightarrow \sum_{n=1}^{+\infty}\left(\sin\frac{(4n+1)\pi}{4}\right)\log\left(1+\frac{1}{n}\right)=$

$\frac{\sqrt{2}}{2}\sum_{n=1}^{+\infty}(-1)^n\log(1+\frac{1}{n})$; si tratta di una serie a termini di segno alternato, che soddisfa le ipotesi del criterio di Leibniz, quindi converge;

(b) $\frac{1+2(-1)^n}{n}=-1\ ,\ \frac{3}{2}\ ,\ -\frac{1}{3}\ ,\ \frac{3}{4}\ ,\ -\frac{1}{5}\ ,\ \ldots$; la serie, quindi, è a termini di segno alternato $\sum_{n=1}^{+\infty}(-1)^n a_n,\ a_n\geq 0,$ però $a_n=\left|\frac{1+2(-1)^n}{n}\right|$ non è monotona decrescente e quindi non si può utilizzare il criterio di Leibniz; si osserva però che $\frac{1+2(-1)^n}{n}=\frac{1}{n}+(-1)^n\frac{2}{n}$, e quindi la serie data è somma delle due serie $\sum_{n=1}^{+\infty}\frac{1}{n}$ (divergente a $+\infty$) e $2\sum_{n=1}^{+\infty}\frac{(-1)^n}{n}$ (convergente, per Leibniz); si conclude che la serie data diverge a $+\infty$;

(c) $\frac{3+(-1)^n}{5^n}=\begin{cases}\frac{4}{5^n} & \text{se } n \text{ pari}\\ \frac{2}{5^n} & \text{se } n \text{ dispari}\end{cases}$; la serie è quindi a termini positivi; converge, perché è minorante della serie geometrica convergente $4\sum_{n=0}^{+\infty}\frac{1}{5^n}$;

(d) $\frac{1}{\sqrt{n}+(-1)^n n}=\frac{1}{\sqrt{2}+2}\ ,\ -\frac{1}{3-\sqrt{3}}\ ,\ \frac{1}{6}\ ,\ -\frac{1}{5-\sqrt{5}}\ ,\ \cdots$; il termine generale è quindi di segno alternato e tende a zero, però il suo valore assoluto non è monotono decrescente e quindi non si può utilizzare il criterio di Leibniz; si osserva però che $\frac{1}{\sqrt{n}+(-1)^n n}=\frac{\sqrt{n}-(-1)^n n}{n-n^2}=\frac{\sqrt{n}}{n-n^2}-\frac{(-1)^n n}{n-n^2}=\frac{\sqrt{n}}{n-n^2}+\frac{(-1)^n}{n-1}$; pertanto, la serie data è somma delle due serie $\sum_{n=2}^{+\infty}\frac{\sqrt{n}}{n-n^2}$ (convergente, perché il termine generale è asintotico a $-\frac{1}{n^{\frac{3}{2}}}$) e $\sum_{n=2}^{+\infty}(-1)^n\frac{1}{n-1}$ (convergente, per Leibniz); si conclude che la serie data converge;

(e) k pari $\Rightarrow (-1)^n\cos(k\pi n)=(-1)^n$,

k dispari $\Rightarrow (-1)^n\cos(k\pi n)=(-1)^n(-1)^n=1$,

nel caso k dispari, quindi, la serie è a termini non negativi e diverge a

$+\infty$, perché è maggiorante della serie armonica; nel caso k pari, la serie è a termini di segno alternato e converge, poiché soddisfa le ipotesi del criterio di Leibniz; infatti: $\lim_{n\to+\infty} \frac{\log n}{n} = 0$, inoltre $\frac{\log n}{n}$ è monotona decrescente, in quanto

$f(x) = \frac{\log x}{x} \Rightarrow f'(x) = \frac{1-\log x}{x^2} < 0 \ \forall x > e \Rightarrow \frac{\log(n+1)}{n+1} < \frac{\log n}{n} \ \forall n > 2.$

15◁ Si determini un'approssimazione, a meno di un centesimo, della somma della serie, rispettivamente: $(a) \displaystyle\sum_{n=0}^{+\infty} \frac{(-1)^n}{2n+1}$; $(b) \displaystyle\sum_{n=1}^{+\infty} \frac{(-1)^n}{n2^n}$.

▷ Sono serie a termini di segno alternato, convergenti, per il criterio di Leibniz. Per avere un'approssimazione a meno di un centesimo, basta fermare la somma al primo indice n tale che $a_{n+1} < \frac{1}{100}$.

(a) $a_{n+1} = \frac{1}{2n+3} < \frac{1}{100} \Leftrightarrow n > \frac{97}{2}$, cioè $n \geq 49$; l'approssimazione cercata è quindi $S_{49} = 0.78\ldots$; è per difetto, perché l'indice è dispari (si può dimostrare che la somma della serie $1 - \frac{1}{3} + \frac{1}{5} - \frac{1}{7} + \cdots$ è $\frac{\pi}{4} = 0.785\ldots$).

(b) $a_{n+1} = \frac{1}{(n+1)2^{n+1}} < \frac{1}{100} \Leftrightarrow n \geq 4$ (infatti $a_4 = \frac{1}{64}$, $a_5 = \frac{1}{160}$); l'approssimazione cercata è quindi $S_4 = -0.401\ldots$; è per eccesso, perché l'indice è pari.

16◁ Per ognuna delle seguenti serie, si determini se converge assolutamente, converge semplicemente, diverge, è irregolare:

$$(a) \sum_{n=0}^{+\infty} (-1)^n e^{-\sqrt{n}}; \quad (b) \sum_{n=2}^{+\infty} \frac{(-1)^n}{\log n}; \quad (c) \sum_{n=2}^{+\infty} (-1)^n \left(e^{\frac{1}{n \log n}} - 1\right).$$

▷ (a) Vale $\left|(-1)^n e^{-\sqrt{n}}\right| = e^{-\sqrt{n}} < \dfrac{1}{n^2}$, definitivamente per $n \to +\infty$, pertanto la serie converge assolutamente (e quindi anche semplicemente);

(b) vale $\left|\dfrac{(-1)^n}{\log n}\right| = \dfrac{1}{\log n} > \dfrac{1}{n} \ \forall n > 1$, pertanto la serie non converge assolutamente; converge semplicemente, per il criterio di Leibniz;

(c) vale $\left|(-1)^n \left(e^{\frac{1}{n \log n}} - 1\right)\right| = \left(e^{\frac{1}{n \log n}} - 1\right) \sim \dfrac{1}{n \log n}$, pertanto la serie data diverge assolutamente (dal confronto con la serie armonica generalizzata); la serie converge semplicemente per il criterio di Leibniz.

17◁ Si determini, in dipendenza dal parametro reale $\alpha \geq 0$, il carattere delle seguenti serie:

$$(a)\ \sum_{n=0}^{+\infty} a_n, \quad \text{ove} \quad \begin{cases} a_0 \in \mathbb{R} \\ a_{n+1} = \alpha \dfrac{a_n}{\left(1+\frac{1}{n}\right)^n} \end{cases}; \qquad (b)\ \sum_{n=1}^{+\infty} (-1)^n \frac{\sqrt[3]{\alpha}+n}{n^2};$$

▷ (a) La successione $\{a_n\}$ è definita per ricorrenza; per $\alpha = 0$ o $a_0 = 0$, la serie è identicamente nulla; per $\alpha > 0$, la serie è a termini positivi se $a_0 > 0$ e a termini negativi se $a_0 < 0$; utilizzando il criterio del rapporto, si ottiene $\frac{|a_{n+1}|}{|a_n|} = \frac{\alpha}{\left(1+\frac{1}{n}\right)^n} \to \left(\frac{\alpha}{e}\right)^+$, pertanto la serie converge per $\frac{\alpha}{e} < 1$ cioè $0 < \alpha < e$ e diverge per $\alpha \geq e$;
(b) vale $\left|(-1)^n \frac{\sqrt[3]{\alpha}+n}{n^2}\right| = \frac{\sqrt[3]{\alpha}+n}{n^2} \sim \frac{1}{n}$, pertanto la serie diverge assolutamente per ogni α; per quanto riguarda la convergenza semplice:

$$\lim_{n\to+\infty} \frac{\sqrt[3]{\alpha}+n}{n^2} = 0,$$

$$f(x) = \frac{\sqrt[3]{\alpha}+x}{x^2} \Rightarrow f'(x) = \frac{-x^2 - 2x\sqrt[3]{\alpha}}{x^4} < 0 \quad \forall x \in (0, +\infty),$$

la successione dei valori assoluti del termine generale della serie è quindi monotona decrescente, pertanto, per il criterio di Leibniz, la serie è convergente per ogni $\alpha \geq 0$.

18◁ Si determini il raggio di convergenza delle seguenti serie di potenze:

$$(a)\ \sum_{n=0}^{+\infty} \frac{(n!)^2 x^n}{(2n)!}; \qquad (b)\ \sum_{n=1}^{+\infty} \left(1 - \frac{1}{n}\right)^{n^2} x^n.$$

▷ (a) $\displaystyle\lim_{n\to+\infty} \frac{a_{n+1}}{a_n} = \lim_{n\to+\infty} \frac{((n+1)!)^2}{(2n+2)!} \cdot \frac{(2n)!}{(n!)^2} = \lim_{n\to+\infty} \frac{(n+1)^2}{(2n+1)(2n+2)} = \frac{1}{4}$;
il raggio di convergenza è quindi $r = \frac{1}{l} = 4$;

(b) $\displaystyle\lim_{n\to+\infty} \sqrt[n]{a_n} = \lim_{n\to+\infty} \sqrt[n]{\left(1 - \frac{1}{n}\right)^{n^2}} = \lim_{n\to+\infty} \left(1 - \frac{1}{n}\right)^n = \frac{1}{e}$; il raggio di convergenza è quindi $r = \frac{1}{l} = e$.

Esercizi e test proposti

19◁ Per la convergenza della serie $\sum_{n=0}^{+\infty} a_n$, la condizione "$\lim_{n\to+\infty} a_n = 0$" è [a] sufficiente, ma non necessaria; [b] necessaria e sufficiente; [c] né necessaria, né sufficiente; [d] necessaria, ma non sufficiente.

20◁ Si determini il carattere delle seguenti serie e, nel caso convergente, se ne calcoli la somma (suggerimento: sono tutte serie telescopiche):

$$(a)\ \sum_{n=1}^{+\infty} \frac{2}{4n^2-1}; \quad (b)\ \sum_{n=0}^{+\infty} \frac{1}{\sqrt{n+1}+\sqrt{n}}; \quad (c)\ \sum_{n=0}^{+\infty} \frac{n}{2^n}.$$

21◁ $\sum_{n=0}^{+\infty} \frac{8}{n!} =$ [a] e^8; [b] $\frac{e}{8}$; [c] $8e$; [d] $+\infty$.

22◁ Dopo aver determinato i valori del parametro reale x, in corrispondenza dei quali la serie $\sum_{n=2}^{+\infty} \left(\frac{x+1}{x^2+1}\right)^n$ converge, si calcoli la somma $S(x)$ della serie e se ne stabilisca l'ordine di infinitesimo, per $x \to +\infty$.

23◁ Si determini il termine generale a_n e il carattere delle seguenti serie:

$$(a)\ 1+\frac{1}{3}+\frac{1}{5}+\frac{1}{7}+\cdots; \qquad (b)\ 1+e+\frac{e^2}{2}+\frac{e^3}{6}+\frac{e^4}{24}+\cdots;$$

$$(c)\ 1+\frac{2}{3}+\frac{4}{9}+\frac{8}{27}+\frac{16}{81}+\cdots; \quad (d)\ \frac{1}{\sqrt{2}\log 2}+\frac{1}{\sqrt{3}\log 3}+\frac{1}{2\log 4}+\cdots.$$

24◁ Sia $\sum_{n=2}^{+\infty} a_n$ con $a_n \geq 0$ e $a_n \asymp \frac{\sin\frac{1}{n}}{k+\log n}$ $(k \in \mathbb{Z})$; allora [a] la serie converge; [b] la serie diverge a $+\infty$; [c] la serie è irregolare; [d] il carattere della serie dipende dal numero k.

25◁ Utilizzando i criteri della radice e/o del rapporto, si determini il carattere delle seguenti serie:

$$(a)\ \sum_{n=1}^{+\infty} \frac{\sqrt{(n+1)!}}{ne^{n^2}}; \ (b)\ \sum_{n=0}^{+\infty} \left(\frac{n}{3^{n-1}}\right)^{2n-1}; \quad (c)\ \sum_{n=2}^{+\infty} \left(\frac{\log(\log n)}{\log n}\right)^n;$$

$$(d)\ \sum_{n=0}^{+\infty} \frac{n^2+1}{n!}; \quad (e)\ \sum_{n=1}^{+\infty} e^n\left(1+\frac{2}{n}\right)^{-n^2}; \ (f)\ \sum_{n=0}^{+\infty} \frac{2^n}{n!}.$$

26◁ La serie $\sum_{n=0}^{+\infty} a_n$ è indeterminata se e solo se [a] nessuna delle altre tre risposte è giusta; [b] non esiste $\lim_{n\to+\infty} \frac{a_{n+1}}{a_n}$; [c] non esiste $\lim_{n\to+\infty} \sqrt[n]{a_n}$; [d] non esiste $\lim_{n\to+\infty} \sum_{k=0}^{n} a_k$.

27◁ Si determini il carattere delle seguenti serie:

$(a)\ \sum_{n=0}^{+\infty} \left(\frac{3}{\pi}\right)^n$; $(b)\ \sum_{n=2}^{+\infty} \frac{1}{\sqrt{n^3-n^2}}$; $(c)\ \sum_{n=1}^{+\infty} \frac{1}{n^{\frac{4}{3}}-\log n}$;

$(d)\ \sum_{n=0}^{+\infty} 3^{-\sqrt{n}}$; $(e)\ \sum_{n=1}^{+\infty} \frac{\sqrt{n}-\log n}{2\sqrt{n+1}}$; $(f)\ \sum_{n=1}^{+\infty} \frac{3n^2+(\log n)^4}{e^{\sqrt{n}}-2n}$;

$(g)\ \sum_{n=1}^{+\infty} \operatorname{arctg}\frac{1}{n}$; $(h)\ \sum_{n=1}^{+\infty} \frac{1}{n(\log n+2)^3}$; $(i)\ \sum_{n=2}^{+\infty} \frac{3n+4}{n^2\log n}$;

$(l)\ \sum_{n=1}^{+\infty} \frac{2n^2+3n-2}{((n^3+2n)\log(n+3))^3}$; $(m)\ \sum_{n=1}^{+\infty} \left(2^{-n}-\frac{5}{n}\right)$; $(n)\ \sum_{n=0}^{+\infty} \frac{n^3}{\pi^n}$;

(o) $\sum_{n=1}^{+\infty} \frac{e^{-5n}+2n^4}{n^6+\sqrt{\log n}}$; (p) $\sum_{n=1}^{+\infty} \frac{n+e^{\frac{n}{4}}}{n^7}$; (q) $\sum_{n=0}^{+\infty} \frac{n^2}{\left(2+\frac{1}{3}\cos n\right)^n}$;

(r) $\sum_{n=1}^{+\infty} \frac{\log n}{n^2+n}$; (s) $\sum_{n=1}^{+\infty} \frac{\log n}{n\left(1+\frac{1}{n}\right)^{n^2}}$; (t) $\sum_{n=1}^{+\infty} \frac{3n+e^{-\sqrt{n}}}{n^2+\log n}$.

28◁ Si determini $k \in \mathbb{R}$ affinché la serie seguente converga:

$$(a) \sum_{n=1}^{+\infty} \frac{\sqrt{1+\sqrt{n}}-\sqrt[4]{n}}{n^k}; \quad (b) \sum_{n=1}^{+\infty} n^k 2^{-n};$$

$$(c) \sum_{n=1}^{+\infty} \left[\sin\left(\frac{2}{n}\right)\right]^k; \quad (d) \sum_{n=1}^{+\infty} \frac{e^{\frac{1}{n}}-1}{n^k}.$$

29◁ Si determini il carattere della serie $\displaystyle\sum_{n=2}^{+\infty} \frac{\left(\frac{2n-3}{n+2}\right)^{\frac{1}{n+2}}-1}{e^{\frac{1}{\log n}}-1}$.

30◁ $\displaystyle\sum_{n=1}^{+\infty} \frac{(-1)^{n-1}}{n} =$ [a] $+\infty$; [b] $-\infty$; [c] $\log 2$; [d] nessuna delle altre tre affermazioni è corretta.

31◁ Sia $\{S_n\}$ la successione delle somme parziali associata alla serie $\sum_{n=2}^{+\infty} \frac{(-1)^n}{\log n}$; allora $\{S_n\}$ è [a] monotona non decrescente; [b] irregolare; [c] monotona non crescente; [d] limitata.

32◁ Si stabilisca se le seguenti serie sono a termini di segno alternato e se ne determini il carattere:

$$(a) \sum_{n=1}^{+\infty} (-1)^n \left(\sqrt[3]{1+\frac{2}{\sqrt{n}}}-1\right); \quad (b) \sum_{n=0}^{+\infty} (-1)^n \frac{n}{n^3+2}; \quad (c) \sum_{n=0}^{+\infty} \frac{\sin(n\frac{\pi}{2})}{n!};$$

$$(d) \sum_{n=1}^{+\infty} \frac{\cos(n\pi)}{\sqrt{n}\log n+n}; \quad (e) \sum_{n=0}^{+\infty} (-1)^n x^n \quad (x \in \mathbb{R}).$$

33◁ La serie $\sum_{n=1}^{+\infty} (-1)^n \left(\sqrt[3]{1+\frac{2}{\sqrt{n}}}-1\right)$ [a] è divergente; [b] è irregolare; [c] converge semplicemente, ma non assolutamente; [d] converge assolutamente.

34◁ Si determini un'approssimazione, a meno di un millesimo, della somma della serie:

$$(a) \sum_{n=0}^{+\infty} (-1)^n \frac{n}{n^3+2}; \quad (b) \sum_{n=1}^{+\infty} \frac{\cos(n\pi)}{\sqrt{n}\log n+n}; \quad (c) \sum_{n=0}^{+\infty} (-1)^n(\sqrt{n^2+3}-n).$$

35◁ Si determini, in dipendenza dal parametro reale k, il carattere delle seguenti serie, distinguendo tra convergenza semplice e convergenza assoluta:

$$(a)\ \sum_{n=0}^{+\infty}\left(\sqrt{k}-k\right)^n\quad (k\geq 0);\qquad (b)\ \sum_{n=1}^{+\infty}\frac{k^n}{n+\sqrt{n}};$$

$$(c)\ \sum_{n=0}^{+\infty}\frac{n!}{(n+2)^{kn}};\qquad (d)\ \sum_{n=0}^{+\infty}e^{\frac{k}{2}+nk^3};$$

$$(e)\ \sum_{n=1}^{+\infty}(-1)^n\frac{1}{(n+3)(2k-3)^n}\quad (k\neq\frac{3}{2});\ (f)\ \sum_{n=2}^{+\infty}\frac{\left(\sqrt{n+1}-\sqrt[4]{n^2+1}\right)^k}{n^{\frac{k}{2}}(\log n)^2}.$$

36◁ Si determini il raggio di convergenza delle seguenti serie di potenze:

$$(a)\ \sum_{n=1}^{+\infty}\frac{(x-1)^n}{n5^n};\qquad (b)\ \sum_{n=0}^{+\infty}\left(\frac{nx}{n+1}\right)^n.$$

Soluzioni esercizi e test proposti

19 [d]. **20** $\sum a_n = \sum(b_n - b_{n+1})$: (a) $b_n = \frac{1}{2n-1}$, convergente con somma 1; (b) $b_n = -\sqrt{n}$, divergente a $+\infty$; (c) $b_n = \frac{n+1}{2^{n-1}}$, convergente con somma 2. **21** [c]. **22** $x \in (-\infty, 0)\cup(1, +\infty)$; $S(x) = (\sum_{n=0}^{+\infty} a_n) - a_0 - a_1 = \frac{1}{1-\frac{x+1}{x^2+1}} - 1 - \frac{x+1}{x^2+1} = \frac{(x+1)^2}{x(x^2+1)(x-1)}$, infinitesimo di ordine 2. **23** (a): $\sum_{n=0}^{+\infty}\frac{1}{2n+1}$, divergente; (b): $\sum_{n=0}^{+\infty}\frac{e^n}{n!}$, convergente; (c): $\sum_{n=0}^{+\infty}\left(\frac{2}{3}\right)^n$, convergente; (d): $\sum_{n=2}^{+\infty}\frac{1}{\sqrt{n}\log n}$, divergente. **24** [b]. **25** Tutte convergenti. **26** [d]. **27** Convergenti: (a), (b), (c), (d), (f), (h), (l), (n), (o), (q), (r), (s); divergenti le altre. **28** (a) $k > \frac{3}{4}$; (b) $k \in \mathbb{R}$; (c) $k > 1$; (d) $k > 0$. **29** Diverge, perché $a_n \asymp \frac{\log n}{n}$. **30** [c]. **31** [d]. **32** (a), (b), (c), (d): a segno alternato e convergenti; (e) a segno alternato se $x > 0$, a termini non negativi per $x \leq 0$, convergente per $-1 < x < 1$. **33** [c]. **34** L'approssimazione richiesta è data dalla somma parziale S_{n_0}, ove: (a) $n_0 = 31$; (b) $n_0 = 809$; (c) $n_0 = 1499$. **35** (a) converge assolutamente per $k \in \left[0, \frac{3+\sqrt{5}}{2}\right)$, è irregolare per $k = \frac{3+\sqrt{5}}{2}$, negli altri casi diverge; (b) converge assolutamente per $-1 < k < 1$, semplicemente per $k = -1$, diverge negli altri casi; (c) converge se $k \geq 1$, diverge a $+\infty$ se $k < 1$; (d) converge se $k < 0$, diverge a $+\infty$ se $k \geq 0$; (e) converge assolutamente se $k < 1$ o $k > 2$, converge semplicemente se $k = 2$, diverge se $1 \leq k < 2$, $k \neq \frac{3}{2}$; (f) converge assolutamente se $k \geq 1$, diverge se $k < 1$. **36** (a) $r = 5$; (b) $r = 1$.

Test Capitolo 2

1) $\displaystyle\sum_{n=0}^{+\infty} \frac{1+3^{n+2}}{5^n} =$ $\boxed{a}$ $\frac{95}{4}$; $\boxed{b}$ $\frac{4}{5}$; $\boxed{c}$ $+\infty$; $\boxed{d}$ nessuna delle altre tre risposte è giusta.

2) Quale delle seguenti affermazioni è corretta?

$\boxed{a}$ $\sum_{n=0}^{+\infty} a_n$ convergente $\Rightarrow \exists k \in I\!N : \sum_{n=0}^{+\infty} n^k a_n$ divergente;

$\boxed{b}$ $\sum_{n=0}^{+\infty} a_n$ divergente $\Rightarrow \exists k \in I\!N : \sum_{n=1}^{+\infty} n^{-k} a_n$ convergente;

$\boxed{c}$ $\sum_{n=0}^{+\infty} a_n$ convergente $\Rightarrow \sum_{n=0}^{+\infty} (a_n)^2$ convergente;

$\boxed{d}$ nessuna delle tre.

3) Sia $\displaystyle\sum_{n=0}^{+\infty} a_n$ una serie a termini positivi, convergente; allora la serie $\displaystyle\sum_{n=0}^{+\infty}(-1)^n a_n$

$\boxed{a}$ diverge; $\boxed{b}$ converge assolutamente; $\boxed{c}$ converge semplicemente, ma non assolutamente; $\boxed{d}$ converge solo se $a_n \geq a_{n+1}$ $\forall n$.

4) Sia $\sum_{n=1}^{+\infty} a_n$ una serie a termini positivi; quale delle seguenti affermazioni è corretta?

$\boxed{a}$ $a_n < \frac{1}{n}$ $\forall n$ $\Rightarrow \sum_{n=1}^{+\infty} a_n$ convergente;

$\boxed{b}$ $\sum_{n=1}^{+\infty} a_n$ convergente $\Rightarrow a_n \leq \frac{1}{n}$, definitivamente per $n \to +\infty$;

$\boxed{c}$ $a_n \geq \frac{1}{n}$ $\forall n$ $\Rightarrow \sum_{n=1}^{+\infty} a_n$ divergente;

$\boxed{d}$ $\sqrt[n]{a_n} < 1$ $\forall n$ $\Rightarrow \sum_{n=1}^{+\infty} a_n$ convergente.

5) La serie $\displaystyle\sum_{n=2}^{+\infty} (-1)^n \frac{\log n}{n+(-1)^n\sqrt{n}}$

$\boxed{a}$ converge assolutamente;

$\boxed{b}$ converge semplicemente, ma non assolutamente;

$\boxed{c}$ diverge;

$\boxed{d}$ soddisfa le ipotesi del criterio di Leibniz.

3

Integrali

1 - Introduzione – "misurare" e "andar per la tangente"

Uno dei primi problemi che l'uomo ha dovuto afffrontare è quello della *misura*: la lunghezza di una linea, l'area di un terreno, il volume di un oggetto, ...
Molte risposte furono trovate già dagli antichi Greci (Archimede, Ippocrate, etc.). Si trattava però sempre di casi specifici, non c'era una regola universale.
Un problema molto successivo (e, all'apparenza, solo per specialisti), è quello di determinare la tangente ad una linea; nel XVII secolo, Fermat, Newton, Leibniz, ed altri, lo risolvono, con il *calcolo differenziale*. In contemporanea, si presenta il problema *inverso* della derivazione: determinare una linea, della quale sia assegnato, in ogni punto, il coefficiente angolare della tangente. Anche in questo caso, furono trovate molte risposte, ma non la soluzione definitiva.
Misurare e *andar per la tangente*: due problemi all'apparenza completamente scollegati. E invece no. Nel XIX secolo, Cauchy, Riemann, ed altri, svilupparono la teoria dell'integrazione, che mostra come questi due problemi siano in realtà le due facce di una stessa medaglia e, così facendo, si arriva alla soluzione completa di entrambi.
Nei paragrafi 2,3,4, descriviamo il problema della misura (*integrazione definita*); in 5, il problema inverso della derivazione (*integrazione indefinita*); in 6, il magico incontro tra i due (il *teorema fondamentale del calcolo integrale*); nei paragrafi successivi, tutto quel che ne consegue ...

2 - L'integrale definito di Riemann

Consideriamo un intervallo $I = [a, b]$ della retta reale ed una funzione $f : I \to I\!R$, limitata (esistano cioè due numeri m e M tali che $m \leq f(x) \leq M \ \forall x \in I$). Supponiamo, solo per il momento, che f sia non negativa ($f(x) \geq 0 \ \forall x \in I$).

Tra l'asse delle ascisse, le rette $x = a$ e $x = b$, ed il grafico della funzione, è individuata una regione limitata del piano, detta *trapezioide* (perché assomiglia ad un trapezio, ma con un lato *curvo*), che indicheremo con $\mathcal{T}$ (v. figure 3.1,2,3):

$$\mathcal{T} := \{(x,y) \in I\!R^2 : x \in I, 0 \le y \le f(x)\}$$

Vogliamo (cercare di) determinare l'*area* di $\mathcal{T}$.

Vediamo alcuni casi particolari, nei quali la risposta al problema ci viene dalla geometria elementare (v.figure 3.1,2):

Esempio 3.1 - f *costante* oppure *costante a tratti*:

$$f(x) = c \;\forall x \in I \quad \text{oppure} \quad f(x) = \begin{cases} c_1 & \text{se } a \le x < x_1 \\ c_2 & \text{se } x_1 \le x < x_2 \\ \dots & \dots \\ c_n & \text{se } x_{n-1} \le x \le b \end{cases}$$

La regione $\mathcal{T}$ è allora un *rettangolo* oppure un *plurirettangolo*; per il calcolo della sua area basta quindi ricordarsi la formula dell'area del rettangolo (base per altezza):

area $= c(b-a)$ oppure

area $= c_1(x_1 - a) + c_2(x_2 - x_1) + \cdots + c_n(b - x_{n-1}) = \sum_{i=1}^{n} c_i \Delta x_i$

(nell'ultima espressione, si è posto $x_0 = a$, $x_n = b$ e $\Delta x_i = x_i - x_{i-1}$).

Figura 3.1

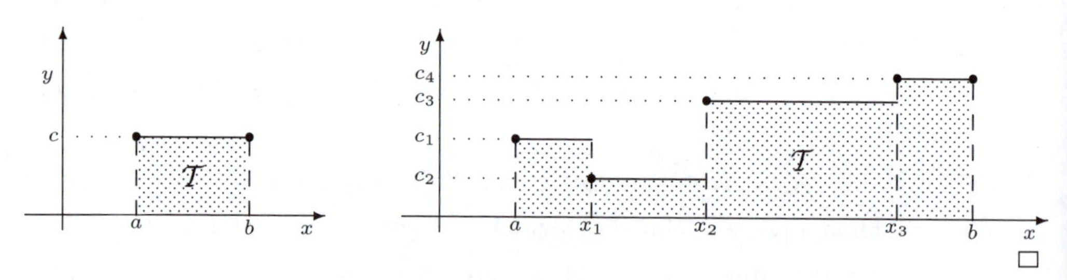

□

Esempio 3.2 - f *lineare*, cioè $f(x) = mx + q$; in questo caso, $\mathcal{T}$ è un vero e proprio trapezio, la cui area è quindi data da: somma delle basi, per altezza, diviso due; le basi sono $ma + q$ e $mb + q$, l'altezza è $b - a$, quindi:

$$\text{area} = \frac{1}{2}\left[(ma + q + mb + q)(b - a)\right] = \frac{m}{2}(b^2 - a^2) + q(b - a)$$

Figura 3.2

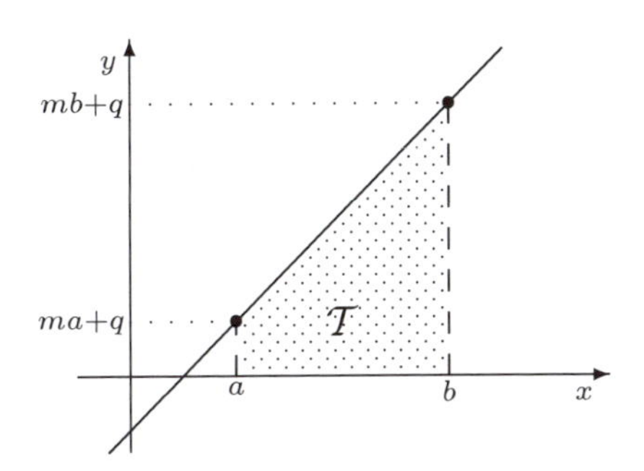

□

E quando la regione $\mathcal{T}$ è delimitata non da segmenti, ma da curve? In alcuni casi particolari, la risposta fu trovata già nei tempi antichi (ad esempio, Archimede determinò l'area della regione delimitata dalla parabola), ma, in generale, come fare?

L'*idea* è quella di racchiudere la regione $\mathcal{T}$ tra due regioni di cui si sappia calcolare l'area, una più piccola, interna, ed una più grande, esterna, in modo da ottenere approssimazioni per difetto e per eccesso dell'area di $\mathcal{T}$; per far ciò, si utilizzano i plurirettangoli.

Diamo ora le definizioni in generale (valide anche per funzioni che cambiano segno); si consiglia di tener sott'occhio la figura 3.3.

Definizione 3.1 - *Dato un intervallo limitato $I = [a, b]$, si dice **partizione** (o **suddivisione**) **di** I un insieme finito $\{x_0, x_1, \ldots, x_n\}$ di punti appartenenti ad I e tali che $a = x_0 < x_1 < \cdots < x_{n-1} < x_n = b$.*

Una tale partizione viene indicata con $\mathcal{P}(x_0, \ldots, x_n)$.

Una partizione divide l'intervallo I in n sottointervalli; si indica con Δx_i, l'ampiezza dell'i-esimo sottointervallo $[x_{i-1}, x_i]$, cioè $\Delta x_i := x_i - x_{i-1}$.

Si chiama **ampiezza** della partizione $\mathcal{P}$, e si indica con $|\mathcal{P}|$, la più grande delle ampiezze dei sottointervalli, cioè $|\mathcal{P}| = \max\limits_{i=1,\ldots,n} \Delta x_i = \max\limits_{i=1,\ldots,n} (x_i - x_{i-1})$.

I punti x_i servono per individuare le basi dei rettangoli; occorre ora fissare le altezze, in modo da ottenere due plurirettangoli tra i quali sia compresa la regione $\mathcal{T}$. Fissando l'attenzione sul singolo intervallino $[x_{i-1}, x_i]$, si comprende come, per ottenere questo risultato, occorra considerare l'estremo superiore e l'estremo inferiore dei valori assunti da f (occorre considerare sup e inf, poiché non è garantita l'esistenza di max e min, dato che f può non essere continua).

Definizione 3.2 - *Data una funzione* $f : I = [a,b] \to \mathbb{R}$, *limitata, ed una partizione* $\mathcal{P}(x_0, x_1, \ldots, x_n)$ *di* I, *siano*
$M_i := \sup\{f(x) : x_{i-1} \le x \le x_i\}$, $m_i := \inf\{f(x) : x_{i-1} \le x \le x_i\}$, $1 \le i \le n$.

$S(\mathcal{P}, f) := \sum_{i=1}^{n} M_i \Delta x_i$ *è detta* **somma superiore di f relativa a $\mathcal{P}$.**

$s(\mathcal{P}, f) := \sum_{i=1}^{n} m_i \Delta x_i$ *è detta* **somma inferiore di f relativa a $\mathcal{P}$.**

Osservazione - Data una funzione limitata in I ed una partizione di I, la somma superiore e la somma inferiore esistono sempre e sono numeri reali (positivi, nulli o negativi); se f è non negativa, allora si ottengono numeri non negativi, il cui significato geometrico è l'area del plurirettangolo circoscritto / inscritto al trapezioide $\mathcal{T}$ (se f assume anche valori negativi, allora alcuni M_i e m_i sono negativi e i plurirettangoli stanno un po' sopra e un po' sotto l'asse delle ascisse; in questo caso, l'addendo $M_i/m_i \Delta x_i$ non è più l'area del rettangolino, ma il suo opposto).

Figura 3.3

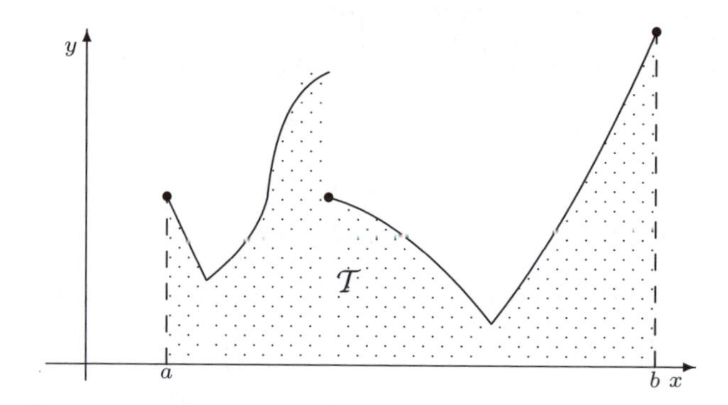

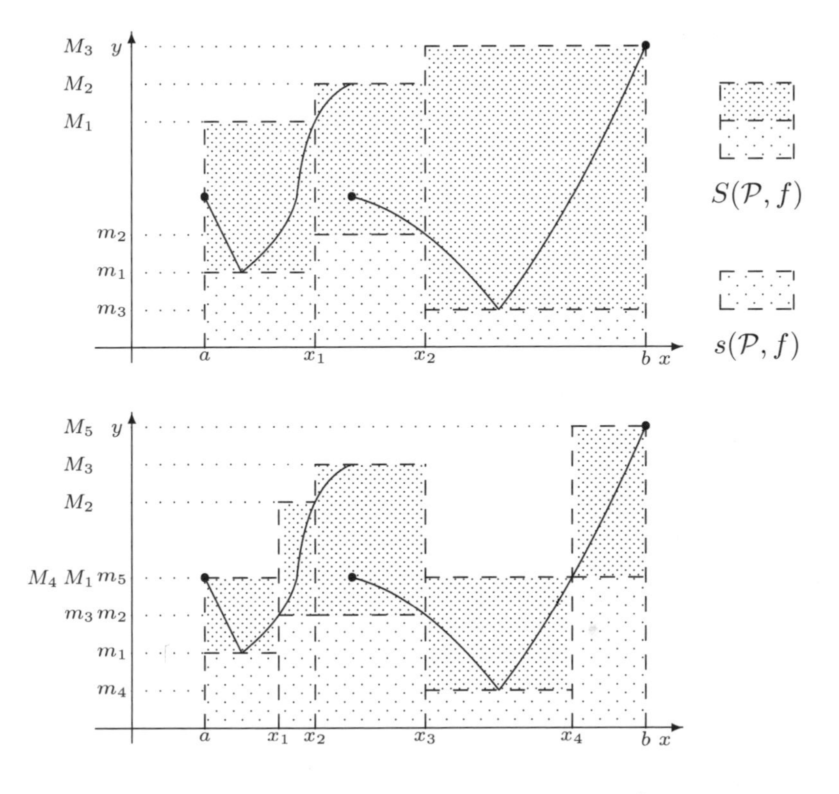

□

Esempio 3.3 - Consideriamo la funzione $f(x) = x^2$ nell'intervallo $I = [0,1]$ e una *equipartizione* di I (cioè una suddivisione di I in n sottointervalli di uguale ampiezza):

$f(x)=x^2$, $I=[0,1]$, $\mathcal{P}_n=\{x_0, x_1, \ldots, x_{n-1}, x_n\}=\{0, \frac{1}{n}, \ldots, \frac{n-1}{n}, 1\}$, $\Delta x_i = \frac{1}{n}$.

La funzione è strettamente crescente in I, quindi

$m_i=\inf\{f(x) : \frac{i-1}{n} \leq x \leq \frac{i}{n}\}=\left(\frac{i-1}{n}\right)^2, M_i=\sup\{f(x) : \frac{i-1}{n} \leq x \leq \frac{i}{n}\}=\left(\frac{i}{n}\right)^2.$

Somma inferiore e somma superiore sono pertanto:

$$s(\mathcal{P}_n, f) = \sum_{i=1}^{n} \left(\frac{i-1}{n}\right)^2 \frac{1}{n} = \frac{1}{n^3} \sum_{i=1}^{n} (i-1)^2 = \frac{1}{n^3} \sum_{i=1}^{n-1} i^2 = \frac{(n-1)n(2n-1)}{6n^3} \; ;$$

$$S(\mathcal{P}_n, f) = \sum_{i=1}^{n} \left(\frac{i}{n}\right)^2 \frac{1}{n} = \frac{1}{n^3} \sum_{i=1}^{n} i^2 = \frac{n(n+1)(2n+1)}{6n^3} \; ;$$

(nell'ultima uguaglianza di ogni riga, si è utilizzata la formula per la somma dei quadrati dei numeri naturali, $\sum_{i=1}^{n} i^2 = \frac{n(n+1)(2n+1)}{6}$, che si dimostra per induzione).

□

Posto $m := \inf\{f(x) : a \le x \le b\}$ e $M := \sup\{f(x) : a \le x \le b\}$, segue, dalla definizione di m_i e M_i, che $m \le m_i \le M_i \le M$, per ogni i; pertanto vale

$$m(b-a) = \sum_{i=1}^{n} m\Delta x_i \le \sum_{i=1}^{n} m_i \Delta x_i \le \sum_{i=1}^{n} M_i \Delta x_i \le \sum_{i=1}^{n} M\Delta x_i = M(b-a)$$

e quindi $m(b-a) \le s(\mathcal{P}, f) \le S(\mathcal{P}, f) \le M(b-a)$ per ogni partizione $\mathcal{P}$.

L'idea è ora quella di considerare plurirettangoli circoscritti ed iscritti, *più vicini* al trapezioide, in modo che le loro aree approssimino sempre meglio la sua area, per eccesso e per difetto. Tenendo sott'occhio la figura 3.3, si intuisce che questo si può ottenere *infittendo* i punti x_i che suddividono l'intervallo di partenza in tanti sottointervalli.

Definizione 3.3 - *Dato un intervallo $[a, b]$, una partizione $\mathcal{P}$ si dice **più fine** di una partizione $\tilde{\mathcal{P}}$ se $\mathcal{P}$ possiede anche un solo punto in più di $\tilde{\mathcal{P}}$ (cioè se, come insiemi di punti, $\tilde{\mathcal{P}} \subset \mathcal{P}$).*

Ad esempio, per l'intervallo $[0, 1]$, la partizione $\mathcal{P} = \{0, \frac{1}{4}, \frac{1}{3}, \frac{1}{2}, \frac{4}{5}, 1\}$ è più fine della partizione $\tilde{\mathcal{P}} = \{0, \frac{1}{3}, \frac{4}{5}, 1\}$. Invece, le partizioni $\mathcal{P} = \{0, \frac{1}{4}, \frac{1}{2}, \frac{3}{4}, 1\}$ e $\tilde{\mathcal{P}} = \{0, \frac{1}{3}, \frac{2}{3}, 1\}$ non sono confrontabili (nessuna delle due è più fine dell'altra).

Come si è visto, *fissata* una partizione $\mathcal{P}$, vale $s(\mathcal{P}, f) \le S(\mathcal{P}, f)$; si dimostra un risultato molto più forte:

Teorema 3.4 - *Per ogni funzione $f : [a, b] \to \mathbb{R}$, limitata, vale*

$$\sup s(\mathcal{P}, f) \le \inf S(\mathcal{P}, f)$$

ove sup *e* inf *sono presi al variare di tutte le partizioni di $[a, b]$.*

Dimostriamo che, per due *qualsiasi* partizioni di $[a, b]$, vale $s(\tilde{\mathcal{P}}, f) \le S(\mathcal{P}, f)$. Dapprima, supponiamo che $\mathcal{P}$ sia più fine di $\tilde{\mathcal{P}}$; la figura 3.3 evidenzia come, *raffinando* una partizione, la somma inferiore non diminuisca e la somma superiore non aumenti, cioè:

$$\mathcal{P} \text{ più fine di } \tilde{\mathcal{P}} \quad \Rightarrow \quad \begin{array}{l} s(\tilde{\mathcal{P}}, f) \le s(\mathcal{P}, f) \\ S(\tilde{\mathcal{P}}, f) \ge S(\mathcal{P}, f) \end{array}$$

e quindi $s(\tilde{\mathcal{P}}, f) \le S(\mathcal{P}, f)$ (tralasciamo i dettagli della dimostrazione).

Consideriamo ora due *generiche* partizioni di $[a, b]$, $\mathcal{P}$ e $\tilde{\mathcal{P}}$ (non occorre quindi che una delle due sia più fine dell'altra), e dimostriamo che vale ancora $s(\tilde{\mathcal{P}}, f) \le S(\mathcal{P}, f)$.

Il trucco per dimostrarlo consiste nel considerare la partizione $\mathcal{P} \cup \tilde{\mathcal{P}}$, data dall'unione insiemistica delle due, che risulta quindi più fine di entrambe (dato che contiene tutti i loro punti); si ha allora questa catena di disuguaglianze:

$$s(\tilde{\mathcal{P}}, f) \leq s(\mathcal{P} \cup \tilde{\mathcal{P}}, f) \leq S(\mathcal{P} \cup \tilde{\mathcal{P}}, f) \leq S(\mathcal{P}, f);$$

dalla disuguaglianza $s(\tilde{\mathcal{P}}, f) \leq S(\mathcal{P}, f) \quad \forall \mathcal{P}, \tilde{\mathcal{P}}$, segue la tesi, considerando l'estremo superiore, a sinistra, e l'estremo inferiore, a destra.

Sempre riferendoci al caso di f non negativa (v. figura 3.3), è evidente come la (cercata) area di $\mathcal{T}$ sia *compresa* tra $\sup s(\mathcal{P}, f)$ e $\inf S(\mathcal{P}, f)$; a questo punto, i casi sono due:

$$\sup s(\mathcal{P}, f) = \inf S(\mathcal{P}, f) \qquad \text{oppure} \qquad \sup s(\mathcal{P}, f) < \inf S(\mathcal{P}, f) \ .$$

Nel primo caso, l'area di $\mathcal{T}$ è proprio il valore comune $\sup s(\mathcal{P}, f) = \inf S(\mathcal{P}, f)$; si è così risolto il problema della *misura* di $\mathcal{T}$.

Nel secondo caso, invece, non si può dire quale sia l'area di $\mathcal{T}$ perché esistono *infiniti* valori tra $\sup s(\mathcal{P}, f)$ e $\inf S(\mathcal{P}, f)$, e non si sa quale scegliere; non si è quindi riusciti a *misurare* $\mathcal{T}$.

Siamo così portati alla seguente

Definizione 3.5 - *Una funzione $f : [a, b] \to \mathbb{R}$, limitata, si dice* ***integrabile secondo Riemann*** *(in breve, $\mathcal{R}$-integrabile) se $\sup s(\mathcal{P}, f) = \inf S(\mathcal{P}, f)$. In tal caso, si pone $\int_a^b f(x)dx := \sup s(\mathcal{P}, f) = \inf S(\mathcal{P}, f)$; questo numero reale (positivo, nullo o negativo) si dice* ***integrale definito di Riemann di f in*** *$[a, b]$; $I = [a, b]$ si dice* ***dominio di integrazione****, f si dice* ***funzione integranda****. Si utilizzano anche le notazioni $\int_I f(x)dx$ o $\int_a^b f$.*

Osservazione - significato geometrico dell'integrale definito

◇ Se f è non negativa e $\mathcal{R}$-integrabile in I, allora $\int_I f$ è l'*area* del trapezioide $\mathcal{T} = \{(x, y) \in \mathbb{R}^2 : x \in I, 0 \leq y \leq f(x)\}$.

◇ Se f è non positiva e $\mathcal{R}$-integrabile in I, allora $\int_I f$ è l'*opposto dell'area* del trapezioide $\mathcal{T} = \{(x, y) \in \mathbb{R}^2 : x \in I, f(x) \leq y \leq 0\}$.

◇ Se f, $\mathcal{R}$-integrabile in I, cambia segno in I, allora la regione delimitata dal grafico di f e dall'asse x è un po' sopra e un po' sotto l'asse e si perde quindi il significato geometrico di $\int_I f$; se f cambia segno un numero finito di volte, è però ancora possibile misurare la regione, dividendola nelle parti *sopra* l'asse (ove l'area coincide con l'integrale) e in quelle *sotto* l'asse (ove l'area coincide con l'opposto dell'integrale); in questo caso, $\int_I f$ è la differenza tra l'area delle regioni sopra l'asse x e l'area delle regioni sotto l'asse x.

Esempio 3.4 - Esempio di funzione $\mathcal{R}$-integrabile. Se f è una funzione costante, o costante a tratti, allora, considerando la partizione $\mathcal{P}$ data proprio dai punti x_i ove la funzione cambia valore, si ottiene $s(\mathcal{P}, f) = S(\mathcal{P}, f) = \sum_{i=1}^n c_i \Delta x_i$ e quindi $\sup s(\mathcal{P}, f) = \inf S(\mathcal{P}, f) = \sum_{i=1}^n c_i \Delta x_i = \int_a^b f(x)dx$; pertanto le funzioni costanti o costanti a tratti, sono $\mathcal{R}$-integrabili. □

Esempio 3.5 - Esempio di funzione non $\mathcal{R}$-integrabile.

Sia f così definita: $f(x) = \begin{cases} 1 & \text{se } x \in \mathbb{Q} \\ 0 & \text{se } x \in \mathbb{R} \setminus \mathbb{Q} \end{cases}$.

Come noto, sia i numeri razionali, sia i numeri irrazionali, sono densi nell'insieme dei numeri reali; in altre parole, in un qualsiasi intervallino (anche piccolissimo) cadono sia punti razionali (ove f vale 1), sia punti irrazionali (ove f vale 0); non è quindi possibile *disegnare* il grafico di f, poiché $f(x)$ continua a saltare tra lo zero e l'uno. Dato un qualsiasi intervallo $[a, b]$ ed una qualsiasi sua partizione $\mathcal{P}$, si ha $m_i = 0$, $M_i = 1$ e quindi $s(\mathcal{P}, f) = 0$, $S(\mathcal{P}, f) = 1 \sum_{i=1}^n \Delta x_i = b - a$; pertanto $0 = \sup s(\mathcal{P}, f) < b - a = \inf S(\mathcal{P}, f)$. Questa funzione, detta **funzione di Dirichlet**, risulta quindi *non* $\mathcal{R}$-integrabile, in qualsiasi intervallo $[a, b]$.

Questa strana funzione fu introdotta da Dirichlet nel 1837 proprio per svincolarsi dal vecchio concetto di funzione, che fino ad allora comprendeva solo i casi in cui il grafico era abbastanza regolare. Dirichlet propose una definizione molto generale di funzione, come corrispondenza che associa ad ogni x una ed una sola y. Questa definizione di funzione è molto utile in Matematica (ed infatti, è quella che usiamo tuttora; dobbiamo però accettare anche funzioni strampalate come quella dell'esempio). □

3 - Quali funzioni sono Riemann integrabili?

Dapprima, enunciamo la seguente caratterizzazione delle funzioni $\mathcal{R}$-integrabili, che discende direttamente dalla definizione:

Teorema 3.6 - *Una funzione $f : [a,b] \to I\!R$, limitata, è $\mathcal{R}$-integrabile in $[a,b]$ se e solo se, fissato comunque ε positivo, esiste una partizione $\mathcal{P}_\varepsilon$ di $[a,b]$ tale che $S(\mathcal{P}_\varepsilon, f) - s(\mathcal{P}_\varepsilon, f) < \varepsilon$.*

Dimostriamo solo la parte *se*, la più interessante. Dalla definizione di sup e di inf, segue $\sup s(\mathcal{P}, f) \geq s(\mathcal{P}_\varepsilon, f)$ e $\inf S(\mathcal{P}, f) \leq S(\mathcal{P}_\varepsilon, f)$ e quindi $0 \leq \inf S(\mathcal{P}, f) - \sup s(\mathcal{P}, f) \leq S(\mathcal{P}_\varepsilon, f) - s(\mathcal{P}_\varepsilon, f) < \varepsilon$. Poiché ε è arbitrario, segue che $\inf S(\mathcal{P}, f) - \sup s(\mathcal{P}, f) = 0$ e quindi f è $\mathcal{R}$-integrabile.

Esempio 3.6 - Riprendiamo l'esempio 3.3 della funzione $f(x) = x^2$ in $[0,1]$; considerata l'equipartizione $\mathcal{P}_n$, si ha

$$S(\mathcal{P}_n, f) - s(\mathcal{P}_n, f) = \frac{n(n+1)(2n+1) - (n-1)n(2n-1)}{6n^3} = \frac{6n^2}{6n^3} = \frac{1}{n};$$

pertanto, fissato comunque $\varepsilon > 0$, basta prendere una partizione $\mathcal{P}_n$ associata ad un intero $n > \frac{1}{\varepsilon}$ (cioè, una partizione *abbastanza fine*), e si ha $S(\mathcal{P}_n, f) - s(\mathcal{P}_n, f) = \frac{1}{n} < \varepsilon$ e quindi la funzione $f(x) = x^2$ è $\mathcal{R}$-integrabile in $[0,1]$.
Per il valore dell'integrale, abbiamo:

$$\left.\begin{array}{l} \sup\limits_n s(\mathcal{P}_n, f) = \sup\limits_n \dfrac{(n-1)n(2n-1)}{6n^3} = \dfrac{1}{3} \\ \inf\limits_n S(\mathcal{P}_n, f) = \inf\limits_n \dfrac{n(n+1)(2n+1)}{6n^3} = \dfrac{1}{3} \end{array}\right\} \quad \Rightarrow \quad \int_0^1 x^2 dx = \frac{1}{3}$$

Si è così scoperto che la regione tra la parabola, l'asse delle x e le rette $x=0$ e $x=1$ misura $\frac{1}{3}$; questo (ed altri) risultati furono trovati da Archimede con il metodo di esaustione (antenato del calcolo integrale). □

Abbiamo visto *tanti* esempi di funzioni $\mathcal{R}$-integrabili (funzioni costanti, costanti a tratti, la parabola) ed *un solo* esempio di funzione non $\mathcal{R}$-integrabile. Il fatto che l'esempio di funzione non $\mathcal{R}$-integrabile sia decisamente fuori dal comune fa sospettare che la maggior parte delle funzioni siano $\mathcal{R}$-integrabili; in questo paragrafo dimostreremo che è proprio così.
Esistono due ampie classi di funzioni $\mathcal{R}$-integrabili: le funzioni continue e le funzioni monotone; vedremo poi che anche funzioni *non troppo* discontinue sono anch'esse $\mathcal{R}$-integrabili.

Teorema 3.7 - *Sia $f : [a,b] \to I\!R$, continua; allora f è $\mathcal{R}$-integrabile.*

Ricordiamo che una funzione continua, definita su un insieme chiuso e limitato (come è l'intervallo $[a, b]$) *ammette massimo e minimo* (per il teorema di Weierstrass) ed è *uniformemente continua* (per il teorema di Cantor-Heine).
Fissato un qualsiasi ε positivo, segue, dall'uniforme continuità di f, che esiste δ positivo tale che, *comunque scelti* $t_1, t_2 \in [a, b]$ con $|t_1 - t_2| < \delta$, si abbia $|f(t_1) - f(t_2)| < \frac{\varepsilon}{b-a}$.
Sia ora $\mathcal{P}$ una partizione di $[a, b]$ con ampiezza minore di δ. In ogni sottointervallo $[x_{i-1}, x_i]$, f, essendo continua, ammette massimo M_i e minimo m_i, in corrispondenza di certi punti di massimo e di minimo; indichiamo con a_i un punto di massimo e con b_i un punto di minimo di f in $[x_{i-1}, x_i]$ (quindi $f(a_i) = M_i$, $f(b_i) = m_i$). Si ha, per una tale partizione:

$$S(\mathcal{P}, f) - s(\mathcal{P}, f) = \sum_{i=1}^{n} (M_i - m_i)\Delta x_i = \sum_{i=1}^{n} (f(a_i) - f(b_i))\,\Delta x_i;$$

ora utilizziamo il fatto che $f(a_i) - f(b_i) < \frac{\varepsilon}{b-a}$ (poiché a_i e b_i distano meno di δ, in quanto appartengono al sottointervallo $[x_{i-1}, x_i]$, di ampiezza $\Delta x_i < \delta$):

$$\sum_{i=1}^{n} (f(a_i) - f(b_i))\Delta x_i < \sum_{i=1}^{n} \frac{\varepsilon}{b-a}\Delta x_i = \frac{\varepsilon}{b-a}\sum_{i=1}^{n} \Delta x_i = \frac{\varepsilon}{b-a} \cdot (b-a) = \varepsilon.$$

Si ha quindi $S(\mathcal{P}, f) - s(\mathcal{P}, f) < \varepsilon$ e la tesi, dal teorema 3.6.

Teorema 3.8 - *Sia* $f : [a, b] \to \mathbb{R}$, *monotona; allora* f *è* $\mathcal{R}$*-integrabile.*

Supponiamo che f sia non decrescente, cioè $x_1 < x_2 \Rightarrow f(x_1) \leq f(x_2)$; f è allora certamente limitata, perché $f(a) \leq f(x) \leq f(b)$ $\forall x \in [a, b]$. Fissata una partizione $\mathcal{P}$ ed un suo sottointervallo $[x_{i-1}, x_i]$, allora, dal fatto che f è non decrescente, segue che f assume minimo nell'estremo di sinistra x_{i-1} e massimo nell'estremo di destra x_i, cioè $m_i = f(x_{i-1})$ e $M_i = f(x_i)$;

pertanto $\begin{cases} s(\mathcal{P}, f) = \sum_{i=1}^{n} m_i \Delta x_i = \sum_{i=1}^{n} f(x_{i-1})\Delta x_i \\ S(\mathcal{P}, f) = \sum_{i=1}^{n} M_i \Delta x_i = \sum_{i=1}^{n} f(x_i)\Delta x_i \end{cases}$ e quindi

$$S(\mathcal{P}, f) - s(\mathcal{P}, f) = \sum_{i=1}^{n} [f(x_i) - f(x_{i-1})] \underbrace{\Delta x_i}_{\leq|\mathcal{P}|} \leq |\mathcal{P}| \sum_{i=1}^{n} [f(x_i) - f(x_{i-1})] =$$

$$= |\mathcal{P}| \left[(f(x_1) - f(a)) + (f(x_2) - f(x_1)) + \cdots + (f(b) - f(x_{n-1}))\right] =$$
$$= |\mathcal{P}| \left[f(b) - f(a)\right];$$

dato ora un qualsiasi $\varepsilon > 0$, si consideri una partizione $\mathcal{P}$ di ampiezza abbastanza piccola, cioè tale che $|\mathcal{P}| < \frac{\varepsilon}{f(b)-f(a)}$; vale allora

$S(\mathcal{P}, f) - s(\mathcal{P}, f) < \dfrac{\varepsilon}{f(b) - f(a)} \cdot (f(b) - f(a)) = \varepsilon$ e la tesi (teo. 3.6).

Osservazione - È importante notare che questi due teoremi costituiscono condizioni *sufficienti*, ma *non necessarie*, affinché una funzione sia $\mathcal{R}$-integrabile; in altre parole, una funzione può essere integrabile anche se non è continua né monotona; ad esempio, una funzione costante a tratti, come quella della figura 3.1, non è né continua, né monotona, eppure è $\mathcal{R}$-integrabile.

Per arrivare ad una classe di funzioni $\mathcal{R}$-integrabili, molto più ampia della classe delle funzioni continue e/o monotone, è utile ricordare la seguente proprietà delle funzioni monotone:
Sia $f : [a, b] \to \mathbb{R}$, *monotona; allora* f *ha al più un'infinità numerabile di punti di discontinuità (e questi sono di prima specie, o, solo nel caso di* $x = a$, $x = b$, *eliminabili).*
A questo punto, sappiamo quindi che una funzione monotona è $\mathcal{R}$-integrabile e, d'altra parte, può avere anche un'infinità numerabile di punti di discontinuità. Pertanto, non ci stupisce che valga il seguente teorema (di cui tralasciamo la dimostrazione):

Teorema 3.9 - *Sia* $f : [a, b] \to \mathbb{R}$, *limitata, con al più un'infinità numerabile di punti di discontinuità. Allora* f *è* $\mathcal{R}$*-integrabile in* $[a, b]$.

Osservazione -
◇ Il teorema 3.9 comprende, come casi particolari, i due teoremi precedenti.
◇ La funzione di Dirichlet è discontinua in *ogni* punto x_0, perché non esiste $\lim_{x \to x_0} f(x)$; ad essa quindi non si può applicare il teorema 3.9.
◇ Grazie al teorema 3.9, possiamo concludere che *quasi tutte* le funzioni limitate sono $\mathcal{R}$-integrabili (le altre, sono veri e propri *casi patologici*). In particolare, le **funzioni elementari**, essendo continue, sono $\mathcal{R}$-integrabili in ogni intervallo chiuso e limitato contenuto nel loro campo d'esistenza; ad esempio, la funzione $f(x) = \frac{\log x + e^{\sqrt{x+1}} - \sin x}{x-2}$ è $\mathcal{R}$-integrabile in ogni intervallo $[a, b]$ tale che $0 < a < b < 2$, oppure $2 < a < b$.

◇ Restano escluse, almeno per ora, le funzioni *illimitate*; ne riparleremo nel paragrafo 8 sugli integrali di Riemann impropri.

4 - Proprietà dell'integrale di Riemann

In questo paragrafo, indicheremo con I il generico intervallo chiuso e limitato $[a,b]$ e con $\mathcal{R}(I)$ l'insieme delle funzioni $\mathcal{R}$-integrabili in I, cioè

$$\mathcal{R}(I) := \{f : I \to I\!R, \text{limitata}, \mathcal{R}\text{−integrabile}\}.$$

Ad ogni funzione $f \in \mathcal{R}(I)$ possiamo quindi associare un *numero*, dato dall'integrale definito di f in I, cioè possiamo considerare l'applicazione (detta *integrazione definita in I*)

$$\boxed{f \in \mathcal{R}(I)} \quad \xrightarrow{\text{integrazione definita di Riemann in } I} \quad \boxed{\int_I f \in I\!R}$$

In questo paragrafo vedremo come si comporta questa applicazione rispetto all'ordinamento, alle operazioni algebriche, al valore assoluto, all'intervallo di integrazione; la risposta sarà: "bene", *con le dovute cautele* (alcune dimostrazioni sono riportate in appendice).

Teorema 3.10 - Teorema del confronto.
Se f è $\mathcal{R}$-integrabile in I ed ivi non negativa, allora $\int_I f \geq 0$.
Se f e g sono $\mathcal{R}$-integrabili in I, e tali che $f(x) \geq g(x)$ $\forall x \in I$, allora $\int_I f \geq \int_I g$.

Osservazione -

◇ A parole, si può dire che *l'integrale definito conserva l'ordinamento.*

◇ È interessante notare che la proprietà di monotonia non vale nel verso contrario, cioè $f \geq 0 \Rightarrow \int_I f \geq 0$, ma $\int_I f \geq 0 \not\Rightarrow f \geq 0$.

Basta considerare la seguente funzione costante a tratti:

Figura 3.4

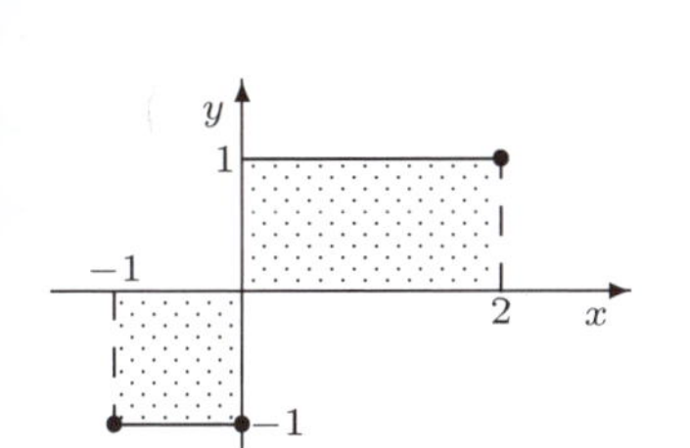

$$f(x) = \begin{cases} -1 & \text{se } -1 \le x \le 0 \\ 1 & \text{se } 0 < x \le 2 \end{cases}$$

$\int_{-1}^{2} f(x)dx = -1 + 2 = 1 > 0, \quad$ ma $f(x) \not\geq 0$.

Date due funzioni f e g, definite in un comune dominio, e due numeri reali α e β, si considera la loro *combinazione lineare* $\alpha f + \beta g$: $(\alpha f + \beta g)(x) := \alpha f(x) + \beta g(x)$.

Teorema 3.11 - Teorema di linearità.
$f, g \in \mathcal{R}(I), \quad \alpha, \beta \in I\!R \;\Rightarrow\; \alpha f + \beta g \in \mathcal{R}(I) \;\wedge\; \int_I (\alpha f + \beta g) = \alpha \int_I f + \beta \int_I g.$

Osservazione -

◇ A parole: se f e g sono $\mathcal{R}$-integrabili, allora anche ogni loro combinazione lineare è $\mathcal{R}$-integrabile ed il valore dell'integrale definito si ottiene *spezzando* l'integrale e portando i fattori scalari all'esterno dell'integrale.

◇ L'insieme $\mathcal{R}(I)$ è quindi uno *spazio vettoriale reale*; l'integrazione definita è un *funzionale lineare*.

Esempio 3.7 - Dall'esempio 3.6, si ha: $\int_0^1 (-5x^2 + 4)dx = -5\int_0^1 x^2 dx + 4\int_0^1 dx = -5\frac{1}{3} + 4 = \frac{7}{3}$. □

L'integrazione si comporta quindi bene rispetto a *somma*, *differenza* e *prodotto per uno scalare*; per considerare anche *prodotto* e *divisione*, occorre premettere il seguente

Teorema 3.12 - *Siano: f una funzione $\mathcal{R}$-integrabile in I e φ una funzione definita e continua in un insieme chiuso e limitato che contenga l'immagine di f; allora la funzione composta $\varphi \circ f$, definita da $(\varphi \circ f)(x) := \varphi(f(x))$ è anch'essa $\mathcal{R}$-integrabile in I.*

A parole: *funzione continua di funzione integrabile è integrabile.*

Come conseguenza di questo teorema, si hanno i seguenti importanti risultati, che enunciamo nel

Teorema 3.13 - *Se f e g sono $\mathcal{R}$-integrabili in I, allora anche le seguenti funzioni sono $\mathcal{R}$-integrabili in I:*

(a) le potenze di f ad esponente intero: $(f(x))^n$;

(b) il prodotto puntuale delle due funzioni f e g: $(fg)(x) := f(x)g(x)$;

(c) il reciproco della funzione f: $\frac{1}{f}(x) := \frac{1}{f(x)}$, **se** *$f$ è discosta dallo zero, cioè se vale $\inf\{|f(x)| : x \in I\} > 0$;*

(d) il rapporto delle due funzioni f e g: $\left(\frac{f}{g}\right)(x) := \frac{f(x)}{g(x)}$, **se** *$g$ è discosta dallo zero, cioè se vale $\inf\{|g(x)| : x \in I\} > 0$;*

(e) le potenze di f ad esponente reale: $(f(x))^\alpha$, nei casi: f non negativa e α positivo, f positiva e discosta dallo zero e α qualsiasi;

(f) la funzione valore assoluto di f: $|f|(x) := |f(x)|$; inoltre vale $\left|\int_I f\right| \leq \int_I |f|$.

Osservazione -

◇ L'ipotesi "f discosta dallo zero" è più forte di "f non nulla" e non è eliminabile; ad esempio: $f(x) = \begin{cases} 1 & \text{se } x = 0 \\ x & \text{se } 0 < x \leq 1 \end{cases}$, $\frac{1}{f}(x) = \begin{cases} 1 & \text{se } x = 0 \\ \frac{1}{x} & \text{se } 0 < x \leq 1 \end{cases}$, f è positiva, ma non discosta dallo zero (infatti, $\inf\{f(x) : 0 \leq x \leq 1\} = 0$); f è $\mathcal{R}$-integrabile in $[0, 1]$, perché limitata e con un unico punto di discontinuità; invece $\frac{1}{f}$, non essendo limitata, non può essere $\mathcal{R}$-integrabile (neppure in senso improprio, come vedremo).

◇ Abbiamo quindi ricavato che non solo somme e differenze di funzioni $\mathcal{R}$-integrabili restano $\mathcal{R}$-integrabili, ma anche prodotti e, con le dovute cautele, reciproci e rapporti. **Attenzione** però: mentre, dal teorema di linearità, segue che l'integrale di una somma o differenza è la somma o differenza degli integrali, *non* valgono assolutamente risultati simili per prodotti e rapporti: l'integrale di un prodotto o rapporto *non* è il prodotto o rapporto degli integrali!

◇ Il teorema di linearità ed il teorema del confronto permettono di concludere che l'integrazione definita $f \longrightarrow \int_I f$ costituisce un *funzionale lineare monotono.*

L'integrale definito di Riemann si comporta *bene* anche rispetto all'intervallo di integrazione $I = [a, b]$; per calcolare $\int_I f$, si può dividere I in due o più parti, calcolare l'integrale definito di f su ognuna di queste parti e poi sommare i risultati ottenuti. Vale infatti il

Teorema 3.14 - Teorema di additività rispetto all'intervallo di integrazione. *Sia $f : [a,b] \to \mathbb{R}$. Allora, per ogni $c \in (a,b)$, si ha che f è $\mathcal{R}$-integrabile in $[a,b]$ se e solo se è $\mathcal{R}$-integrabile in $[a,c]$ e in $[c,b]$; inoltre vale* $\displaystyle\int_a^b f(x)dx = \int_a^c f(x)dx + \int_c^b f(x)dx.$

Questo risultato è utile quando la funzione è definita *a pezzi*, come nel seguente

Esempio 3.8 - $f(x) = \begin{cases} -4x^2 & \text{se } 0 \leq x \leq 1 \\ 5 & \text{se } 1 < x \leq 2 \end{cases}$,

$\int_0^2 f(x)dx = \int_0^1 -4x^2dx + \int_1^2 5dx = -4\frac{1}{3} + 5(2-1) = \frac{11}{3}$. □

L'importante proprietà di cui parleremo adesso (il *Teorema della media integrale*) garantisce che il trapezioide $\mathcal{T}$, nel caso $f \geq 0$, ha la stessa area di un *certo* rettangolo. Come in un rettangolo, area diviso base dà l'altezza, così ora, per il trapezioide, l'area (cioè l'integrale definito), divisa per la base, dà un *surrogato* di altezza (detto *valor medio*).

Definizione 3.15 - *Data una funzione f, $\mathcal{R}$-integrabile in $I = [a,b]$, il numero (positivo, nullo o negativo)* $\displaystyle\frac{1}{b-a}\int_a^b f(x)dx$ *è detto* ***valor medio*** *(o* ***media integrale****)* ***di f in*** $[a,b]$.

Se f è la funzione dell'esempio precedente, allora il suo valor medio in $[0,2]$ è $\frac{1}{2-0}\frac{11}{3} = \frac{11}{6}$.

Teorema 3.16 - Teorema del valor medio (o della media integrale).

(i) Se f è $\mathcal{R}$-integrabile in $[a,b]$, allora il suo valor medio è compreso tra $\inf f$ *e* $\sup f$, *cioè*

$$f \in \mathcal{R}([a,b]) \Rightarrow m \leq \frac{1}{b-a}\int_a^b f(x)dx \leq M, \quad \text{ove} \quad \begin{array}{c} m = \inf\{f(x) : x \in [a,b]\} \\ M = \sup\{f(x) : x \in [a,b]\} \end{array};$$

(ii) se f è continua in $[a,b]$, allora il suo valor medio è un valore effettivamente assunto dalla funzione, cioè:

$$f \in \mathcal{C}^0([a,b]) \;\Rightarrow\; \exists x_0 \in [a,b] : \frac{1}{b-a}\int_a^b f(x)dx = f(x_0).$$

(i) Segue dalla definizione di m e M e dalla proprietà di monotonia:

$$m \leq f(x) \leq M \ \forall x \in [a,b] \quad \Rightarrow \quad \int_a^b m dx \leq \int_a^b f(x)dx \leq \int_a^b M dx \quad \Rightarrow$$

$$\Rightarrow \quad m(b-a) \leq \int_a^b f(x)dx \leq M(b-a)$$

da cui la tesi $m \leq \frac{1}{b-a}\int_a^b f(x)dx \leq M$.

(ii) Se f è continua in $[a,b]$, allora è $\mathcal{R}$-integrabile e quindi il suo valor medio è compreso tra m e M (che ora sono minimo e massimo). Per il *Teorema di Darboux*, una funzione continua su un intervallo assume qualsiasi valore tra m e M, quindi anche il valor medio; pertanto

$$\left.\begin{array}{l} f \in \mathcal{C}^0([a,b] \\ m \leq \dfrac{1}{b-a}\displaystyle\int_a^b f(x)dx \leq M \end{array}\right\} \Rightarrow \exists x_0 \in [a,b] \ : \ \frac{1}{b-a}\int_a^b f(x)dx = f(x_0).$$

Osservazione - Significato geometrico del teorema del valor medio.

Se f è non negativa e continua in $[a,b]$, allora il punto (ii) garantisce l'esistenza di un rettangolo di base $(b-a)$ ed altezza $f(x_0)$, *equivalente* al trapezioide $\mathcal{T}$ (cioè della stessa area).

Se f è solo $\mathcal{R}$-integrabile, ma non continua, può invece capitare che l'altezza del rettangolo equivalente *non* sia un valore effettivamente assunto dalla funzione.

Figura 3.5

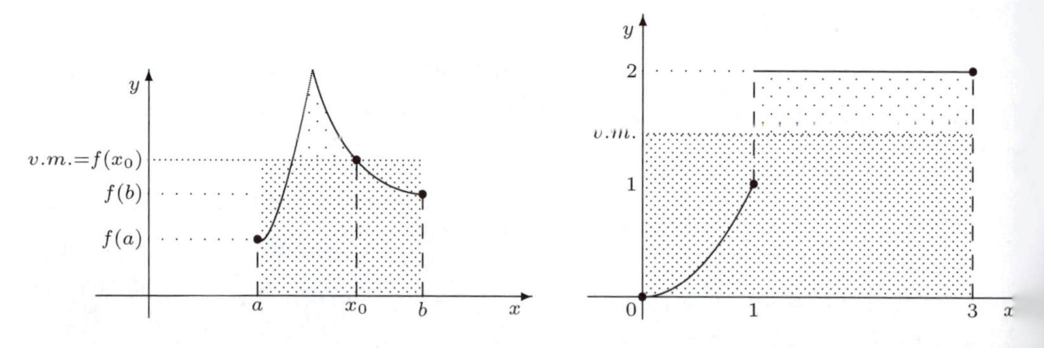

Nella figura di sinistra (f continua) si vede come il valor medio (v.m.) viene *assunto* dalla funzione in un certo x_0; la figura di destra si riferisce invece alla funzione ($\mathcal{R}$-integrabile, ma non continua) $f(x) = \begin{cases} x^2 & \text{se } 0 \leq x \leq 1 \\ 2 & \text{se } 1 < x \leq 3 \end{cases}$, il cui valor medio è $v.m. = \frac{1}{3-0}\int_0^3 f(x)dx = \frac{1}{3}\left(\int_0^1 x^2dx + \int_1^3 2dx\right) = \frac{1}{3}\left(\frac{1}{3}+4\right) = \frac{13}{9}$, ma f non assume mai il valore $\frac{13}{9}$.

È ora indispensabile svincolarsi dal fatto che l'estremo inferiore a sia *minore* dell'estremo superiore b:

Definizione 3.17 - *Siano $a, b \in \mathbb{R}$, tali che $a > b$ e sia $f \in \mathcal{R}([b,a])$; si pone* $\displaystyle\int_a^b f(x)dx := -\int_b^a f(x)dx$. *Inoltre, si pone* $\displaystyle\int_a^a f(x)dx := 0$.

Per ricordarselo: il verso convenzionale, nella retta reale, è verso destra; se $a>b$, per andare da a a b, si va *contromano*; il risultato è che l'integrale cambia segno. Inoltre, se l'intervallo di integrazione è costituito da un solo punto, allora la regione $\mathcal{T}$ è formata da un solo segmento e quindi la sua area è nulla.

Osservazione - Tutte le proprietà finora descritte sull'integrale di Riemann continuano a valere (anche se $a \not< b$), con queste avvertenze:

◇ la proprietà di monotonia si inverte:

$$a > b, \quad f(x) \leq g(x)\ \forall x \in I \ \Rightarrow \int_a^b f(x)dx \geq \int_a^b g(x)dx.$$

◇ Nella disuguaglianza relativa al valore assoluto, occorre fare un'aggiunta; vale:

$$\left|\int_a^b f(x)dx\right| \leq \left|\int_a^b |f(x)|dx\right|$$

(se $a < b$, il modulo esterno, nel membro di destra, è inutile, mentre è indispensabile se $a > b$, perché in questo caso $\int_a^b |f| \leq 0$).

◇ Il teorema dell'additività rispetto all'intervallo di integrazione vale in forma più estesa; i punti a, b e c possono essere tre *qualsiasi* punti dell'intervallo ove f è $\mathcal{R}$-integrabile e, indipendentemente dalla loro reciproca posizione, vale la *formula di additività*:

$$f \in \mathcal{R}(I), \quad a, b, c \in I, \quad \Rightarrow \quad \int_a^b f(x)dx = \int_a^c f(x)dx + \int_c^b f(x)dx;$$

(molto spesso, torna comodo poter *spezzare* un integrale definito, utilizzando un punto c, che può anche non stare tra a e b).

Una proprietà molto utile è

Teorema 3.18 -

$$\left.\begin{array}{l} f \in \mathcal{R}(I) \\ g : I \to I\!R \\ \{x \in I : g(x) \neq f(x)\} \text{ } insieme\ finito \end{array}\right\} \Rightarrow g \in \mathcal{R}(I) \wedge \int_I g(x)dx = \int_I f(x)dx.$$

A parole: alterare una funzione in un numero ***finito*** *di punti non ne pregiudica la $\mathcal{R}$-integrabilità, né modifica il valore dell'integrale.*

Non riportiamo la dimostrazione nei dettagli matematici, ma diamo una giustificazione *visiva*: i trapezioidi relativi alle funzioni f e g differiscono soltanto per un numero finito di segmenti (quelli relativi ai punti $x : f(x) \neq g(x)$); ogni segmento ha area zero, quindi anche un numero finito di segmenti hanno area zero; di conseguenza, i due trapezioidi hanno la stessa area.

Osservazione - Grazie a questa proprietà, d'ora innanzi potremo evitare di preoccuparci di cosa faccia la funzione in certi punti, purché questi siano in numero finito; ad esempio, in una funzione come $f(x) = \begin{cases} x^2 & \text{se } 0 \leq x < 1 \\ 2x & \text{se } 1 < x \leq 2 \end{cases}$, non importa quale valore assegnare a $f(1)$; potrebbe essere $(x^2)_{|x=1} = 1$, oppure $(2x)_{|x=1} = 2$, oppure ancora qualsiasi altro numero, l'integrabilità di f ed il valore dell'integrale non cambiano (riferendoci alle figure, questo significa che il pallino • può stare dove vuole ...).

Attenzione: questa proprietà non è più vera se le due funzioni differiscono in un numero *infinito* di punti; ad esempio, la funzione $g(x) = 0\ \forall x$ differisce dalla funzione di Dirichlet negli infiniti punti razionali; la funzione di Dirichlet non è integrabile, g invece sì.

5 - Il concetto di primitiva: l'integrale indefinito

Arrivati a questo punto, sappiamo cosa sia l'integrale definito, quali funzioni siano $\mathcal{R}$-integrabili, quali siano le sue principali proprietà, ma non abbiamo un metodo *comodo* per calcolarlo; infatti abbiamo visto che determinare $\sup s(\mathcal{P}, f)$

e $\inf S(\mathcal{P}, f)$, già nel caso della semplicissima funzione $f(x) = x^2$, comporta un po' di conti; figuriamoci se la funzione da integrare è più complicata ...
La definizione di integrale definito come $\sup s(\mathcal{P}, f) = \inf S(\mathcal{P}, f)$ è risultata molto utile per costruire la teoria dell'integrazione definita, ma non è quella che si usa, quando poi si deve calcolare il valore di un integrale.
Per arrivare al risultato che ci interessa, dobbiamo cambiare completamente strada e parlare dell'*operazione inversa della derivazione*, cioè della *integrazione indefinita*. Data una funzione f, derivabile in un intervallo I, possiamo considerare la *funzione derivata* f' (ad esempio, da $f(x) = x^3$, in $\mathbb{R}$, ricaviamo $f'(x) = 3x^2$); facciamo ora il ragionamento inverso: data una funzione f in un certo intervallo I, ci chiediamo se esista una funzione F, derivabile in I e tale che $F'(x) = f(x)\ \forall x \in I$ (ad esempio, da $f(x) = e^{2x}$ in $\mathbb{R}$, troviamo $F(x) = \frac{e^{2x}}{2}$).
A questo punto, le domande (e le risposte) sono: (1) quante sono queste F? infinite (teorema 3.20); (2) quali proprietà su f garantiscono l'esistenza di una tale F? la continuità (corollario 3.24); (3) a cosa servono? a calcolare gli integrali definiti (corollario 3.25); (4) come fare a calcolarle? con i metodi di integrazione (v. paragrafo 7).

Definizione 3.19 - *Consideriamo un intervallo $I \subseteq \mathbb{R}$ (anche illimitato) ed una funzione $f : I \to \mathbb{R}$; una funzione $F : I \to \mathbb{R}$ si dice* ***una primitiva di f in I*** *se è derivabile in I e la sua derivata coincide con f, cioè $F'(x) = f(x)\ \forall x \in I$.*

Esempio 3.9 -
Data $f(x) = \sin x$, in $\mathbb{R}$, una primitiva è $F(x) = -\cos x$;
data $f(x) = \frac{1}{(x-2)^2}$, in $(-\infty, 2)$, oppure in $(2, +\infty)$, una primitiva è $F(x) = -\frac{1}{x-2}$;
data $f(x) = \frac{1}{x}$, in $(0, +\infty)$, una primitiva è $F(x) = \log x$, un'altra è $F(x) = \log x - 2$, un'altra ancora è $F(x) = \log x + 7$, etc. □

L'esempio mostra che, se f ha una primitiva, in realtà ne ha tante; per la precisione, esse sono infinite e differiscono tutte per una costante additiva:

Teorema 3.20 - *Se $f : I \to \mathbb{R}$ ha una primitiva F in I, allora* **tutte e sole** *le primitive di f sono della forma $F(x) + c$, ove c è un qualsiasi numero reale.*

La dimostrazione discende dal fatto che una funzione ha derivata identicamente nulla in un intervallo se e solo se è una funzione costante.
Se F è una primitiva di f, allora anche $F + c$ lo è, perché
$F'(x) = f(x)\ \forall x \in I \ \Rightarrow\ (F(x) + c)' = F'(x) + 0 = F'(x) = f(x)\ \forall x \in I.$
Viceversa, se $\tilde{F}$ è un'altra primitiva di f, allora è della forma $F + c$, perché

$$\left.\begin{array}{l} F'(x) = f(x) \\ \tilde{F}'(x) = f(x) \end{array}\right\} \Rightarrow\ (\tilde{F} - F)'(x) = \tilde{F}'(x) - F'(x) = f(x) - f(x) = 0\ \forall x \in I;$$

quindi esiste un numero c tale che $\tilde{F} - F = c$, cioè $\tilde{F} = F + c$.

Osservazione -

◇ Data una primitiva F, tutte le altre si ottengono traslando F in verticale (verso l'alto, $c > 0$, o verso il basso, $c < 0$); v.figura 3.6.

Figura 3.6

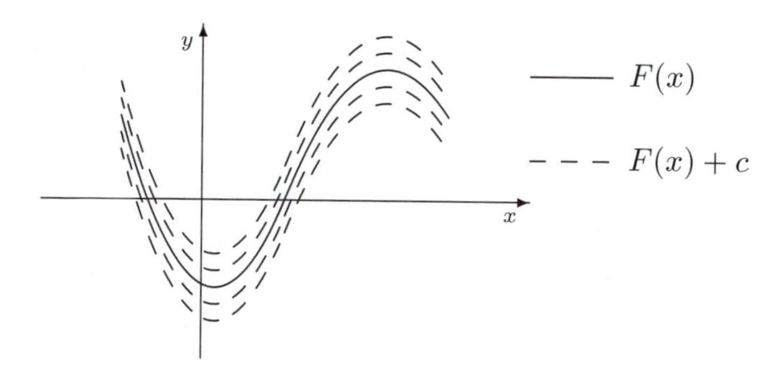

◇ Se F è una primitiva di f in I, allora, in ogni punto $x \in I$, la retta tangente alla curva $y = F(x)$ ha coefficiente angolare uguale a $F'(x) = f(x)$, cioè all'ordinata di f in x. Nella figura 3.7 sono rappresentate le funzioni $f(x) = \frac{1}{x}$ e $F(x) = \log x$ e messi in evidenza i casi $x = \frac{2}{5}$ e $x = 3$.

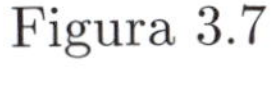
Figura 3.7

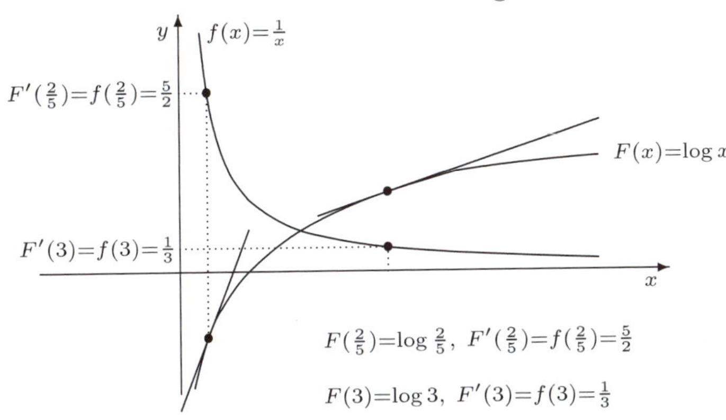

Definizione 3.21 - *Sia $f : I \to \mathbb{R}$; **se** f ha una primitiva F in I, allora l'insieme di tutte le sue primitive (che sono date da $F + c, c \in \mathbb{R}$) viene detto **integrale indefinito di f in I** ed indicato con il simbolo $\int f(x)dx$ (o anche $\int f$):* $\displaystyle\int f(x)dx = F(x) + c, \quad c \in \mathbb{R}.$

*La funzione f è detta **funzione integranda**; l'operazione che fa passare da una funzione all'insieme di tutte le sue primitive si dice **integrazione indefinita**:*

$\boxed{f}$ $\xrightarrow{\text{integrazione indefinita}}$ $\boxed{\int f = F + c, \text{ con } c \in \mathbb{R} \text{ e } F'(x) = f(x)\ \forall x \in I}$

Come nel caso dell'integrale definito, l'uso della x è solo convenzionale; la variabile di integrazione è una cosiddetta *variabile muta*, come l'indice i in una sommatoria $\sum_{i=1}^{n}$; è possibile usare qualsiasi lettera (come vedremo nel corso degli esercizi).

Il simbolo $\int$ e l'uso di dx risalgono a Leibniz (che, insieme a Newton, nel diciassettesimo secolo, gettò le basi del calcolo differenziale e della teoria dell'integrazione). Attenzione, però: dx è solo un simbolo, e non va confuso con il differenziale della variabile indipendente x (v. anche paragrafo 7, metodo di integrazione per sostituzione).

Esempio 3.10 -

(a) $f(x) = \frac{1}{x}$, $I = (0, +\infty), \Rightarrow \int f(x)dx = \log x + c,\ c \in \mathbb{R}$; infatti $\frac{d}{dx}(\log x) = \frac{1}{x}\ \forall x \in (0, +\infty)$;

(b) $f(x) = e^x$, $I = \mathbb{R}, \Rightarrow \int f(x)dx = e^x + c,\ c \in \mathbb{R}$; infatti $\frac{d}{dx}(e^x) = e^x\ \forall x \in \mathbb{R}$;

(c) $f(x) = \begin{cases} 1 & \text{se } x > 0 \\ -1 & \text{se } x < 0 \end{cases}$, $I = \mathbb{R}\setminus\{0\}, \Rightarrow \int f(x)dx = F + c,\ c \in \mathbb{R}$, ove

$F(x) = \begin{cases} x & \text{se } x > 0 \\ -x & \text{se } x < 0 \end{cases}$; infatti $\frac{d}{dx}(F) = \begin{cases} 1 & \text{se } x > 0 \\ -1 & \text{se } x < 0 \end{cases}$;
si osservi che f, in $x = 0$, presenta una discontinuità di prima specie; F può essere prolungata con continuità in $x = 0$, ponendo $F(0) = 0$, ma non è derivabile in $x = 0$ (non esiste $F'(0)$, perché $F'_-(0) = -1, F'_+(0) = 1$; l'origine è un punto angoloso); si conclude che f ammette primitive in $(0, +\infty)$, oppure in $(-\infty, 0)$, *ma non* in $\mathbb{R}$.

□

Osservazione -

◇ L'operazione di integrazione indefinita gode della proprietà di linearità, che discende direttamente dalla analoga proprietà dell'operazione di derivazione: $\int(\alpha f + \beta g)(x)dx = \alpha \int f(x)dx + \beta \int g(x)dx$.

◇ Le operazioni di **integrazione definita** e di **integrazione indefinita** sono strettamente imparentate, come vedremo nel paragrafo 6, ma non vanno assolutamente confuse tra di loro. Nello schema seguente, sono riportate le loro caratteristiche salienti:

integrale definito	**integrale indefinito**
simbolo : $\int_a^b f(x)dx$	simbolo : $\int f(x)dx$
è un numero reale	è un insieme di funzioni : $F(x) + c,\ c \in \mathbb{R}$
problema della misura	problema inverso della derivazione

La risposta alle domande 2-3-4 sarà data nel prossimo paragrafo; ora conviene cominciare a determinare alcune primitive, le più facili.

Riprendiamo la tabella di derivazione, nella quale si erano calcolate le derivate delle principali funzioni elementari: invece di leggerla da sinistra a destra (cioè da F a F'), leggiamola ora in senso contrario, da destra a sinistra (cioè da F' a F); in questo modo, passiamo da una funzione $f = F'$ ad una sua primitiva F:

derivazione	**calcolo di una primitiva**
$x \longrightarrow 1$	$x \longleftarrow 1$
$x^2 \longrightarrow 2x$	$x^2 \longleftarrow 2x$ e quindi $\frac{x^2}{2} \longleftarrow x$
$x^n \longrightarrow nx^{n-1}$	$x^n \longleftarrow nx^{n-1}$ e quindi $\frac{x^{n+1}}{n+1} \longleftarrow x^n$
$x^{\frac{3}{2}} \longrightarrow \frac{3}{2}\sqrt{x}$	$x^{\frac{3}{2}} \longleftarrow \frac{3}{2}\sqrt{x}$ e quindi $\frac{2}{3}x^{\frac{3}{2}} \longleftarrow \sqrt{x}$

$a^x \longrightarrow a^x \log a$	$a^x \longleftarrow a^x \log a$ e quindi $\frac{a^x}{\log a} \longleftarrow a^x$
$\sin x \longrightarrow \cos x$	$\sin x \longleftarrow \cos x$
$\cos x \longrightarrow -\sin x$	$\cos x \longleftarrow -\sin x$ e quindi $-\cos x \longleftarrow \sin x$
......	......

Così facendo, otteniamo la *tabella degli integrali immediati* (immediati, perché non abbiamo dovuto fare conti ...):

Integrali immediati

- $\displaystyle\int x^\alpha dx = \frac{x^{\alpha+1}}{\alpha+1} + c \qquad \alpha \in \mathbb{R}, \alpha \neq -1;$
- $\displaystyle\int (g(x))^\alpha g'(x) dx = \frac{(g(x))^{\alpha+1}}{\alpha+1} + c \qquad \alpha \in \mathbb{R}, \alpha \neq -1;$
- $\displaystyle\int \frac{1}{x} dx = \log|x| + c;$
- $\displaystyle\int \frac{g'(x)}{g(x)} dx = \log|g(x)| + c;$
- $\displaystyle\int a^x dx = \frac{a^x}{\log a} + c, \qquad \int e^x dx = e^x + c;$
- $\displaystyle\int e^{g(x)} g'(x) dx = e^{g(x)} + c;$
- $\displaystyle\int \sin x dx = -\cos x + c;$
- $\displaystyle\int \cos x dx = \sin x + c;$
- $\displaystyle\int \frac{1}{(\cos x)^2} dx = \text{tg} x + c;$
- $\displaystyle\int \frac{1}{(\sin x)^2} dx = -\text{cotg} x + c;$
- $\displaystyle\int \frac{1}{1+x^2} dx = \text{arctg} x + c;$
- $\displaystyle\int \frac{1}{\sqrt{1-x^2}} dx = \arcsin x + c;$
- $\displaystyle\int \frac{-1}{\sqrt{1-x^2}} dx = \arccos x + c.$

Esempio 3.11 -

(a) Determiniamo le primitive della funzione $f(x) = 5\sqrt[3]{x} - 7\sin x$; sfruttando la linearità e consultando la tabella, otteniamo:
$\int \sqrt[3]{x}dx = \frac{x^{\frac{1}{3}+1}}{\frac{1}{3}+1} + c = \frac{3x^{\frac{4}{3}}}{4} + c$, e $\int \sin x dx = -\cos x + c$,

quindi: $\int (5\sqrt[3]{x} - 7\sin x)\, dx = 5\int x^{\frac{1}{3}}dx - 7\int \sin x dx = \frac{15x^{\frac{4}{3}}}{4} + 7\cos x + c$;
(b) $\int e^{x^2-4x+1}(x-2)dx = \frac{1}{2}\int e^{x^2-4x+1}(2x-4)dx =$

$= \frac{1}{2}\int e^{x^2-4x+1}\frac{d}{dx}(x^2-4x+1)dx = \frac{1}{2}\left(e^{x^2-4x+1} + c\right) = \frac{e^{x^2-4x+1}}{2} + c.$
Questi due esempi hanno mostrato come si possa *giocare* con le costanti c: si possono sommare tra loro o moltiplicare per dei numeri e ... restano sempre costanti ...; per semplicità, quindi, non si scrive $2c$ o $c_1 + c_2$, ma soltanto c.

6 - L'integrale definito e quello indefinito si incontrano

In questo paragrafo mostreremo come i due concetti: "integrale definito / misura di una regione" e "integrale indefinito / operazione inversa della derivazione", che sembrano completamente estranei l'uno dall'altro, siano in realtà strettamente collegati tra loro.
La chiave di volta è data da un oggetto matematico, la *funzione integrale*, che racchiude in sè elementi dell'uno e dell'altro (e così li mette d'accordo ...).
Consideriamo un intervallo $I = [a,b]$ ed una funzione f, $\mathcal{R}$-integrabile in I; fissiamo un punto $\overline{x} \in [a,b]$. Allora, per ogni $x \in [a,b]$, f è $\mathcal{R}$-integrabile nel sottointervallo $[\overline{x}, x]$ (se $x \geq \overline{x}$) o $[x, \overline{x}]$ (se $x < \overline{x}$); è quindi ben definito il numero dato dall'integrale definito di f tra $\overline{x}$ e x: $\displaystyle\int_{\overline{x}}^{x} f(t)dt \in \mathbb{R}$ (utilizziamo la t, come variabile di integrazione, per non far confusione con la x, che funge da secondo estremo di integrazione). Nel caso f non negativa, questo numero è l'area (se $x > \overline{x}$), o l'opposto dell'area (se $x < \overline{x}$), del trapezioide $\tilde{\mathcal{T}}$, compreso tra l'asse delle x, le rette verticali di ascisse $\overline{x}$ e x ed il grafico di f.

Figura 3.8

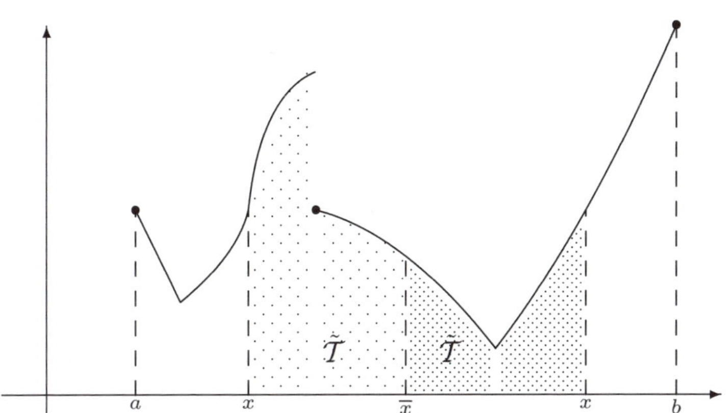

Ripetiamo ora questo conto, facendo variare comunque x in $[a,b]$ (tenendo sempre fisso il primo estremo $\overline{x}$); otteniamo così una funzione di x, definita in $[a,b]$, a valori reali: $\quad [a,b] \ni x \longrightarrow \displaystyle\int_{\overline{x}}^{x} f(t)dt.$

Definizione 3.22 - *Dati $f \in \mathcal{R}([a,b])$ e $\overline{x} \in [a,b]$, la funzione definita da*

$$F(x) = \int_{\overline{x}}^{x} f(t)dt \qquad F : [a,b] \to \mathbb{R}$$

è detta ***funzione integrale di f, relativa al punto $\overline{x}$***.

Esempio 3.12 - Consideriamo la funzione $f(t) = \begin{cases} t & \text{se } t \geq 0 \\ 1 & \text{se } t < 0 \end{cases}$; f è $\mathcal{R}$-integrabile in qualsiasi intervallo $[a,b]$, poiché è limitata ed ha un unico punto di discontinuità ($t = 0$); la sua funzione integrale F, relativa al punto iniziale 0, è data da

$$F(x) = \int_0^x f(t)dt = \begin{cases} \int_0^x tdt = \frac{x^2}{2} & \text{se } x > 0 \\ \int_0^x 1dt = x & \text{se } x < 0 \end{cases}$$

Figura 3.9

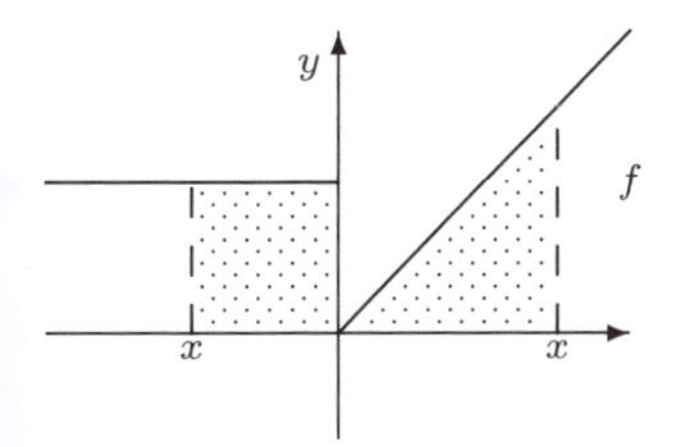

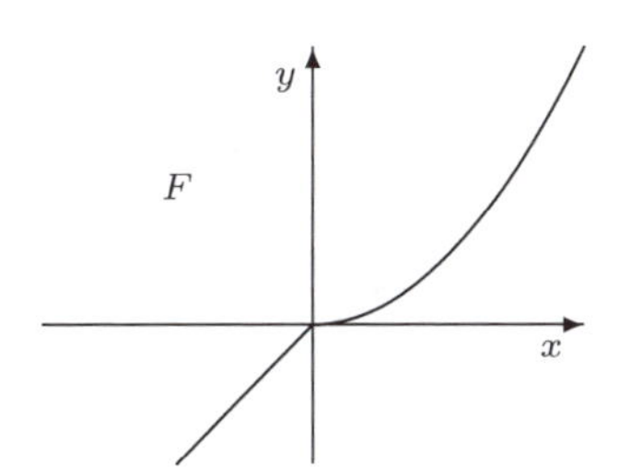

(per $x > 0$, si tratta dell'area del triangolo rettangolo di base e altezza x; per $x < 0$ si tratta dell'opposto dell'area del rettangolo di altezza 1 e base $-x$).
Osserviamo che F è continua (*anche* in $x = 0$); F inoltre è derivabile in ogni $x \neq 0$, ma non è derivabile in $x = 0$, ove f è discontinua. □

Quanto visto in questo esempio è la situazione generale; vale infatti l'importante

Teorema 3.23 - Teorema Fondamentale del Calcolo Integrale - T.F.C.I.

Siano: $f \in \mathcal{R}([a,b])$, $\overline{x} \in [a,b]$, *F la funzione integrale di f, relativa al punto $\overline{x}$; allora*

(*i*) *F è continua in $[a,b]$;*

(*ii*) *se f è continua in x_0, allora F è derivabile in x_0 e $F'(x_0) = f(x_0)$.*

In particolare:
se f è continua in $[a,b]$, allora F è derivabile con continuità in $[a,b]$ e vale $F'(x) = f(x)\ \forall x \in [a,b]$, quindi F è una primitiva di f in $[a,b]$.

Corollario 3.24 - *Se f è continua in $[a,b]$, allora ammette primitive in $[a,b]$; l'integrale indefinito di f è dato da* $\int f(x)dx = \int_{\overline{x}}^{x} f(t)dt + c.$

Riportiamo la dimostrazione solo del caso particolare (per il caso generale, v. Appendice)
Fissiamo $x \in [a,b]$, e sia h tale che $x + h \in [a,b]$; occorre dimostrare che $\lim_{h\to 0} \frac{F(x+h)-F(x)}{h} = f(x)$. Usando la proprietà di additività rispetto all'intervallo di integrazione (v. teo. 3.14) ed il teorema del valor medio nel caso di f continua (v. teo. 3.16), si ha:

$$\frac{F(x+h)-F(x)}{h} = \frac{1}{h}\left[\overbrace{\int_{\overline{x}}^{x+h} f(t)dt} - \int_{\overline{x}}^{x} f(t)dt\right] =$$

$$= \frac{1}{h}\left[\overbrace{\int_{\overline{x}}^{x} f(t)dt + \int_{x}^{x+h} f(t)dt} - \int_{\overline{x}}^{x} f(t)dt\right] =$$

$$= \frac{1}{h}\int_x^{x+h} f(t)dt \underbrace{=}_{\text{teorema valor medio}} f(c_h) \text{ per qualche } c_h \in \begin{cases} [x, x+h] & \text{se } h > 0 \\ [x+h, x] & \text{se } h < 0 \end{cases};$$

il punto c_h dipende da h, ma, quando h tende a zero, c_h tende a x (poiché è bloccato tra x e $x+h$); passando al limite per $h \to 0$, si ottiene, a sinistra $F'(x)$ e a destra $f(\lim_{h\to 0}(c_h)) = f(x)$, quindi $F'(x) = f(x)$.

Osservazione -

◇ La formula $\int f(x)dx = \int_{\overline{x}}^{x} f(t)dt + c$ è veramente *fondamentale*, nel senso che su di essa si regge tutta la teoria dell'integrazione; bisogna però fare bene attenzione ai vari ingredienti. A sinistra c'è l'integrale indefinito di f, cioè l'insieme di tutte le sue primitive; a destra c'è una particolare primitiva (la funzione integrale relativa al punto $\overline{x}$), insieme a tutte le sue traslate verticali (con la costante c). La scelta di $\overline{x}$ è ininfluente; cambiare il punto iniziale significa solo considerare un'altra particolare primitiva, ma l'insieme di tutte le primitive resta sempre lo stesso.

◇ Il teorema ed il corollario rispondono alla domanda (2): *la continuità, in un intervallo I, è condizione* ***sufficiente*** *affinché una funzione f ammetta primitive in I.*

Abbiamo quindi la garanzia che *moltissime* funzioni ammettono primitive; in particolare, ammettono primitive tutte le *funzioni elementari*, cioè le funzioni razionali, algebriche, esponenziali, logaritmiche, trigonometriche.

Ad esempio, una funzione come $f(x) = \frac{\log(x+2)+\sqrt[3]{x^2+3x+\sin x}}{e^{\cos x - 1}+1}$, per quanto complicata, ammette primitive nel suo campo d'esistenza $(-2, +\infty)$, poiché è ivi continua.

◇ La continuità è condizione sufficiente, ma *non necessaria*, per l'esistenza di primitive. Come controesempio, si considerino le funzioni:

$$F(x) = \begin{cases} x^2 \sin\frac{1}{x} & \text{se } x \neq 0 \\ 0 & \text{se } x = 0 \end{cases} \quad \text{e} \quad f(x) = \begin{cases} -\cos\frac{1}{x} + 2x\sin\frac{1}{x} & \text{se } x \neq 0 \\ 0 & \text{se } x = 0; \end{cases}$$

vale $F'(x) = f(x)\ \forall x \in \mathbb{R}$, quindi f ammette primitive in $\mathbb{R}$; eppure f non è continua in $\mathbb{R}$, perché presenta in $x = 0$ una discontinuità di seconda specie (non esiste $\lim_{x\to 0} f(x)$).

◇ Esistono condizioni *necessarie* affinché f abbia primitive. Se una funzione f ammette una primitiva F in I, allora vale $f = F'$ in I e quindi f, essendo una

funzione derivata, *deve* soddisfare le proprietà delle funzioni derivate (v. Modulo 3), in particolare la proprietà di Darboux o dei valori intermedi ed il fatto di non avere discontinuità di prima specie o eliminabili.
Ad esempio, la funzione $f(x) = \begin{cases} 1 & \text{se } 0 \leq x < 1 \\ 2 & \text{se } 1 \leq x \leq 2 \end{cases}$ non ammette primitive in $I = [0,2]$, poiché, ivi, non ha la proprietà di Darboux (salta tutti i valori tra $f(0) = 1$ e $f(2) = 2$) e $x = 1$ è discontinuità di prima specie.
◇ È utile generalizzare un poco la definizione di funzione integrale, permettendo ad entrambi gli estremi di integrazione di variare in funzione di x: siano α e β funzioni definite in un comune intervallo $J \subseteq I\!R$, ivi derivabili con continuità, ed a valori in un intervallo I, e sia f una funzione continua in I; si può allora considerare la funzione integrale $F(x) = \int_{\alpha(x)}^{\beta(x)} f(t)dt$. In queste ipotesi, F è derivabile e vale

$$F(x) = \int_{\alpha(x)}^{\beta(x)} f(t)dt \Rightarrow F'(x) = -f(\alpha(x))\alpha'(x) + f(\beta(x))\beta'(x) \quad \forall x \in I.$$

Ad esempio: $F(x) = \displaystyle\int_{\log x}^{x^2} e^{\sqrt[3]{t}}dt \Rightarrow F'(x) = -\frac{1}{x}e^{\sqrt[3]{\log x}} + 2xe^{\sqrt[3]{x^2}}.$

A questo punto, un semplice, ma fondamentale, corollario del T.F.C.I., ci fornisce la *regola* per calcolare l'integrale definito di una qualsiasi funzione continua, cioè la risposta al problema (3).

Corollario 3.25 - Corollario Fondamentale del T.F.C.I. - C.F.T.F.C.I.
Se f è continua in $[a,b]$ e F è una (qualsiasi) primitiva di f in $[a,b]$, allora vale $\displaystyle\int_a^b f(x)dx = F(b) - F(a).$

L'incremento subito da F, nel passaggio da $x = a$ a $x = b$, $F(b) - F(a)$, verrà in seguito indicato con $[F(x)]_a^b$.
Per il corollario 3.24, le primitive di f, continua, sono date da una sua funzione integrale, più costante additiva; scegliendo come punto inziale $\overline{x}$ proprio il punto a, possiamo scrivere $\int f(x)dx = \int_a^x f(t)dt + c$;
se F è una primitiva di f, allora si ottiene per un particolare valore $\tilde{c}$:

$$F(x) = \int_a^x f(t)dt + \tilde{c} \qquad \forall x \in [a,b];$$

per determinare $\tilde{c}$, poniamo $x = a$: $F(a) = \int_a^a f(t)dt + \tilde{c} = 0 + \tilde{c} \Rightarrow \tilde{c} = F(a)$;

poniamo ora $x = b$: $F(x) = \displaystyle\int_a^x f(t)dt + \tilde{c} = \int_a^x f(t)dt + F(a)$,

$$x = b \Rightarrow F(b) = \int_a^b f(t)dt + F(a),$$

$$\text{e quindi} \quad \int_a^b f(t)dt = F(b) - F(a) = [F(x)]_a^b . \qquad \square$$

Osservazione -

◇ La scelta della primitiva F, per calcolare l'integrale definito $\int_a^b f(x)dx$ è assolutamente ininfluente: infatti, due primitive di f si distinguono solo per una costante additiva, ma questa costante è destinata a sparire, quando si calcola l'incremento $F(b) - F(a)$.

◇ **Ricapitolando:** Per calcolare un integrale definito $\int_a^b f(x)dx$:

(a) per prima cosa, bisogna assicurarsi che f sia $\mathcal{R}$-integrabile (teoremi 3.7-8-9);

(b) **se** f è continua, si utilizza il Corollario Fondamentale 3.25; si determina una primitiva F e si calcola $[F(x)]_a^b$;

(c) **se** f **non** è continua, in generale non si può utilizzare la formula; occorre tornare alla definizione iniziale di integrale definito.

Esempio 3.13 -

(a) $\int_0^1 x^2 dx$: la funzione integranda $f(x) = x^2$ è continua, quindi $\mathcal{R}$-integrabile; una primitiva di f è $\frac{x^3}{3}$; quindi: $\int_0^1 x^2 dx = \left[\frac{x^3}{3}\right]_0^1 = \frac{1}{3}(1^3 - 0^3) = \frac{1}{3}$;

si è ritrovato il risultato visto nell'esempio 3.6, ma in modo molto più veloce!

(b) $\int_2^{-1} (3e^x + 2)dx$: la funzione integranda $f(x) = 3e^x + 2$ è continua, quindi $\mathcal{R}$-integrabile; una primitiva di e^x è e^x, una primitiva di 2 è $2x$, quindi una primitiva di f è $3e^x + 2x$; pertanto:

$\int_2^{-1} (3e^x + 2)dx = [3e^x + 2x]_2^{-1} = 3e^{-1} + 2(-1) - 3e^2 - 2 \cdot 2 = 3\left(\frac{1}{e} - e^2 - 2\right)$;

la funzione integranda è positiva, ma l'intervallo di integrazione è percorso contromano (perché $2 > -1$), quindi, giustamente, l'integrale definito è risultato negativo;

(c) $\int_0^3 f(x)dx$, ove $f(x) = \begin{cases} x^3 & \text{se } 0 \le x < 1 \\ x & \text{se } 1 \le x \le 3 \end{cases}$: la funzione integranda f è continua, quindi ammette primitive; però, essendo definita *a pezzi*, per il calcolo delle primitive, dobbiamo considerare i singoli pezzi e (importantissimo!) dobbiamo *raccordare* bene i pezzi; si ha: $\int x^3 dx = \frac{x^4}{4} + c$, e $\int x dx = \frac{x^2}{2} + d$ $(c, d \in I\!R)$; ora dobbiamo determinare le costanti c e d in modo da ottenere una funzione F continua e derivabile anche nel punto di contatto $x = 1$:

$$x = 1: \quad \left(\frac{x^4}{4} + c\right)_{|x=1} = \left(\frac{x^2}{2} + d\right)_{|x=1} \quad \Leftrightarrow \quad \frac{1}{4} + c = \frac{1}{2} + d \quad \Leftrightarrow \quad c - d = \frac{1}{4};$$

scegliamo $c = \frac{1}{4}$ e $d = 0$ ed otteniamo $F(x) = \begin{cases} \frac{1}{4}(x^4 + 1) & \text{se } 0 \le x \le 1 \\ \frac{x^2}{2} & \text{se } 1 \le x \le 3 \end{cases}$;

F è una primitiva di f in $[0, 3]$, pertanto: $\int_0^3 f(x)dx = [F(x)]_0^3 = \frac{3^2}{2} - \frac{1}{4} = \frac{17}{4}$; da notare che, se invece della (corretta) primitiva F, si fosse presa solo la $\frac{x^4}{4} + c$ o solo la $\frac{x^2}{2} + d$, si sarebbe arrivati al risultato sbagliato ...;

(d) $\int_{-1}^3 f(x)dx$, ove $f(x) = \begin{cases} -\frac{1}{2} & \text{se } x < 0 \\ 1 & \text{se } x \ge 0 \end{cases}$: f è $\mathcal{R}$-integrabile, perché è limitata e con un solo punto di discontinuità ($x = 0$, prima specie). Dato che f non è continua nell'intervallo di integrazione $[-1, 3]$, *non* possiamo utilizzare la formula. Ci rifacciamo quindi alla definizione originale di integrale definito. Il risultato è ovviamente

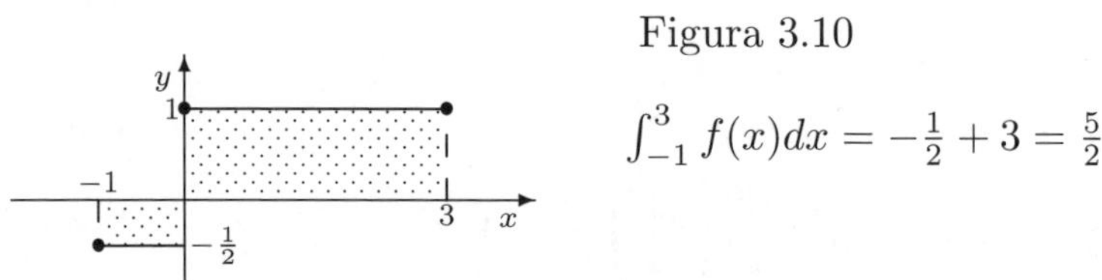

Figura 3.10

$$\int_{-1}^3 f(x)dx = -\frac{1}{2} + 3 = \frac{5}{2}$$

□

Osservazione - Funzioni integrabili elementarmente / funzioni non integrabili elementarmente.

Guardiamo una tabella di derivazione: derivando una funzione elementare, si ottiene ancora una funzione elementare; a volte, poi, si ottiene una funzione *più semplice*. Ad esempio:

x^3	(algebrica)	derivando, si ha:	$3x^2$	(algebrica)
$\log x$	(trascendente)	derivando, si ha:	$\frac{1}{x}$	(algebrica)
$\cos x$	(trascendente)	derivando, si ha:	$-\sin x$	(trascendente)

Con l'operazione di derivazione, da una funzione algebrica si passa sempre ad una funzione algebrica, da una funzione trascendente si passa ad una funzione trascendente, o, se si è fortunati, ad una funzione algebrica.

Con l'operazione inversa, quella di integrazione indefinita, cosa succederà?

Guardiamo ancora gli esempi di prima:

$3x^2$	(algebrica)	integrando, si ha:	$x^3 + c$	(algebriche)
$\frac{1}{x}$	(algebrica)	integrando, si ha:	$\log x + c$	(trascendenti)
$\sin x$	(trascendente)	integrando, si ha:	$-\cos x + c$	(trascendenti)
$\sqrt{1+x^3}$	(algebrica)	integrando, si ha:	? ? ?	? ? ?
e^{x^2}	(trascendente)	integrando, si ha:	? ? ?	? ? ?

Le funzioni $\sqrt{1+x^3}$ e e^{x^2} sono continue, quindi ammettono primitive; purtroppo, però, queste primitive non sono più funzioni elementari (quindi non possono essere espresse con i consueti logaritmi, esponenziali, radici, etc.). Funzioni che si comportano come $\sqrt{1+x^3}$ o e^{x^2}, si dicono *non integrabili elementarmente*; le loro primitive vengono dette *trascendenti non elementari* o *funzioni speciali.* Lo studio delle funzioni speciali va al di là dello scopo di questo manuale; avvisiamo, però, che con alcune funzioni speciali è inevitabile imbattersi (ad esempio, in Statistica, è di uso comune la *funzione degli errori*, ottenuta integrando la funzione $\frac{2}{\sqrt{\pi}}e^{-x^2}$). In questi casi, occorre utilizzare procedimenti diversi, come l'*integrazione numerica*, o l'*integrazione per serie* (appendice, par. 3 e 4).

7 - Metodi di integrazione

Una funzione elementare ammette primitive; purtroppo, però, contrariamente al caso del calcolo delle derivate, *non esiste una regola generale* che consenta di calcolare l'integrale indefinito, qualunque sia la funzione di partenza. In molti casi, però, sono stati trovati particolari metodi *ad hoc.* A volte, come per le funzioni razionali, è immediatamente evidente quale sia il metodo da adottare, altre volte, invece, ci vuole un po' d'occhio (o di esperienza, o anche di fortuna), per individuare il metodo adatto.

In questo paragrafo, descriveremo le principali metodologie (per le altre, rimandiamo agli esercizi di fine capitolo).

Un'avvertenza: se, cercando di calcolare un integrale, non arriviamo da nessuna parte, anche dopo pagine e pagine di conti, i casi possibili sono quattro: (a) ci è stata data una funzione non integrabile elementarmente, quindi l'impresa è impossibile e non dovevamo neanche cominciare a fare conti (ad esempio, se qualcuno ci chiede di calcolare $\int \frac{\sin x}{x} dx$, ci sta facendo uno scherzo, per farci perdere tempo ...); (b) occorre un metodo di integrazione, ultraspecialistico, che non ci hanno insegnato (questo, all'esame, non può capitare, perché non sarebbe corretto ...); (c) non abbiamo riconosciuto il tipo di funzione integranda, alla quale si adatta un certo metodo di integrazione e abbiamo usato invece un altro metodo, non adatto, che non approda a nulla; (d) stiamo usando il metodo di integrazione corretto, ma abbiamo fatto qualche errore di calcolo; (c) e (d) sono i tipici errori, all'esame ...

Integrazione per scomposizione.

Questo metodo si basa sulla **proprietà di linearità** dell'integrale:

$$\int (\alpha f + \beta g)(x) dx = \alpha \int f(x) dx + \beta \int g(x) dx, \qquad \alpha, \beta \in \mathbb{R}.$$

Si cerca quindi di *decomporre* la funzione integranda nella somma di funzioni di cui si conoscano già le primitive (o perché sono nella tabella degli integrali immediati, o perché si sono già calcolate in precedenza).

Esempio 3.14 -

(a) $\int \left(2x^4 - 3x^2 + 10x - \pi\right) dx = 2\int x^4 dx - 3\int x^2 dx + 10\int x dx - \pi \int dx =$
$= 2\frac{x^5}{5} - 3\frac{x^3}{3} + 10\frac{x^2}{2} - \pi x + c = \frac{2}{5}x^5 - x^3 + 5x^2 - \pi x + c;$

(b) $\int \left(3x^3 - 7\sqrt[5]{x} + \frac{2}{x^3}\right) dx = 3\int x^3 dx - 7\int x^{\frac{1}{5}} dx + 2\int x^{-3} dx =$
$= 3\frac{x^4}{4} - 7\frac{x^{\frac{6}{5}}}{\frac{6}{5}} + 2\frac{x^{-2}}{-2} + c = \frac{3}{4}x^4 - \frac{35}{6}x^{\frac{6}{5}} - \frac{1}{x^2} + c;$

(c) $\int \left(\frac{2}{x} + \frac{3+3\cos x}{x+\sin x}\right) dx = 2\int \frac{dx}{x} + 3\int \frac{\frac{d}{dx}(x+\sin x)}{x+\sin x} dx = 2\log|x| + 3\log|x+\sin x| + c;$

(d) $\int (\mathrm{tg}x)^2 dx = \int (1 + (\mathrm{tg}x)^2 - 1) dx = \int (1 + (\mathrm{tg}x)^2) dx - \int dx = \mathrm{tg}x - x + c;$

(e) $\int \frac{dx}{(\sin x \cos x)^2} = \int \frac{(\sin x)^2 + (\cos x)^2}{(\sin x \cos x)^2} dx = \int \frac{dx}{(\cos x)^2} + \int \frac{dx}{(\sin x)^2} = \mathrm{tg}x - \mathrm{cotg}x + c;$

(f) $\int \frac{2}{x^2-1} dx = \int \frac{dx}{x-1} - \int \frac{dx}{x+1} = \log|x-1| - \log|x+1| + c = \log\left|\frac{x-1}{x+1}\right| + c;$

(g) $\int \frac{x^2+x}{x^2-1} dx = \int \frac{x^2-1+1+x}{x^2-1} dx = \int dx + \int \frac{1+x}{x^2-1} dx = x + \int \frac{dx}{x-1} = x + \log|x-1| + c.$

Il primo esempio mostra come si integra *qualsiasi polinomio* (o *funzione razionale intera*); gli ultimi due esempi indicano quale sarà, in generale, il metodo di integrazione delle funzioni razionali. □

Integrazione per parti.

Questo metodo si basa sulla *regola di derivazione della funzione prodotto* (o regola di Leibniz).
Si considerano due funzioni, f e G, di classe $\mathcal{C}^1$ (cioè derivabili e con la derivata continua), in un comune intervallo I; il prodotto puntuale fG è anch'esso di classe $\mathcal{C}^1$ e vale $\frac{d}{dx}(fG)(x) = f(x)G'(x) + f'(x)G(x) \quad \forall x \in I$;
entrambi i membri dell'uguaglianza sono funzioni continue, quindi possiamo considerarne l'integrale indefinito:

$$\int \frac{d}{dx}(fG)(x)dx = \int f(x)G'(x)dx + \int f'(x)G(x)dx$$

$$\Rightarrow \quad f(x)G(x) = \int f(x)G'(x)dx + \int f'(x)G(x)dx$$

$$\Rightarrow \quad \int f(x)G'(x)dx = f(x)G(x) - \int f'(x)G(x)dx.$$

Analogamente, considerando gli integrali definiti, si ha

$$\int_a^b f(x)G'(x)dx = [f(x)G(x)]_a^b - \int_a^b f'(x)G(x)dx.$$

A questo punto, conviene porre $g = G'$; le formule diventano:

Metodo di integrazione per parti

◇ $\displaystyle\int f(x)g(x)dx = f(x)G(x) - \int f'(x)G(x)dx$

◇ $\displaystyle\int_a^b f(x)g(x)dx = [f(x)G(x)]_a^b - \int_a^b f'(x)G(x)dx$

ove $f \in \mathcal{C}^1(I), g \in \mathcal{C}^0(I)$ e G è una primitiva di g in I.

Osservazione - Istruzioni per l'uso.

Le funzioni f e g sono dette, rispettivamente, *fattor finito* e *fattor derivato.*
La regola di integrazione per parti consente di scaricare il calcolo dell'integrale del prodotto di due funzioni, $\int fg$, sulla determinazione di una primitiva G di g e sul calcolo di un altro integrale, $\int f'G$, che, si spera, sia più facile di quello di partenza.
Affinché il metodo sia veramente utile, occorre però affidare bene i ruoli: il fattor

finito f deve essere una funzione che *migliori* (o perlomeno non peggiori) sotto derivazione (per esempio, se è un polinomio, si abbassa di grado, oppure se è una funzione trascendente, diventi algebrica); del fattor derivato g deve essere nota una primitiva. Possono presentarsi vari casi:

(a) si conosce una primitiva di uno solo dei due fattori: in questo caso, la scelta è obbligata;

(b) si conosce una primitiva per ognuno dei due fattori: si sceglie allora come fattor finito quello che migliora di più, sotto derivazione;

(c) l'integranda non è costituita dal prodotto di due fattori, ma solo da uno: si considera allora il *fattore invisibile* 1 e gli si affida il ruolo di fattor derivato;

(d) può capitare di dover applicare la regola di integrazione per parti *più volte*, fino a che si arriva ad un integrale immediato; in questo caso è indispensabile *conservare i ruoli*, cioè prendere come fattor finito sempre lo stesso (in caso contrario, si arriva ... ad un bel niente!).

Gli esempi che seguono, illustrano tutti questi casi.

Esempio 3.15 -

(a) $\int x \log x dx$

della funzione x, si conosce una primitiva, $\frac{x^2}{2}$; della funzione $\log x$ non si conosce, per ora, una primitiva (inoltre, $\log x$ migliora molto, una volta derivata, perché passa da funzione trascendente a funzione razionale); preso quindi x come fattor derivato e $\log x$ come fattor finito, si ha:

$$\int x \log x dx = \frac{x^2}{2} \log x - \int \frac{x^2}{2} \cdot \frac{1}{x} dx = \frac{x^2}{2} \log x - \frac{1}{2} \int x dx = \frac{x^2}{2} \log x - \frac{x^2}{4} + c;$$

(b) $\int x e^x dx$

di entrambe le funzioni si conosce una primitiva ($\frac{x^2}{2}$, per x, e^x, per e^x); sotto derivazione, e^x resta uguale, invece x migliora, perché si abbassa di grado, diventando 1; preso quindi x come fattor finito e e^x come fattor derivato, si ottiene:

$$\int x e^x dx = x e^x - \int 1 \cdot e^x dx = x e^x - e^x + c = e^x(x-1) + c;$$

(c) $\int \log x dx$

la funzione logaritmo svolge il ruolo del fattor finito, mentre il fattore invisibile 1 svolge il ruolo del fattor derivato:

$$\int 1 \cdot \log x dx = x \log x - \int x \cdot \frac{1}{x} dx = x \log x - \int dx = x \log x - x + c;$$

(d) $\int e^x \cos x dx$

di entrambe le funzioni, e^x e $\cos x$, si conosce una primitiva, ed entrambe, derivate, restano dello stesso tipo; è quindi indifferente la scelta di fattor finito e fattor derivato; prendendo come fattor finito e^x e come fattor derivato $\cos x$ (di cui $\sin x$ è una primitiva), si ottiene $\displaystyle\int e^x \cos x dx = e^x \sin x - \int e^x \sin x dx = (*)$;

l'integrale iniziale si è quindi scaricato su un integrale simile, $\int e^x \sin x dx$; occorre allora utilizzare un'altra volta il metodo di integrazione per parti, ma conservando la scelta dei ruoli (il fattor finito deve essere ancora e^x); si ottiene:

$$(*) = e^x \sin x - \left(e^x(-\cos x) + \int e^x \cos x dx \right) \Rightarrow$$

$$2 \int e^x \cos x dx = e^x(\sin x + \cos x) \Rightarrow \int e^x \cos x dx = \frac{e^x}{2}(\sin x + \cos x);$$

se (sbagliando) si fossero rovesciati i ruoli, si sarebbe invece ottenuto:

$(*) = e^x \sin x - \left(e^x \sin x - \displaystyle\int e^x \cos x dx \right) \Rightarrow 0 = 0$, cioè ... un bel nulla! □

Esempio 3.16 -

(a) $\int (\cos x)^2 dx = \int (\cos x)(\cos x) dx = \sin x \cos x + \int (\sin x)^2 dx =$
$= \sin x \cos x + \int (1 - (\cos x)^2) dx = \sin x \cos x + x - \int (\cos x)^2 dx$
$\Rightarrow \int (\cos x)^2 dx = \frac{1}{2}(x + \sin x \cos x) + c;$

(b) $\int x^3 e^x dx = x^3 e^x - 3 \int x^2 e^x dx = x^3 e^x - 3 \left(x^2 e^x - 2 \int x e^x dx \right) =$
$= x^3 e^x - 3x^2 e^x + 6 \left(x e^x - \int e^x dx \right) = e^x \left(x^3 - 3x^2 + 6x - 6 \right) + c;$

(c) $\int \sqrt{1 - x^2} dx = x\sqrt{1 - x^2} - \int x \frac{-2x}{2\sqrt{1-x^2}} dx = x\sqrt{1 - x^2} - \int \frac{-x^2}{\sqrt{1-x^2}} dx =$
$= x\sqrt{1 - x^2} - \int \frac{-x^2+1-1}{\sqrt{1-x^2}} dx = x\sqrt{1 - x^2} - \int \sqrt{1 - x^2} dx + \int \frac{1}{\sqrt{1-x^2}} dx =$
$= x\sqrt{1 - x^2} - \int \sqrt{1 - x^2} dx + \arcsin x \Rightarrow \int \sqrt{1 - x^2} dx =$
$= \frac{1}{2} \left(x\sqrt{1 - x^2} + \arcsin x + c \right);$

(d) $\int \sin x \cos x dx = \sin x \sin x - \int \cos x \sin x dx = (\sin x)^2 - \int \sin x \cos x dx \Rightarrow$
$\int \sin x \cos x dx = \frac{(\sin x)^2}{2} + c;$

(e) $\int \frac{\log(\log x)}{x} dx = \log(\log x) \cdot \log x - \int \log x \frac{d}{dx} \log(\log x) dx =$
$= \log(\log x) \cdot \log x - \int \log x \frac{1}{x \log x} dx = \log(\log x) \cdot \log x - \int \frac{dx}{x} =$

$$= \log(\log x) \cdot \log x - \log x + c = \log x\,(\log(\log x) - 1) + c;$$

(nei casi (d) e (e), si può utilizzare anche il metodo per sostituzione). □

Integrazione per sostituzione.

Questo metodo si basa sulla *regola di derivazione della funzione composta* (o, più precisamente, sul *principio di invarianza del differenziale primo* rispetto al cambiamento di variabile).

Sia $y = f(x)$ una funzione continua in un intervallo I, e sia $x = \varphi(t)$ un'altra funzione, definita in un intervallo J e a valori in I, in modo che si possa considerare la funzione composta $(f \circ \varphi)(t) := f(\varphi(t))$; si supponga che φ sia derivabile con continuità.

Se F è una primitiva di f, allora, dalla regola di derivazione della funzione composta, segue $\dfrac{d}{dt}(F \circ \varphi)(t) = F'(\varphi(t))\varphi'(t) = f(\varphi(t))\varphi'(t)$ quindi $F \circ \varphi$ è una primitiva di $(f \circ \varphi)\varphi'$.

Presi due qualsiasi punti $\gamma, \delta \in J$, possiamo allora calcolare l'integrale definito:

$$\int_\gamma^\delta f(\varphi(t))\varphi'(t)dt = [F \circ \varphi]_\gamma^\delta = F(\varphi(\delta)) - F(\varphi(\gamma)) - \int_{\varphi(\gamma)}^{\varphi(\delta)} f(x)dx$$

e quindi $\displaystyle\int_\gamma^\delta f(\varphi(t))\varphi'(t)dt = \int_{\varphi(\gamma)}^{\varphi(\delta)} f(x)dx \quad \forall \gamma, \delta \in J;$

se φ è invertibile, allora si può anche procedere nel senso contrario e si ottiene

$$\int_c^d f(x)dx = \int_{\varphi^{-1}(c)}^{\varphi^{-1}(d)} f(\varphi(t))\varphi'(t)dt \quad \forall c, d \in I.$$

In modo analogo, si ottengono le formule per l'integrazione indefinita.

Metodo di integrazione per sostituzione

◇ $f \in \mathcal{C}^0(I), \varphi : J \to I, \varphi \in \mathcal{C}^1(J) \quad \Rightarrow$

$$\int f(\varphi(t))\varphi'(t)dt = \int f(x)dx_{|_{x=\varphi(t)}}$$

$$\int_\gamma^\delta f(\varphi(t))\varphi'(t)dt = \int_{\varphi(\gamma)}^{\varphi(\delta)} f(x)dx \quad \forall \gamma, \delta \in J$$

◇ $f \in \mathcal{C}^0(I), \varphi : J \to I, \varphi \in \mathcal{C}^1(J), \varphi$ invertibile $\quad \Rightarrow$

$$\int f(x)dx = \int f(\varphi(t))\varphi'(t)dt_{|_{t=\varphi^{-1}(x)}}$$

$$\int_c^d f(x)dx = \int_{\varphi^{-1}(c)}^{\varphi^{-1}(d)} f(\varphi(t))\varphi'(t)dt \quad \forall c, d \in I$$

La notazione $|_{x=\varphi(t)}$ indica che, dopo aver determinato le primitive $F(x)$ della $f(x)$, bisogna sostituire x con $\varphi(t)$; analogamente, $|_{t=\varphi^{-1}(x)}$.

Osservazione - Istruzioni per l'uso.

Non fateVi spaventare dalle formule; è più semplice di quel che sembri ...

A seconda del tipo di integranda, ci sono due modi di procedere:

(i) si individua nella struttura dell'integranda, una *sottostruttura* $\psi(x) = t$, accompagnata, almeno in parte, dalla derivata $\psi'(t)$; in questo caso:

$$\left.\begin{array}{l}\psi(x) = t \\ \psi'(x)dx = dt\end{array}\right\} \Rightarrow \begin{array}{l}\displaystyle\int f(\psi(x))\psi'(x)dx = \int f(t)dt_{|_{t=\psi(x)}} \\ \displaystyle\int_a^b f(\psi(x))\psi'(x)dx = \int_{\psi(a)}^{\psi(b)} f(t)dt\end{array}$$

(ii) nell'integranda, si pone $x = \varphi(t)$ (φ invertibile), sperando che $f(\varphi(t))\varphi'(t)$ sia più facile da integrare:

$$\left.\begin{array}{l}x = \varphi(t) \\ dx = \varphi'(t)dt\end{array}\right\} \Rightarrow \begin{array}{l}\displaystyle\int f(x)dx = \int f(\varphi(t))\varphi'(t)dt_{|_{t=\varphi^{-1}(x)}} \\ \displaystyle\int_a^b f(x)dx = \int_{\varphi^{-1}(a)}^{\varphi^{-1}(b)} f(\varphi(t))\varphi'(t)dt\end{array}$$

Esempio 3.17 - (tipo (i))

(a) $\int \sqrt{\sin x} \cos x dx$; si nota la sottostruttura $\sin x$, di cui $\cos x$ è la derivata:

$$\left.\begin{array}{l}\sin x = t\\ \cos x dx = dt\end{array}\right\} \Rightarrow \int \sqrt{\sin x}\cos x dx = \int \sqrt{t}dt_{|t=\sin x} = \frac{2}{3}t^{\frac{3}{2}}_{|t=\sin x} + c = \frac{2}{3}(\sin x)^{\frac{3}{2}} + c;$$

(b) $\int_1^e \frac{(\log x)^2-1}{2x}dx$; si nota la sottostruttura $\log x = \psi(x)$ e si vede che c'è, quasi, la sua derivata $\psi'(x) = \frac{1}{x}$ (il fattore $\frac{1}{2}$ non dà problemi):

$$\left.\begin{array}{l}\log x = t\\ \dfrac{dx}{x} = dt\end{array}\right\} \Rightarrow \int_1^e \frac{(\log x)^2-1}{2x}dx = \frac{1}{2}\int_{\log 1}^{\log e}(t^2-1)dt = \frac{1}{2}\left[\frac{t^3}{3} - t\right]_0^1 = \frac{1}{2}\left(-\frac{2}{3}\right) = -\frac{1}{3}.$$

□

Esempio 3.18 - (tipo (ii))

(a) $\int \frac{x^2}{\sqrt{1-x^2}}dx$; l'identità $(\cos t)^2 = 1 - (\sin t)^2$ suggerisce di porre $x = \sin t$:

$$\left.\begin{array}{l}x = \sin t\\ dx = \cos t dt\end{array}\right\} \Rightarrow \int \frac{x^2}{\sqrt{1-x^2}}dx = \int \frac{(\sin t)^2}{\sqrt{1-(\sin t)^2}}\cos t dt_{|t=\arcsin x} =$$

$$= \int (\sin t)^2 dt_{|t=\arcsin x} = \frac{1}{2}(t - \sin t\cos t + c)_{|t=\arcsin x} =$$

$$= \frac{1}{2}(\arcsin x - x\sqrt{1-x^2} + c);$$

(b) $\int_0^{\frac{1}{2}} \frac{\sqrt{x}}{x+1}dx$; facciamo sparire la radice, sostituendo x con t^2:

$$\left.\begin{array}{l}x = t^2\\ dx = 2tdt\end{array}\right\} \Rightarrow \int_0^{\frac{1}{2}} \frac{\sqrt{x}}{x+1}dx = \int_0^{\frac{1}{\sqrt{2}}} \frac{t}{t^2+1}2tdt = 2\int_0^{\frac{1}{\sqrt{2}}} \frac{t^2+1-1}{t^2+1}dt =$$

$$= 2\left(\int_0^{\frac{1}{\sqrt{2}}} dt - \int_0^{\frac{1}{\sqrt{2}}} \frac{dt}{t^2+1}\right) = 2\left([t]_0^{\frac{1}{\sqrt{2}}} - [\mathrm{arctg}t]_0^{\frac{1}{\sqrt{2}}}\right) = \sqrt{2} - 2\mathrm{arctg}\frac{1}{\sqrt{2}}.$$ □

Osservazione - A volte, la sostituzione giusta *balza all'occhio*, a volte è più nascosta; vedremo, nel corso degli esercizi, particolari funzioni integrande (facilmente riconoscibili), per le quali esistono sostituzioni *ad hoc*.

Integrazione delle funzioni razionali.

Consideriamo le funzioni $f(x) = \sqrt{1+x^3}$ e $g(x) = \frac{27x^5-34x^4+\pi x^3-x^2+77}{x^3-4x^2+\sqrt{2}x-5}$;
f *sembra* molto più facile di g, eppure, ai fini della ricerca di una primitiva, g si rivela molto più maneggevole; infatti, g ha il grande pregio di essere una *funzione razionale* (mentre f è algebrica, non razionale).

Per le funzioni razionali, infatti, vale l'importantissimo

Teorema 3.26 - *Ogni funzione razionale è integrabile elementarmente; le primitive di una funzione razionale si esprimono come combinazione lineare di funzioni razionali e di funzioni trascendenti elementari del tipo* $\log(ax^2 + bx + c)$ *e* $\operatorname{arctg}(\alpha x + \beta)$.

Non riportiamo la dimostrazione completa, ma solo i passi salienti, tralasciando le complicazioni tecniche; i passaggi che ora illustriamo sono proprio quelli che si devono fare quando si voglia calcolare esplicitamente l'integrale indefinito di una funzione razionale.

Si considera una generica funzione razionale $f(x) = \frac{P_n(x)}{Q_m(x)}$, ove P e Q sono polinomi, rispettivamente di grado n e m.

◇ se $n \geq m$, si divide $P_n(x)$ per $Q_m(x)$, ottenendo
$P_n(x) = A(x)Q_m(x) + R(x) \quad \text{con} \quad \text{grado}(R) < m$,

$$f(x) = \frac{P_n(x)}{Q_m(x)} = A(x) + \frac{R(x)}{Q_m(x)} \;\Rightarrow\; \int f(x)dx = \int A(x)dx + \int \frac{R(x)}{Q_m(x)}dx,$$

e quindi ci si riconduce al caso dell'integrazione di un polinomio (immediata) più l'integrazione di una funzione razionale con grado del numeratore *minore* del grado del denominatore.

Esempio 3.19 - $\frac{2x^3-3x^2-x+6}{x^2-1}$: si ha $n = 3 > m = 2$; dividendo, si ottiene:

$$\begin{array}{rrrr|l}
\multicolumn{4}{c|}{\overbrace{2x^3 - 3x^2 - \;\; x + 6}^{P_3(x)}} & \overbrace{x^2 - 1}^{Q_2(x)} \\ \hline
-2x^3 & & +\;2x & & \underbrace{2x - 3}_{A(x)} \\ \hline
 & -\;3x^2 & +\;\;x & +\;6 & \\
 & 3x^2 & & -\;3 & \\ \hline
 & & \multicolumn{2}{r|}{\underbrace{x + 3}_{R(x)}} &
\end{array}$$

e quindi $\dfrac{2x^3 - 3x^2 - x + 6}{x^2 - 1} = \dfrac{(2x-3)(x^2-1) + (x+3)}{x^2-1} = 2x - 3 + \dfrac{x+3}{x^2-1} \Rightarrow$

$$\int f(x)dx = \int (2x-3)dx + \int \frac{x+3}{x^2-1}dx = x^2 - 3x + \int \frac{x+3}{x^2-1}dx.$$

◇ Si può ora supporre $n < m$. Si determinano le radici, con le rispettive molteplicità, del polinomio $Q_m(x)$. A questo punto, possono aversi vari casi (via via più complicati):

◇ ◇ radici tutte reali e distinte;

◇ ◇ radici tutte reali, ma non distinte;

◇ ◇ radici non tutte reali.

Caso radici reali distinte

Siano $x_1, \ldots, x_m$, le radici di $Q_m(x) = 0$: $Q_m(x) = a_m(x-x_1)(x-x_2)\cdots(x-x_m)$. Si possono allora determinare univocamente m costanti $A_1, \ldots, A_m$ tali che valga la seguente **decomposizione di** $\frac{P_n(x)}{Q_m(x)}$ **in fratti semplici (D.F.S.)**:

D.F.S. $$\frac{P_n(x)}{Q_m(x)} = \frac{A_1}{x-x_1} + \frac{A_2}{x-x_2} + \cdots + \frac{A_m}{x-x_m} = \sum_{i=1}^{m} \frac{A_i}{x-x_i};$$

a questo punto, l'integrale si scompone nella somma di integrali immediati:

$$\int \frac{P_n(x)}{Q_m(x)}dx = A_1 \int \frac{dx}{x-x_1} + A_2 \int \frac{dx}{x-x_2} + \cdots + A_m \int \frac{dx}{x-x_m} =$$

$$= \sum_{i=1}^{m} A_i \log|x-x_i| + c.$$

Per determinare le costanti A_i, si usa il *metodo dei coefficienti indeterminati*: si moltiplicano entrambi i membri della (D.F.S.) per $Q_m(x)$, ottenendo così, da una parte e dall'altra, due polinomi; questi due polinomi saranno *identicamente* uguali (cioè uguali *per ogni* x) se e solo se avranno gli stessi coefficienti (*principio d'identità dei polinomi*); si arriva così a dover risolvere un sistema lineare di m equazioni nelle m incognite A_i (il sistema risulta sempre di Cramer, quindi determinato).

Negli esercizi, per comodità, non si usano A_1, A_2, etc., ma le semplici lettere dell'alfabeto, senza indici.

Esempio 3.20 -

(a) $\int \frac{2x-1}{x^2-5x+6}dx$

$x^2 - 5x + 6 = (x-2)(x-3)$, $x_1 = 2$, $x_2 = 3$,

$\frac{2x-1}{x^2-5x+6} = \frac{A}{x-2} + \frac{B}{x-3} \Leftrightarrow 2x - 1 = A(x-3) + B(x-2) \Leftrightarrow$

$$\begin{cases} \text{coeff. termine } 1^0 \text{ grado} = 2 = A + B \\ \qquad \text{termine noto} = -1 = -3A - 2B \end{cases} \Leftrightarrow \begin{cases} A = -3 \\ B = 5 \end{cases}$$

$\int \frac{2x-1}{x^2-5x+6}dx = -3\int \frac{dx}{x-2} + 5\int \frac{dx}{x-3} = -3\log|x-2| + 5\log|x-3| + c;$

(b) $\int_1^2 \frac{dx}{x^3-9x}$

$x^3 - 9x = x(x^2-9) = x(x-3)(x+3), \quad x_1 = 0, \ x_2 = 3, \ x_3 = -3,$

$\frac{1}{x^3-9x} = \frac{A}{x} + \frac{B}{x-3} + \frac{C}{x+3} \quad \Leftrightarrow \quad 1 = A(x^2-9) + Bx(x+3) + Cx(x-3) \ \Leftrightarrow$

$$\begin{cases} \text{coeff. termine } 2^0 \text{ grado} = 0 = A + B + C \\ \text{coeff. termine } 1^0 \text{ grado} = 0 = 3B - 3C \\ \qquad \text{termine noto} = 1 = -9A \end{cases} \Leftrightarrow \begin{cases} A = -\dfrac{1}{9} \\ B = C = \dfrac{1}{18} \end{cases}$$

$\int \frac{dx}{x^3-9x} = -\frac{1}{9}\int \frac{dx}{x} + \frac{1}{18}\int \frac{dx}{x-3} + \frac{1}{18}\int \frac{dx}{x+3} =$

$= -\frac{1}{18}\left[2\log|x| - \log|x-3| - \log|x+3|\right] + c \ ;$

$\int_1^2 \frac{dx}{x^3-9x} = -\frac{1}{18}\left[\log \frac{x^2}{|x^2-9|}\right]_1^2 = -\frac{1}{18}\left[\log\frac{4}{5} - \log\frac{1}{8}\right] = \frac{\log 5 - 5\log 2}{18}.$ □

Caso radici reali, non distinte

Si determinano le radici, *con le rispettive molteplicità*, del polinomio $Q_m(x)$, siano $x_1, \dots, x_k$, con molteplicità, rispettivamente, $m_1, \dots, m_k$, $(m_1 + \cdots + m_k = m)$. Ora è simile a prima, con l'importante avvertenza, però, che una radice doppia conta come due radici, una tripla, come tre, etc. Si dimostra che si possono determinare univocamente m costanti $A_{i,j}$, $1 \le i \le k, 1 \le j \le m_i$ tali che valga la seguente **decomposizione di** $\frac{P_n(x)}{Q_m(x)}$ **in fratti semplici (D.F.S.)**:

$$\textbf{D.F.S.} \quad \frac{P_n(x)}{Q_m(x)} = \frac{A_{1,1}}{x-x_1} + \frac{A_{1,2}}{(x-x_1)^2} + \cdots + \frac{A_{1,m_1}}{(x-x_1)^{m_1}} + $$
$$+ \frac{A_{2,1}}{x-x_2} + \frac{A_{2,2}}{(x-x_2)^2} + \cdots + \frac{A_{2,m_2}}{(x-x_2)^{m_2}} + \cdots +$$
$$+ \frac{A_{k,1}}{x-x_k} + \frac{A_{k,2}}{(x-x_k)^2} + \cdots + \frac{A_{k,m_k}}{(x-x_k)^{m_k}} = \sum_{i=1}^{k}\sum_{j=1}^{m_i} \frac{A_{i,j}}{(x-x_i)^j}.$$

Istruzioni per l'uso - si comincia con la prima radice, x_1, e si scrivono fratti semplici con, al denominatore, $(x-x_1)$, poi $(x-x_1)^2$, etc., alzando ogni volta il grado di uno, fino ad arrivare a $(x-x_1)^{m_1}$, in modo da avere alla fine m_1 fratti semplici (questo è quello che si intendeva con la frase *una radice doppia conta per due, una tripla conta per tre, etc.*); esaurita la prima radice x_1, si fa lo stesso per la seconda, x_2, etc., fino all'ultima radice x_k.

Ottenuta la decomposizione D.F.S., l'integrale si scompone nella somma di integrali immediati.

Esempio 3.21 -

(a) $\int \frac{x-1}{x^2+2x+1} dx$

$x^2 + 2x + 1 = (x+1)^2, \quad x_1 = -1, m_1 = 2, \quad (-1$ è radice doppia),

$$\frac{x-1}{x^2+2x+1} = \frac{A}{x+1} + \frac{B}{(x+1)^2} \Leftrightarrow x - 1 = A(x+1) + B \Leftrightarrow \begin{cases} A = 1 \\ B = -2 \end{cases}$$

$$\int \frac{x-1}{x^2+2x+1} dx = \int \frac{dx}{x+1} - 2\int \frac{dx}{(x+1)^2} = \log|x+1| + \frac{2}{x+1} + c;$$

Esempio 3.22 -

(b) $\int_3^4 \frac{4}{x^3-2x^2} dx$

$x^3 - 2x^2 = x^2(x-2), \ x_1 = 0, m_1 = 2, x_2 = 2, m_2 = 1, \ (0$ doppia, 2 sempl.)

$$\frac{4}{x^3-2x^2} = \frac{A}{x} + \frac{B}{x^2} + \frac{C}{x-2} \Leftrightarrow 4 = Ax(x-2) + B(x-2) + Cx^2$$

$$\Leftrightarrow A = -1, B = -2, C = 1; \ \int_3^4 \frac{4}{x^3-2x^2} = -\int_3^4 \frac{dx}{x} - 2\int_3^4 \frac{dx}{x^2} + \int_3^4 \frac{dx}{x-2} =$$

$$= -\left[\log x\right]_3^4 + 2\left[\frac{1}{x}\right]_3^4 + \left[\log(x-2)\right]_3^4 = -\frac{1}{6} + \log\frac{3}{2}.$$ □

Caso radici non tutte reali

Un polinomio di secondo grado x^2+px+q, con $\Delta = p^2 - 4q < 0$, è detto *trinomio irriducibile* (ad esempio: x^2+1, x^2+x+1, x^2-2x+2). Dalla formula risolutiva delle equazioni di secondo grado, sappiamo che un trinomio irriducibile ha *due radici complesse coniugate,* ***non reali***, $x_{1,2} = \frac{-p\pm\sqrt{\Delta}}{2} = \frac{-p\pm i\sqrt{-\Delta}}{2}$. Non possiamo quindi utilizzare i numeri x_i, complessi non reali, per ottenere una decomposizione in fratti semplici come quelle di prima (perché avremmo delle funzioni a valori non reali ...).

Il *trucco* consiste nel lasciare i trinomi irriducibili così come sono e nel decomporre la funzione razionale in fratti semplici un po' meno semplici di quelli di prima, ma ancora maneggevoli: invece di fratti del tipo $\frac{A}{(x-\overline{x})^r}$, avremo fratti del tipo $\frac{Bx+C}{(x^2+px+q)^r}$ (al numeratore, un polinomio di primo grado, anziché un numero). A questo punto, basterà imparare a calcolare $\int \frac{Bx+C}{(x^2+px+q)^r} dx$.

Ci limitiamo qui ad illustrare il caso $r = 1$, con l'aiuto di tre esempi-tipo (negli esercizi a fine capitolo, il caso generale):

Esempio 3.23 - $\int \frac{dx}{2x^2+3}$

Dalla tabella degli integrali immediati, sappiamo che $\int \frac{dx}{1+x^2} = \text{arctg}x + c$; in questo caso, non abbiamo proprio $\frac{1}{1+x^2}$, ma *quasi*; il *trucco* consiste nel raccogliere il 3, in modo che diventi 1: $\int \frac{dx}{2x^2+3} = \frac{1}{3}\int \frac{dx}{1+\frac{2x^2}{3}} = \frac{1}{3}\int \frac{dx}{1+\left(\sqrt{\frac{2}{3}}x\right)^2} = (*)$

a questo punto, si opera la sostituzione $\sqrt{\frac{2}{3}}x = t$:

$$\left.\begin{array}{l} \sqrt{\dfrac{2}{3}}x = t \\ dx = \sqrt{\dfrac{3}{2}}dt \end{array}\right\} \Rightarrow (*) = \frac{1}{3}\sqrt{\frac{3}{2}}\int \frac{dt}{1+t^2} = \frac{1}{3}\sqrt{\frac{3}{2}}\text{arctg}t + c = \frac{1}{3}\sqrt{\frac{3}{2}}\text{arctg}\sqrt{\frac{2}{3}}x + c.$$

Questo esempio ha mostrato come risolvere gli integrali del tipo

$$\boxed{\int \frac{dx}{a+(bx+c)^2} \qquad \text{con } a > 0}$$

si raccoglie a e ci si riconduce, con una sostituzione, all'arcotangente. □

Esempio 3.24 - $\int \frac{dx}{x^2+2x+2}$

In questo caso, c'è una scocciatura in più: il trinomio irriducibile al denominatore presenta anche il termine di primo grado. Dobbiamo cercare di scriverlo nella forma $1 + (\cdots)^2$, ove in $\cdots$ ci sia un polinomio di primo grado (in modo da ricondursi al caso precedente). Il *trucco* c'è ed è facile da ricordare: si divide a metà il coefficiente del termine di primo grado, in modo che salti fuori un quadrato perfetto e poi *si fanno tornare i conti ...* :

$$x^2 + 2x + 2 = (x+1)^2 + 1 \Rightarrow \int \frac{dx}{x^2+2x+2} = \int \frac{dx}{1+(x+1)^2} = (*)$$

$$\left.\begin{array}{l} x+1 = t \\ dx = dt \end{array}\right\} \Rightarrow (*) = \int \frac{dt}{1+t^2} = \text{arctg}t + c = \text{arctg}(x+1) + c.$$

Questo esempio ha mostrato come risolvere gli integrali del tipo

$$\boxed{\int \frac{dx}{x^2+px+q} \qquad \text{con } \Delta = p^2 - 4q < 0}$$

si scrive $x^2 + px + q = \left(x + \frac{p}{2}\right)^2 + q - \frac{p^2}{4}$ e poi si procede come prima. □

Esempio 3.25 - $\int \frac{x-1}{x^2-4x+5}dx$

Sempre più difficile ... ora, al numeratore, c'è un polinomio di primo grado e non un numero. Il *trucco* consiste nel *far saltare fuori* dapprima la derivata di un logaritmo (evidenziando al numeratore la derivata del denominatore), e poi procedere come prima, imparentando quel che resta alla derivata di un arcotangente (scrivendo il denominatore nella forma $1 + (\alpha x + \beta)^2$).
Il denominatore è $x^2 - 4x + 5$; la sua derivata è $2x - 4$; mettiamola al numeratore e poi *facciamo tornare i conti*: $\frac{x-1}{x^2-4x+5} = \frac{1}{2}\frac{2x-4}{x^2-4x+5} + \frac{1}{x^2-4x+5}$;
a questo punto, l'integrale si spezza in due integrali: il primo è immediato perché è del tipo $\int \frac{g'(x)}{g(x)}dx$, il secondo è del tipo precedente:
$\int \frac{x-1}{x^2-4x+5}dx = \frac{1}{2}\int \frac{2x-4}{x^2-4x+5}dx + \int \frac{dx}{x^2-4x+5} =$
$= \frac{1}{2}\log(x^2 - 4x + 5) + \int \frac{dx}{(x-2)^2+1} = \frac{1}{2}\log(x^2 - 4x + 5) + \operatorname{arctg}(x - 2) + c.$
Questo esempio ha mostrato come risolvere gli integrali del tipo

$$\boxed{\int \frac{Bx + C}{x^2 + px + q}dx \qquad \text{con } \Delta = p^2 - 4q < 0}$$

si mette al numeratore la derivata del denominatore (integrando, viene il logaritmo) e, in quel che avanza, si procede come al punto precedente. □

Osservazione - Arrivati a questo punto, sappiamo integrare qualsiasi funzione razionale, il cui denominatore abbia radici reali e/o complesse non reali, purché quelle complesse siano semplici.

Esempio 3.26 - $\int \frac{5x^2+5x+10}{x^3+2x^2+5x}dx$
La funzione integranda presenta al denominatore un trinomio irriducibile, moltiplicato per x: $x^3 + 2x^2 + 5x = x(x^2 + 2x + 5)$, ed ha al numeratore un polinomio di secondo grado; per prima cosa occorre quindi fare la decomposizione in fratti semplici:
$x^3 + 2x^2 + 5x = x(x^2 + 2x + 5)$, $x = 0$ reale semplice, $x^2 + 2x + 5$ trin. irr.;
$\frac{5x^2+5x+10}{x^3+2x^2+5x} = \frac{A}{x} + \frac{Bx+C}{x^2+2x+5} \Leftrightarrow$
$\Leftrightarrow 5(x^2 + x + 2) = A(x^2 + 2x + 5) + x(Bx + C) \Leftrightarrow A = 2, B = 3, C = 1;$
$f(x) = \frac{2}{x} + \frac{3x+1}{x^2+2x+5} = \frac{2}{x} + \frac{3}{2} \cdot \frac{2x+2}{x^2+2x+5} - \frac{2}{x^2+2x+5} =$
$= \frac{2}{x} + \frac{3}{2} \cdot \frac{2x+2}{x^2+2x+5} - \frac{2}{(x+1)^2+4} = \frac{2}{x} + \frac{3}{2} \cdot \frac{2x+2}{x^2+2x+5} - \frac{2}{4\left[1+\left(\frac{x+1}{2}\right)^2\right]},$

$\int \frac{5x^2+5x+10}{x^3+2x^2+5x}dx = \int \frac{2}{x}dx + \int \frac{3x+1}{x^2+2x+5}dx =$

$= \int \frac{2}{x} dx + \frac{3}{2} \int \frac{2x+2}{x^2+2x+5} dx - \frac{1}{2} \int \frac{dx}{1+\left(\frac{x+1}{2}\right)^2} =$

$= 2 \log |x| + \frac{3}{2} \log(x^2 + 2x + 5) - \operatorname{arctg} \frac{x+1}{2} + c.$ □

Riportiamo ora uno schema riassuntivo:

Integrazione delle funzioni razionali
$$\int f(x)dx = \int \frac{P_n(x)}{Q_m(x)} dx$$
$\diamond\, n \geq m:$ si divide P_n per Q_m e si passa al punto successivo;
$\diamond\, n < m:$ si decompone f in fratti semplici del tipo :
$\diamond\diamond$ $\dfrac{A}{(x-\overline{x})^r}$ in corrispondenza di radici reali $\overline{x}$,
$\diamond\diamond$ $\dfrac{Bx+C}{(x^2+px+q)^r}$ in corrispondenza di trin. irriduc. x^2+px+q;
(l'indice r va da 1 alla molteplicità della radice reale o complessa)
$\diamond$ si integrano i fratti semplici.

8 - Un terreno illimitato: l'integrale di Riemann improprio

Abbiamo visto come il *problema della misura* conduca allo studio dell'*integrale definito di Riemann* $\int_a^b f(x)dx$. Per far ciò occorre:

(i) un intervallo *limitato* $[a, b]$;

(ii) una funzione $f : [a, b] \to \mathbb{R}$, *limitata*;

(iii) proprietà di regolarità sulla f (*non troppi* punti di discontinuità).

Esigenze matematiche e applicative (ad esempio, il Calcolo delle probablità), impongono però di cercare di sganciarsi da questi tre vincoli.

Per il punto (iii), matematici come Peano, Jordan, Lebesgue, sono riusciti a dare una diversa definizione di integrale definito che, pur conservando i pregi dell'integrale di Riemann, amplia di molto la classe delle funzioni integrabili (ora, praticamente tutte, o quasi) ed è molto più maneggevole quando si abbia a che fare con successioni e serie di funzioni (per lo studio dell'*integrale di Lebesgue,* rimandiamo a testi più avanzati).

I vincoli (i) e (ii) possono invece essere superati senza bisogno di stravolgere la definizione di integrale: si parte dall'integrale definito di Riemann e si aggiunge un procedimento di limite; si perviene così al cosiddetto *integrale di Riemann improprio* o *generalizzato*.

È importante dire che questa generalizzazione è fatta in modo da riuscire a conservare molte delle principali proprietà dell'integrale definito di Riemann (ma non tutte, purtroppo).

Consideriamo quindi i due casi: (i') intervallo di integrazione *illimitato*;
(ii') funzione integranda *illimitata*.

In entrambi i casi, la regione $\mathcal{T}$ è *illimitata* (in orizzontale o in verticale); ha ancora senso chiedersi quale sia la sua misura?

Per avere un facile appoggio visivo, consideriamo il caso f non negativa; la figura mostra un esempio per ognuno dei due casi:

Figura 3.11

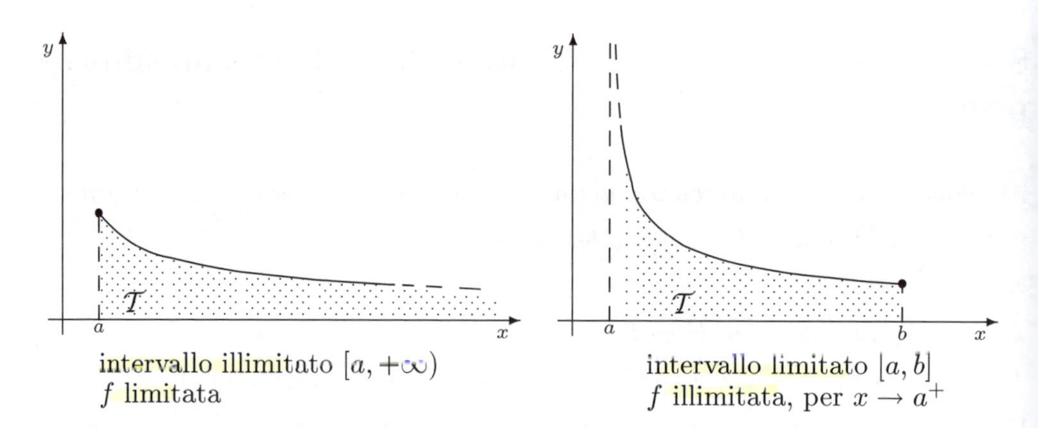

Per misurare $\mathcal{T}$, l'idea intuitiva è di:

◇ *troncare* la regione illimitata $\mathcal{T}$, tagliando la coda illimitata di destra, nel primo caso, o tagliando la fetta illimitata a sinistra, nel secondo;

◇ *misurare la regione limitata* così ottenuta, con l'integrale di Riemann *classico*;

$\diamond$ spostare il taglio verso destra, nel primo caso, o verso sinistra, nel secondo e *vedere se esiste il limite* delle misure delle regioni limitate.

Se si riescono a fare questi tre passi ed il limite esiste finito, sarà allora naturale assegnare questo valore come misura della regione illimitata $\mathcal{T}$.

Possiamo ora dare le definizioni matematiche, in generale (f di segno qualsiasi):

Definizione 3.27 - Integrale improprio su intervallo illimitato.

Sia $f : [a, +\infty) \to \mathbb{R}$, $\mathcal{R}$-*integrabile in ogni intervallo* $[a, k]$ $\forall k > a$. *Se*

$$\lim_{k\to+\infty} \int_a^k f(x)dx \begin{cases} = l \in \mathbb{R} & \textit{si dice che } f \textit{ ha integrale impr. convergente} \\ = \pm\infty & \textit{si dice che } f \textit{ ha integrale impr. divergente} \\ \nexists & \textit{si dice che } f \textit{ ha integrale impr. oscillante} \end{cases}$$

Nei primi due casi, si scrive $\int_a^{+\infty} f(x)dx = l / \pm\infty$.

Analogamente, nel caso $f : (-\infty, b] \longrightarrow \mathbb{R}$ *(si chiede* $f \in \mathcal{R}([h, b])$ $\forall h < b$ *e si considera* $\lim_{h\to-\infty} \int_h^b f(x)dx$*).*

Nel caso $f : \mathbb{R} \to \mathbb{R}$*, fissato un qualsiasi punto* c*, si considerano gli intervalli* $(-\infty, c]$ *e* $[c, +\infty)$*;* f *ha integrale improprio convergente su* $(-\infty, +\infty)$ *se e solo se convergono entrambi gli integrali* $\int_{-\infty}^c f$ *e* $\int_c^{+\infty} f$*; in questo caso, si pone* $\int_{-\infty}^{+\infty} f(x)dx = \int_{-\infty}^c f(x)dx + \int_c^{+\infty} f(x)dx$.

Se gli integrali $\int_{-\infty}^c f$ e $\int_c^{+\infty} f$ sono entrambi divergenti a $+\infty$ o entrambi a $-\infty$, allora $\int_{-\infty}^{+\infty} f = +\infty / -\infty$.

Esempio 3.27 -

(a) $f(x) = e^{-x}, I = [0, +\infty)$

f è continua in I, quindi $\mathcal{R}$-integrabile in ogni $[0, k]$ $\forall k > 0$; si ha:

$$\int_0^k e^{-x} dx = \left[-e^{-x}\right]_0^k = -e^{-k} + 1;$$

$$\lim_{k\to+\infty} \int_0^k e^{-x} dx = \lim_{k\to+\infty} (1 - e^{-k}) \Rightarrow \int_0^{+\infty} e^{-x} dx = 1;$$

(b) $f(x) = \frac{1}{x^\alpha}$, $I = [a, +\infty)$, $a > 0, \alpha > 0$

f è continua in I, quindi $\mathcal{R}$-integrabile in ogni $[a, k]$ $\forall k > a$; si ha:

$$\int_a^k \frac{dx}{x^\alpha} = \begin{cases} [\log x]_a^k = \log k - \log a & \text{se } \alpha = 1 \\ \frac{1}{-\alpha+1} \left[x^{-\alpha+1}\right]_a^k = \frac{k^{-\alpha+1} - a^{-\alpha+1}}{-\alpha+1} & \text{se } \alpha \neq 1 \end{cases}$$

$$\text{e quindi} \quad \lim_{k\to+\infty} \int_a^k \frac{dx}{x^\alpha} = \begin{cases} +\infty & \text{se } \alpha \leq 1 \\ \frac{a^{1-\alpha}}{\alpha-1} & \text{se } \alpha > 1 \end{cases};$$

in particolare, ad esempio: $\int_1^{+\infty} \frac{dx}{x} = +\infty$, $\int_1^{+\infty} \frac{dx}{\sqrt{x}} = +\infty$, $\int_1^{+\infty} \frac{dx}{x^2} = 1$;

(c) $f(x) = \frac{1}{1+x^2}$, $I = (-\infty, +\infty)$

f è continua in I, quindi $\mathcal{R}$-integrabile in ogni $[a, b]$ $\forall a, b \in \mathbb{R}, a < b$. Occorre considerare separatamente $(-\infty, 0]$ e $[0, +\infty)$; poiché f è pari, basta studiare uno solo dei due intervalli (nell'altro, si avrà lo stesso risultato); si ha:

$$\int_0^k \frac{dx}{1+x^2} = [\text{arctg}x]_0^k = \text{arctg}k; \quad \lim_{k\to+\infty} \int_0^k \frac{dx}{1+x^2} = \lim_{k\to+\infty} (\text{arctg}x) = \frac{\pi}{2};$$

quindi $\displaystyle\int_0^{+\infty} \frac{dx}{1+x^2} = \frac{\pi}{2}$ e $\displaystyle\int_{-\infty}^{+\infty} \frac{dx}{1+x^2} = \frac{\pi}{2} + \frac{\pi}{2} = \pi.$

(d) $f(x) = \frac{x}{1+x^2}$, $I = (-\infty, +\infty)$

f è continua in I, quindi $\mathcal{R}$-integrabile in ogni $[a, b]$ $\forall a, b \in \mathbb{R}, a < b$. Al contrario di prima, f è ora dispari; studiamola in $[0, +\infty)$:

$$\int_0^k \frac{xdx}{1+x^2} = \left[\frac{1}{2}\log(1+x^2)\right]_0^k = \frac{1}{2}\log(1+k^2);$$

$$\lim_{k\to+\infty} \int_0^k \frac{xdx}{1+x^2} = \frac{1}{2} \lim_{k\to+\infty} \log(1+k^2) = +\infty \Rightarrow \int_0^{+\infty} \frac{xdx}{1+x^2} = +\infty;$$

dal fatto che f è dispari, segue $\int_{-\infty}^0 \frac{xdx}{1+x^2} = -\int_0^{+\infty} \frac{xdx}{1+x^2} = -\infty$;

attenzione: $+\infty$ e $-\infty$ *non* si semplificano tra di loro (ricordarsi la forma di indecisione $+\infty - \infty$!); la funzione data, quindi, *non* ammette integrale improprio.

In generale, per una qualsiasi f dispari: **se** f ha integrale improprio convergente in $[0, +\infty)$, allora $\int_{-\infty}^{+\infty} f = 0$, altrimenti no. □

Osservazione -

◇ Se f ha definitivamente segno costante, per $x \to +\infty$, allora $\int_a^{+\infty} f$ o converge, o diverge (a $+\infty$ o a $-\infty$, a seconda del segno di f); non può presentarsi il caso dell'integrale oscillante. Questa regolarità dipende dal fatto che la funzione $I(k) = \int_a^k f$ è monotona non decrescente, se $f \geq 0$, o monotona non crescente, se $f \leq 0$, e quindi esiste, finito o infinito, $\lim_{k\to+\infty} \int_a^k f$ (si noti l'analogia con il caso delle serie a termini di segno definitivamente costante).

◇ Per l'integrale di Riemann improprio, restano valide quasi tutte le proprietà dell'integrale *classico*, viste nei paragrafi precedenti. In particolare, valgono le proprietà di omogeneità, di additività, di monotonia; non si può parlare di valore medio, perché l'intervallo è illimitato; valgono le formule di integrazione per parti e per sostituzione, con le dovute attenzioni (v. esempi)

Esempio 3.28 -
(a) $\int_{-\infty}^{2} xe^x dx = [xe^x]_{-\infty}^{2} - \int_{-\infty}^{2} e^x dx = 2e^2 - 0 - [e^x]_{-\infty}^{2} = 2e^2 - e^2 = e^2$;
(b) $\int_{e}^{+\infty} \frac{dx}{x(\log x)^2} = \int_{1}^{+\infty} \frac{dt}{t^2} = \left[-\frac{1}{t}\right]_{1}^{+\infty} = 0 - (-1) = 1.$ □

Osservazione - *Non vale* più la proprietà: f $\mathcal{R}$-integrabile $\Rightarrow$ $|f|$ $\mathcal{R}$-integrabile; può capitare infatti che f abbia integrale improprio convergente, mentre $|f|$ no (potrebbero esserci delle compensazioni, tra le regioni sopra e sotto l'asse delle x, che fanno sì che $\int f$ converga, mentre $\int |f|$ diverge; un esempio è dato da $f(x) = \frac{\sin x}{x}$). Vale invece il seguente

Teorema 3.28 - Teorema della convergenza assoluta. *Sia $f : [a, +\infty) \to I\!R$; se $|f|$ ammette integrale improprio convergente su $[a, +\infty)$, allora lo stesso avviene per f e vale la disuguaglianza* $\left|\int_{a}^{+\infty} f(x)dx\right| \leq \int_{a}^{+\infty} |f(x)|dx$.

Una funzione f tale che $|f|$ abbia integrale improprio convergente, si dice *assolutamente integrabile*; una funzione assolutamente integrabile è anche integrabile (in senso improprio); non vale il viceversa (come per le serie).

Utilizzando la definizione, ed i metodi di integrazione, si riesce (con un po' di conti) a stabilire se una funzione ha integrale improprio convergente, divergente od oscillante, e, nel primo caso, si riesce a calcolare il valore dell'integrale. Se si è però interessati solo a sapere se l'integrale converge o no (e non a conoscere il valore dell'integrale), conviene utilizzare delle scorciatoie, molto comode nella pratica:

Teorema 3.29 - Criterio del confronto.
Siano $f, g : [a, +\infty) \to I\!R$, $\mathcal{R}$-integrabili in ogni $[a, k]$ $\forall k > a$.
(i) Se vale $|f(x)| \leq g(x)$, definitivamente per $x \to +\infty$, e g ha integrale improprio convergente in $[a, +\infty)$, allora anche $|f|$ e quindi f hanno integrale improprio convergente;
(ii) se vale $f(x) \geq g(x) \geq 0$ (o $f(x) \leq g(x) \leq 0$), definitivamente per $x \to +\infty$, e g ha integrale improprio divergente in $[a, +\infty)$, allora anche f ha integrale improprio divergente.

Per ricordarselo: è l'analogo del criterio per le serie: minorante di convergente, converge; maggiorante di divergente, diverge.

Esempio 3.29 -
(a) $\int_1^{+\infty} \frac{\cos x}{x^2} dx$: per ogni x, vale $|f(x)| = \frac{|\cos x|}{x^2} \leq \frac{1}{x^2} = g(x)$; g ha integrale improprio convergente, quindi f è assolutamente integrabile; l'integrale converge;
(b) $\int_1^{+\infty} \frac{\log x}{x} dx$: per ogni $x \geq e$ vale $f(x) = \frac{\log x}{x} \geq \frac{1}{x} = g(x)$; g ha integrale improprio divergente a $+\infty$, quindi $\int_1^{+\infty} \frac{\log x}{x} dx = +\infty$;
(c) $\int_1^{+\infty} \frac{\sin x}{x} dx$: integrando per parti, si ha
$\int_1^{+\infty} \frac{\sin x}{x} dx = \left[-\frac{\cos x}{x}\right]_1^{+\infty} - \int_1^{+\infty} \frac{\cos x}{x^2} dx = \cos 1 - \int_1^{+\infty} \frac{\cos x}{x^2} dx$; l'ultimo integrale converge, come si è visto in (a), quindi converge anche $\int_1^{+\infty} \frac{\sin x}{x} dx$; si può dimostrare che invece $\frac{|\sin x|}{x}$ ha integrale divergente. □

Il criterio del confronto, applicato al caso delle funzioni $g(x) = \frac{1}{x^\alpha}$, che hanno integrale convergente per $\alpha > 1$ e divergente per $\alpha \leq 1$, fornisce questo comodo

Teorema 3.30 - Criterio basato sull'ordine di infinitesimo di f.
Sia $f : [a, +\infty) \to I\!R$, $\mathcal{R}$-integrabile in ogni $[a, k]$, $\forall k > a$.
(i) Se f, per $x \to +\infty$, è infinitesima di ordine non inferiore a $\frac{1}{x^\alpha}$, con $\alpha > 1$, allora $\int_a^{+\infty} f(x)dx$ converge;
(2) se f, per $x \to +\infty$, è infinitesima di ordine non superiore a $\frac{1}{x}$, allora $\int_a^{+\infty} f(x)dx$ diverge.
Nel caso in cui f, per $x \to +\infty$, sia infinitesima di ordine superiore a $\frac{1}{x}$, ma non sia di ordine $\alpha > 1$, il criterio non dà risposta.

Esempio 3.30 -
(a) $\int_1^{+\infty} \frac{\log(1+\frac{2}{x})}{x+\sqrt{x}} dx$: f è continua e, per $x \to +\infty$, vale $f(x) \sim \frac{\frac{2}{x}}{x+\sqrt{x}} \sim \frac{2}{x^2}$, quindi f è infinitesima di ordine 2; si conclude che l'integrale converge;
(b) $\int_a^{+\infty} \frac{dx}{\log x}, a > 1$: f è continua e, per $x \to +\infty$, è infinitesima di ordine inferiore a $\frac{1}{x}$ (perché $\lim_{x\to+\infty} \frac{x}{\log x} = +\infty$); si conclude che l'integrale diverge (a $+\infty$);.
(c) $\int_a^{+\infty} \frac{dx}{x \log x}, a > 1$: f è continua e, per $x \to +\infty$, è infinitesima di ordine superiore a $\frac{1}{x}$, ma non di ordine almeno $\alpha > 1$; infatti:

$$\lim_{x\to+\infty} \frac{\frac{1}{x \log x}}{\frac{1}{x}} = \lim_{x\to+\infty} \frac{1}{\log x} = 0,$$

ma, per ogni $\alpha > 1$: $\lim_{x\to+\infty} \frac{\frac{1}{x\log x}}{\frac{1}{x^\alpha}} = \lim_{x\to+\infty} \frac{x^{\alpha-1}}{\log x} = +\infty$;
il criterio, quindi, non dà risposta; con la sostituzione $\log x = t$, si ottiene, per ogni $a > 1$: $\int_a^{+\infty} \frac{dx}{x\log x} = \int_{\log a}^{+\infty} \frac{dt}{t} = +\infty$;
(d) il criterio del confronto, nel caso $\alpha \neq 1$, e la sostituzione $\log x = t$, nel caso $\alpha = 1$, consentono di concludere che, per ogni $a > 1$, vale

$$\int_a^{+\infty} \frac{dx}{x^\alpha(\log x)^\beta} \begin{cases} \text{converge} & \text{se } \alpha > 1, \forall\beta \text{ oppure } \alpha = 1, \beta > 1 \\ \text{diverge} & \text{se } \alpha < 1, \forall\beta \text{ oppure } \alpha = 1, \beta \leq 1 \end{cases}$$

(si noti l'analogia con la serie armonica generalizzata). □

Passiamo ora a considerare il caso di intervallo limitato, ma funzione illimitata. Quanto ora vedremo sarà del tutto simile al caso precedente, salvo che ora, invece di far tendere x all'infinito, lo si farà tendere al punto nell'intorno del quale f risulta illimitata. Segnaleremo solo le poche, ma importanti, variazioni (si tenga sott'occhio la figura 3.11).

Definizione 3.31 - Integrale improprio di funzione illimitata, su intervallo limitato.

Sia $f : (a, b] \to \mathbb{R}$, $\mathcal{R}$-integrabile in ogni intervallo $[k, b]$ $\forall k :\ a < k < b$, e illimitata in un intorno di a. Se

$$\lim_{k\to a^+} \int_k^b f(x)dx \begin{cases} = l \in \mathbb{R} & \textit{si dice che } f \textit{ ha integrale impr. convergente} \\ = \pm\infty & \textit{si dice che } f \textit{ ha integrale impr. divergente} \\ \nexists & \textit{si dice che } f \textit{ ha integrale impr. oscillante} \end{cases}$$

Nei primi due casi, si scrive $\int_a^b f(x)dx = l/\pm\infty$.
Analogamente, nel caso $f : [a, b) \longrightarrow \mathbb{R}$ (si chiede $f \in \mathcal{R}([a, h])$ $\forall h :\ a < h < b$, illimitata in un intorno di b, e si considera $\lim_{h\to b^-} \int_a^h f(x)dx$).
Nel caso $f : (a, b) \to \mathbb{R}$, f illimitata sia in un intorno di a, sia in un intorno di b, fissato un qualsiasi punto $c, a < c < b$, si considerano gli intervalli $[a, c]$ e $[c, b]$; f ha integrale improprio convergente su $[a, b]$ se e solo se convergono entrambi gli integrali $\int_a^c f$ e $\int_c^b f$.

Esempio 3.31 -

(a) $f(x) = \log x, I = (0, 1]$
f è continua in I, quindi $\mathcal{R}$-integrabile in ogni $[k, 1]$ $\forall k :\ 0 < k < 1$; si ha:

$$\int_k^1 \log x dx = [x \log x - x]_k^1 = -1 - k \log k + k$$

$$\lim_{k\to 0^+} \int_k^1 \log x dx = \lim_{k\to 0^+} (-1 - k\log k + k) = -1 \;\Rightarrow\; \int_0^1 \log x dx = -1;$$

(b) $f(x) = \frac{1}{x^\alpha}$, $I = (0, b]$, $b > 0, \alpha > 0$

f è continua in I, quindi $\mathcal{R}$-integrabile in ogni $[k, b]$ $\forall k:\ 0 < k < b$; si ha:

$$\int_k^b \frac{dx}{x^\alpha} = \begin{cases} [\log x]_k^b = \log b - \log k & \text{se } \alpha = 1 \\ \frac{1}{-\alpha+1}\left[x^{-\alpha+1}\right]_k^b = \frac{b^{-\alpha+1} - k^{-\alpha+1}}{-\alpha+1} & \text{se } \alpha \neq 1 \end{cases}$$

e quindi $\displaystyle \lim_{k\to 0^+} \int_k^b \frac{dx}{x^\alpha} = \begin{cases} +\infty & \text{se } \alpha \geq 1 \\ \frac{b^{1-\alpha}}{1-\alpha} & \text{se } \alpha < 1 \end{cases}$;

in particolare, ad esempio: $\int_0^1 \frac{dx}{x} = +\infty$, $\int_0^1 \frac{dx}{x^2} = +\infty$, $\int_0^1 \frac{dx}{\sqrt{x}} = 2$;

(c) $f(x) = \frac{1}{\sqrt{1-x^2}}$, $I = (-1, 1)$

f è continua in I, quindi $\mathcal{R}$-integrabile in ogni $[k, h]$ $\forall k, h:\ -1 < k < h < 1$. Occorre considerare separatamente $(-1, 0]$ e $[0, 1)$; poiché f è pari, basta studiare uno solo dei due intervalli:

$$\int_0^h \frac{dx}{\sqrt{1-x^2}} = [\arcsin x]_0^h = \arcsin h;$$

$$\lim_{h\to 1^-} \int_0^h \frac{dx}{\sqrt{1-x^2}} = \lim_{h\to 1^-} (\arcsin h) = \frac{\pi}{2};$$

quindi $\displaystyle \int_0^1 \frac{dx}{\sqrt{1-x^2}} = \int_{-1}^0 \frac{dx}{\sqrt{1-x^2}} = \frac{\pi}{2}$ e $\displaystyle \int_{-1}^1 \frac{dx}{\sqrt{1-x^2}} = \frac{\pi}{2} + \frac{\pi}{2} = \pi$;

(d) $f(x) = \frac{1}{x}$, $I = [-1, 1]$

f è continua in $I\backslash\{0\}$; occorre studiare separatamente $[0, 1]$ e $[-1, 0]$: si ha $\int_0^1 \frac{dx}{x} = +\infty$, quindi, poiché f è dispari, si ha $\int_{-1}^0 \frac{dx}{x} = -\infty$; $+\infty$ e $-\infty$ *non* si semplificano tra di loro; la funzione $\frac{1}{x}$, quindi, *non* ammette integrale improprio su $[-1, 1]$.

□

Osservazione -

◇ Se f è simmetrica rispetto ad un punto c, nell'intorno del quale è illimitata, allora, *se* f ha integrale improprio convergente in $[c, c+b]$, vale $\int_{c-b}^{c+b} f = 0$, altrimenti no (v. esempio (d)).

◇ Se f ha definitivamente segno costante, per $x \to a^+$, allora $\int_a^b f$ o converge, o diverge.

◇ Oltre a omogeneità, additività e monotonia, restano valide le seguenti proprietà: il *teorema del valor medio*, che vale se f è continua in (a,b); il *teorema fondamentale del calcolo integrale* (in corrispondenza di un asintoto verticale di f, la funzione integrale F presenta o un flesso a tangente verticale o una cuspide).

Analogamente a prima, esistono criteri per la convergenza o divergenza di un integrale improprio:

Teorema 3.32 - Criterio del confronto.
Siano $f, g : (a,b] \to I\!R$, $\mathcal{R}$-integrabili in ogni $[k,b]$ $\forall k : \; a < k < b$.
(i) Se vale $|f(x)| \leq g(x)$, definitivamente per $x \to a^+$, e g ha integrale improprio convergente in $[a,b]$, allora anche $|f|$ e quindi f hanno integrale improprio convergente;
(ii) se vale $f(x) \geq g(x) \geq 0$ (o $f(x) \leq g(x) \leq 0$), definitivamente per $x \to a^+$, e g ha integrale improprio divergente in $[a,b]$, allora anche f ha integrale improprio divergente.

Esempio 3.32 -
(a) $\int_0^1 \sin\frac{1}{x}\log x dx$: per $x \to 0^+$ vale $|f(x)| \leq -\log x = g(x)$; g ha integrale improprio convergente, quindi f è assolutamente integrabile in $[0,1]$;
(b) $\int_0^1 e^{\frac{1}{x}} dx$: per $x \to 0^+$, vale definitivamente $f(x) \geq \frac{1}{x^2} = g(x)$; g ha integrale improprio divergente a $+\infty$, quindi $\int_0^1 f(x)dx = +\infty$. □

Il criterio del confronto, applicato al caso delle funzioni $g(x) = \frac{1}{(x-a)^\alpha}$, che hanno, in $[a,b]$, integrale improprio convergente per $\alpha < 1$ e divergente per $\alpha \geq 1$, fornisce questo comodo

Teorema 3.33 - Criterio basato sull'ordine di infinito di f.
Sia $f : (a,b] \to I\!R$, $\mathcal{R}$-integrabile in ogni $[k,b]$ $\forall k : \; a < k < b$.
(i) Se f, per $x \to a^+$, è infinita di ordine non superiore a $\frac{1}{(x-a)^\alpha}$, con $\alpha < 1$, allora $\int_a^b f(x)dx$ converge;
(ii) se f, per $x \to a^+$, è infinita di ordine non inferiore a $\frac{1}{x-a}$, allora $\int_a^b f(x)dx$ diverge.

Nel caso in cui f, per $x \to a^+$, sia infinita di ordine inferiore a $\frac{1}{x-a}$, ma non sia di ordine $\alpha < 1$, il criterio non dà risposta.

Attenzione: ora i risultati sono *rovesciati* rispetto a prima!

Esempio 3.33 -
(a) $\int_0^1 \frac{1}{x+\sqrt{x}}dx$: f è continua e, per $x \to 0^+$, vale $f(x) \sim \frac{1}{\sqrt{x}}$, quindi f è infinita di ordine $\frac{1}{2}$ rispetto a $\frac{1}{x}$; si conclude che l'integrale converge;
(b) $\int_1^3 \frac{dx}{x^2-5x+4}$: f è continua e, per $x \to 1^+$, è infinita di ordine 1 rispetto a $\frac{1}{x-1}$ (perché $x^2-5x+4=(x-1)(x-4)$); si conclude che l'integrale diverge, a $-\infty$, perché $f(x)<0\ \forall x \in (1,3)$;
(c) $\int_1^e \frac{dx}{\log x}$: f è continua e, per $x \to 1^+$, vale $\frac{1}{\log x} = \frac{1}{\log(1+(x-1))} \sim \frac{1}{x-1}$; l'integrale diverge a $+\infty$;
(d) $\int_0^b \frac{dx}{x \log x}, b<1$: f è continua e, per $x \to 0^+$, è infinita di ordine inferiore a $\frac{1}{x}$, ma non di ordine $\alpha<1$; infatti:

$$\lim_{x\to 0^+} \frac{\frac{1}{x\log x}}{\frac{1}{x}} = \lim_{x\to 0^+} \frac{1}{\log x} = 0;$$

ma, per ogni $\alpha<1$: $\lim_{x\to 0^+} \frac{\frac{1}{x\log x}}{\frac{1}{x^\alpha}} = \lim_{x\to 0^+} \frac{1}{x^{1-\alpha}\log x} = -\infty;$

il criterio non dà risposta; con la sostituzione $\log x = t$, si ottiene, per ogni $b,\ 0<b<1$: $\int_0^b \frac{dx}{x\log x} = \int_{-\infty}^{\log b} \frac{dt}{t} = -\infty$;
(e) il criterio del confronto, nel caso $\alpha \neq 1$, e la sostituzione $\log x = t$, nel caso $\alpha = 1$, consentono di concludere che, per ogni $b,\ 0<b<1$:

$$\int_0^b \frac{dx}{x^\alpha |\log x|^\beta} \begin{cases} \text{converge} & \text{se } \alpha<1, \forall\beta \text{ oppure } \alpha=1, \beta>1 \\ \text{diverge} & \text{se } \alpha>1, \forall\beta \text{ oppure } \alpha=1, \beta\leq 1 \end{cases}$$ □

9 - Calcolo di aree

Grazie al concetto di integrale definito (proprio od improprio), al teorema fondamentale del calcolo integrale ed ai metodi di integrazione, possiamo determinare l'area di alcuni tipi di regioni piane.

Il primo caso, in parte già considerato fin dall'inizio del capitolo, è quello della regione compresa tra il grafico di una funzione $y = f(x)$, in un intervallo I, e l'asse delle ascisse:

$$f(x) \geq 0 \ \forall x \in I \quad \Rightarrow \quad \text{area} = \int_I f(x)dx;$$
$$f(x) \leq 0 \ \forall x \in I \quad \Rightarrow \quad \text{area} = -\int_I f(x)dx;$$

se invece f cambia segno un numero finito di volte in I, allora occorre suddividere I nei sottointervalli in cui $f(x) \geq 0$ e in quelli in cui $f(x) \leq 0$; l'area della regione è data dalla somma degli integrali definiti di f negli intervalli del primo tipo *meno* la somma degli integrali definiti di f negli intervalli del secondo tipo.

Esempio 3.34 - Determiniamo l'area della regione compresa tra il grafico della funzione $f(x) = \frac{x-3}{x+2}$, nell'intervallo $I = [1, 10]$ e l'asse delle x.
Il grafico di f è un'iperbole con asintoti $y = 1$ e $x = -2$, passante per $(3, 0)$ e $(0, -\frac{3}{2})$; nell'intervallo $[1, 10]$, si ha $f(x) > 0$ se $x > 3$, $f(x) < 0$ se $x < 3$; la regione di cui calcolare l'area è quella punteggiata in figura:

Figura 3.12

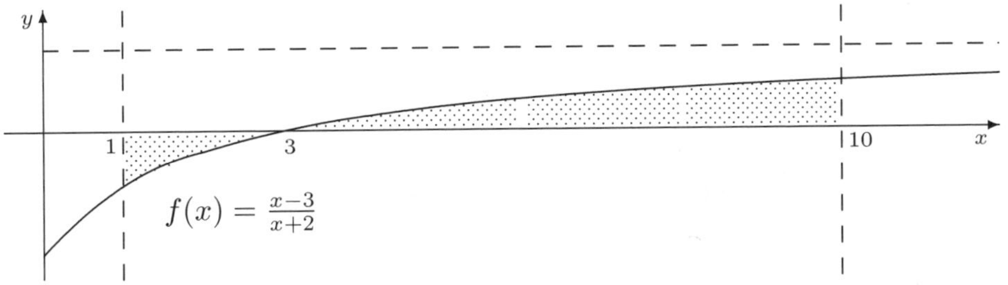

$$\text{area} = -\int_1^3 f(x)dx + \int_3^{10} f(x)dx;$$

$$\frac{x-3}{x+2} = \frac{1 \cdot (x+2) - 5}{x+2} = 1 - \frac{5}{x+2};$$

$$\int f(x)dx = \int dx - 5\int \frac{dx}{x+2} = x - 5\log|x+2| + c;$$

$$-\int_1^3 f(x)dx + \int_3^{10} f(x)dx = -\left[x - 5\log(x+2)\right]_1^3 + \left[x - 5\log(x+2)\right]_3^{10} =$$

$$= -(3 - 5\log 5 - 1 + 5\log 3) + 10 - 5\log 12 - 3 + 5\log 5 = 5 + 10\log\frac{5}{6}. \qquad \square$$

Esempio 3.35 - Calcoliamo l'area della regione compresa tra il grafico della funzione $f(x) = e^{-|x|}$ e l'asse delle ascisse.
f è definita, continua e positiva per ogni $x \in \mathbb{R}$; l'area (finita o infinita) della re-

gione è quindi data da $\int_{-\infty}^{+\infty} f(x)dx$. f è infinitesima, per $x \to \pm\infty$, di tipo esponenziale, quindi di ordine superiore a qualsiasi numero positivo rispetto all'infinitesimo campione $\frac{1}{x}$; f ha pertanto integrale improprio convergente in $\mathbb{R}$; l'area è quindi finita; il suo valore è dato da:

$$\text{area} = \int_{-\infty}^{+\infty} e^{-|x|}dx = 2\int_0^{+\infty} e^{-x}dx = 2\left[-e^{-x}\right]_0^{+\infty} = 2.$$

Figura 3.13

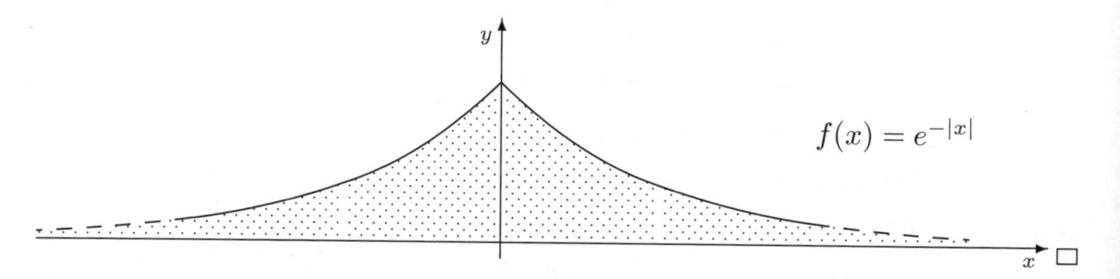

Nel secondo caso, si considera la regione compresa tra i grafici di due funzioni f e g, in un intervallo I.
Se una linea è sempre sopra l'altra (sia, ad esempio, $f(x) \geq g(x)\ \forall x \in I$), allora l'area è data da $\int_I (f(x) - g(x))dx$, qualsiasi siano i segni di f e g.
Se, invece, le due linee si intersecano un numero finito di volte, occorre suddividere I nei sottointervalli in cui vale $f(x) \geq g(x)$ e in quelli ove vale $g(x) \geq f(x)$; l'area è data dalla somma degli integrali di $f - g$ negli intervalli del primo tipo, e degli integrali di $g - f$ negli intervalli del secondo tipo.

Esempio 3.36 - Determiniamo l'area della regione limitata di piano, compresa tra i grafici di $f(x) = x^2 - 4x + 3$ e di $g(x) = -x^2 + 4x + 3$.
I grafici di f e g sono due parabole con asse parallelo all'asse y, la prima convessa, la seconda concava, che si intersecano nei punti $(0, 3)$ e $(4, 3)$ (si noti che una parabola si ottiene dall'altra per simmetria rispetto alla retta $y = 3$); le due parabole dividono il piano in cinque regioni connesse, di cui una sola è limitata, quella punteggiata in figura 3.14.

Figura 3.14

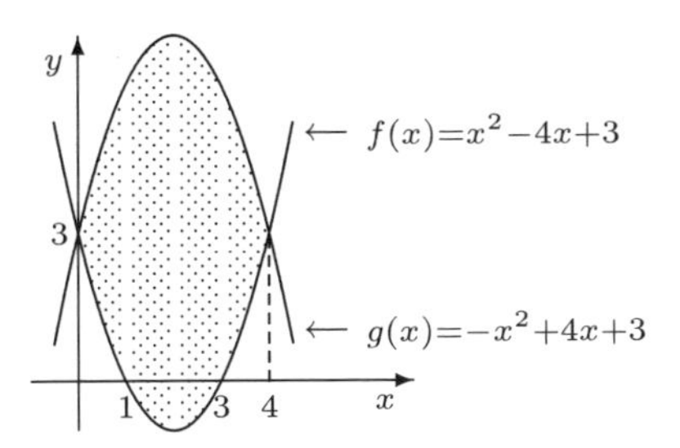

Poiché, nell'intervallo $I = [0,4]$, si ha $g(x) \geq f(x)$, l'area della regione indicata è uguale all'integrale definito della funzione $g - f$ in $[0,4]$, pertanto

$$\text{area} = \int_0^4 (g(x) - f(x))dx = \int_0^4 (-x^2 + 4x + 3 - x^2 + 4x - 3)dx =$$
$$= 2\int_0^4 (-x^2 + 4x)dx = 2\left[-\frac{x^3}{3} + 2x^2\right]_0^4 = 2\left(-\frac{64}{3} + 32\right) = \frac{64}{3}.$$ □

Esempio 3.37 - Determiniamo l'area della regione compresa tra i grafici delle funzioni $f(x) = x\sin x$ e $g(x) = \frac{x}{2}\sin x$, nell'intervallo $I = [\frac{\pi}{2}, \frac{5}{2}\pi]$.

Considerando il segno di $\sin x$, si ha: $\begin{cases} f(x) \geq g(x) & \text{se } \frac{\pi}{2} \leq x \leq \pi \\ f(x) \leq g(x) & \text{se } \pi \leq x \leq 2\pi \\ f(x) \geq g(x) & \text{se } 2\pi \leq x \leq \frac{5}{2}\pi \end{cases}$. Pertanto:

$$\text{area} = \int_{\frac{\pi}{2}}^{\pi} (f - g)(x)dx + \int_{\pi}^{2\pi} (g - f)(x)dx + \int_{2\pi}^{\frac{5}{2}\pi} (f - g)(x)dx = 3\pi.$$ □

A3

Appendice al Capitolo 3

1 - Integrali dipendenti da un parametro

Nel calcolo di integrali definiti $\int_a^b f(x)dx$, può capitare che la funzione integranda f dipenda anche da un parametro u, che assume valori in un intervallo $[c,d]$ (f risulta quindi una funzione di due variabili, $f(x,u)$, $x \in [a,b]$, $u \in [c,d]$);

supponiamo che f sia $\mathcal{R}$-integrabile in $[a,b]$, per ogni u. Fissato un valore del parametro u, si può calcolare l'integrale definito di f in $[a,b]$, ottenendo il numero $\int_a^b f(x,u)dx$; facendo variare u in $[c,d]$, si ottiene allora una *funzione* di u (*integrale dipendente da un parametro*):

$$F(u) := \int_a^b f(x,u)dx \qquad u \in [c,d].$$

Si può dimostrare che, sotto opportune ipotesi sulla f, la funzione F gode di buone proprietà relativamente al calcolo dei limiti, alla derivazione, alla integrazione. Valgono i seguenti risultati

Teorema A3.1 - *Sia f continua in $[a,b]\times[c,d]$; allora F è continua in $[c,d]$ e vale la* ***formula di passaggio al limite sotto il segno di integrale****:* $\lim_{u\to u_0} F(u) = \lim_{u\to u_0} \int_a^b f(x,u)dx = \int_a^b \lim_{u\to u_0} f(x,u)dx.$

Teorema A3.2 - *Sia f continua e derivabile rispetto ad u in $[a,b]\times[c,d]$ e tale che la derivata parziale $\frac{\partial f}{\partial u}$ sia anch'essa continua in $[a,b]\times[c,d]$; allora F è derivabile in $[c,d]$ e vale la* ***formula di derivazione sotto il segno di integrale****:* $F'(u) = \frac{d}{du}\int_a^b f(x,u)dx = \int_a^b \frac{\partial f}{\partial u}(x,u)dx$.

Teorema A3.3 - *Sia f continua in $[a,b]\times[c,d]$; allora F è integrabile in $[c,d]$ e vale la* ***formula di integrazione sotto il segno di integrale****, o invertibilità di due integrazioni successive:*

$$\int_c^d F(u)du = \int_c^d \left(\int_a^b f(x,u)dx\right)du = \int_a^b \left(\int_c^d f(x,u)du\right)dx.$$

Esempio A3.1 - La funzione $f(x,u) = \frac{\log(e+u)}{1+x^2+u^2}$ è continua in $\mathbb{R}\times(-e,+\infty)$; posto $[a,b]=[-1,1]$ e quindi $F(u)=\int_{-1}^1 f(x,u)dx$, si ha, passando al limite sotto il segno di integrale,

$$\begin{aligned}\lim_{u\to 0} F(u) &= \lim_{u\to 0}\int_{-1}^1 \tfrac{\log(e+u)}{1+x^2+u^2}dx = \int_{-1}^1 \lim_{u\to 0}\tfrac{\log(e+u)}{1+x^2+u^2}dx = \\ &= \int_{-1}^1 \tfrac{1}{1+x^2}dx = [\text{arctg}x]_{-1}^1 = \tfrac{\pi}{2}.\end{aligned}$$

□

Esempio A3.2 - Si consideri la funzione $f(x,u) = \frac{1}{x^2+u}$; f è continua in $\mathbb{R}\times[c,d]$, $\forall c,d:\ 0<c<d$; inoltre, f è derivabile rispetto ad u e la sua derivata

parziale, $\frac{\partial f}{\partial u}(x,u) = -\frac{1}{(x^2+u)^2}$ è anch'essa continua. Si ha quindi
$F(u) = \int_a^b f(x,u)dx = \int_a^b \frac{1}{x^2+u}dx \Rightarrow F'(u) = \int_a^b \frac{\partial f}{\partial u}(x,u)dx = -\int_a^b \frac{1}{(x^2+u)^2}dx$;
prendiamo ora $[a,b] = [0,1]$ e osserviamo che
$F(u) = \int_0^1 \frac{dx}{x^2+u} = \frac{1}{u}\int_0^1 \frac{dx}{1+(\frac{x}{\sqrt{u}})^2} = \frac{1}{\sqrt{u}}\left[\text{arctg}\frac{x}{\sqrt{u}}\right]_0^1 = \frac{1}{\sqrt{u}}\text{arctg}\frac{1}{\sqrt{u}}$;
possiamo quindi calcolare $F'(u)$, ottenendo: $F'(u) = -\frac{1}{2u^{\frac{3}{2}}}\text{arctg}\frac{1}{\sqrt{u}} - \frac{1}{2u(u+1)}$.
Uguagliando le due espressioni trovate per $F'(u)$, si ricava:

$$\frac{1}{2u^{\frac{3}{2}}}\text{arctg}\frac{1}{\sqrt{u}} + \frac{1}{2u(u+1)} = \int_0^1 \frac{1}{(x^2+u)^2}dx \qquad \forall u > 0;$$

in particolare, per $u = 1$, si ha $\int_0^1 \frac{1}{(x^2+1)^2}dx = \frac{\pi}{8} + \frac{1}{4}$ (nel corso degli esercizi sull'integrazione di funzioni razionali, viene descritto un altro modo di ottenere questo risultato). □

Esempio A3.3 - Sia $f(x,u) = e^x + u$, continua in $\mathbb{R} \times \mathbb{R}$; considerati, ad esempio, gli intervalli $[a,b] = [0,2]$ e $[c,d] = [0,3]$, si ottiene che la funzione $F(u) = \int_0^2 (e^x + u)dx$ è integrabile in $[0,3]$ e vale:

$$\int_0^3 \left(\int_0^2 (e^x+u)dx\right) du = \int_0^2 \left(\int_0^3 (e^x+u)du\right) dx; \quad \text{infatti :}$$

$$\int_0^3 \left(\int_0^2 (e^x+u)dx\right) du = \int_0^3 [e^x + ux]_0^2\, du = \int_0^3 (e^2 + 2u - 1)du =$$

$$= \left[(e^2-1)u + u^2\right]_0^3 = 3e^2 + 6;$$

$$\int_0^2 \left(\int_0^3 (e^x+u)du\right) dx = \int_0^2 \left[e^x u + \frac{u^2}{2}\right]_0^3 dx = \int_0^2 (3e^x + \tfrac{9}{2})dx =$$

$$= \left[3e^x + \tfrac{9}{2}x\right]_0^2 = 3e^2 + 6.$$

□

2 - Integrali impropri e serie

Ripensiamo un attimo alle definizioni di integrale improprio e di serie: nel primo caso, si considera il *limite* di integrali propri ($\lim_{k\to+\infty}\int_a^k f$), nel secondo, il *limite* di somme finite ($\lim_{n\to+\infty}\sum_{k=0}^n a_k$); la somiglianza è notevole.
In questo paragrafo, riportiamo alcuni risultati, che consentono di studiare le serie per mezzo di integrali (e viceversa, ma in generale si usano nel primo senso, perché è più facile vedere la convergenza di un integrale).

Innanzitutto, una serie $\sum_{n=0}^{+\infty} a_n$ può essere vista come l'integrale improprio su

$[0, +\infty)$ di una particolare funzione a gradini:

Figura A3.1

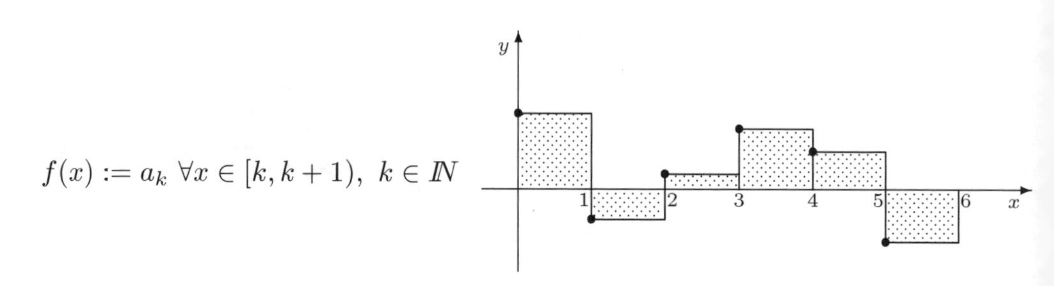

Si ha $\sum_{k=0}^{n} a_k = a_0 + a_1 + \cdots + a_n = \int_0^1 a_0 dx + \int_1^2 a_1 dx + \cdots + \int_n^{n+1} a_n dx = \int_0^{n+1} f(x)dx$; e quindi: *la serie $\sum_{n=0}^{+\infty} a_n$ converge se e solo se converge l'integrale improprio $\int_0^{+\infty} f(x)dx$ (con f definita come sopra); in caso di convergenza, vale l'uguaglianza $\sum_{n=0}^{+\infty} a_n = \int_0^{+\infty} f(x)dx$.*
Se l'integrale è divergente, allora la serie è divergente; se la serie è non negativa e divergente, allora l'integrale è divergente.

Teorema A3.4 - Criterio di convergenza. *Se esiste una funzione non negativa f, con integrale improprio convergente su $[0, +\infty)$ e tale che $|a_n| \leq f(x) \;\; \forall x : \; n \leq x \leq n+1, \; \forall n \in I\!N$, allora la serie $\sum_{n=0}^{+\infty} a_n$ è assolutamente convergente.*

Esempio A3.4 - Semplici calcoli ci hanno mostrato che $\int_1^{+\infty} \frac{dx}{x^\alpha}$ converge se e solo se $\alpha > 1$; dalla disuguaglianza $\frac{1}{(n+1)^\alpha} \leq \frac{1}{x^\alpha} \;\; \forall x : \; n \leq x \leq n+1$, segue la convergenza della serie $\sum_{n=1}^{+\infty} \frac{1}{(n+1)^\alpha}$, e quindi di $\sum_{n=1}^{+\infty} \frac{1}{n^\alpha}$, per ogni $\alpha > 1$. In modo simile, si dimostra che la serie $\sum_{n=2}^{+\infty} \frac{1}{n(\log n)^\beta}$ converge per ogni $\beta > 1$. □

Teorema A3.5 - *Sia f non negativa ed integrabile in ogni intervallo chiuso e limitato di $[0, +\infty)$; allora f ha integrale improprio convergente su $[0, +\infty)$ se e solo se converge la serie $\sum_{n=0}^{+\infty} \int_n^{n+1} f(x)dx$. Il valore dell'integrale coincide con la somma sella serie.*

Teorema A3.6 - Teorema di MacLaurin. *Sia $f : [0, +\infty) \to I\!R$, monotona. Allora $\sum_{n=0}^{+\infty} f(n)$* e *$\int_0^{+\infty} f(x)dx$ sono entrambi convergenti od entrambi divergenti.*

3 - Un cenno all'integrazione numerica

Il calcolo di un integrale definito $\int_a^b f(x)dx$ può essere impossibile (se f non ammette primitive elementari), oppure teoricamente possibile, ma non facile; può anche capitare che la funzione integranda f non sia nota per ogni $x \in [a,b]$, ma solo per alcuni x (ad esempio, perché discende da valori sperimentali). In tutti questi casi, è utile conoscere dei metodi che consentano di calcolare un integrale definito in modo *approssimato*.

Le cosiddette *formule di quadratura* consistono nel sostituire ad f una sua approssimazione φ, per la quale il calcolo dell'integrale sia molto più semplice. L'*analisi numerica* studia le funzioni φ più adatte e dà stime dell'errore che si commette considerando $\int_a^b \varphi$ al posto di $\int_a^b f$.

Diamo qui solo un cenno ai metodi più semplici. Nei primi tre si sostituisce f con una funzione costituita da segmenti, nel quarto, con una funzione formata da archi di parabole.

D'ora innanzi, si considererà sempre una *equipartizione* di $[a,b]$:

$$a = x_0,\ x_1 = a + \tfrac{b-a}{n},\ x_2 = a + 2\tfrac{b-a}{n},\ \cdots,\ x_n = a + n\tfrac{b-a}{n} = b.$$

Si tenga sott'occhio la figura A3.2.

Metodo dei rettangoli

Consiste nel sostituire ad f una funzione φ *costante a tratti*, che coincida con f nei punti $x_0 = a < x_1 < \cdots < x_{n-1}$; il trapezioide $\mathcal{T}$ viene quindi approssimato con un *plurirettangolo*.

Sia φ, definita da $\varphi(x) = f(x_{i-1})\ \forall x \in [x_{i-1}, x_i),\ i = 1, 2, \ldots, n$; come valore approssimato di $\int_a^b f(x)dx$, si prende quindi

$$\int_a^b \varphi(x)dx = \frac{b-a}{n}\left[f(a) + f(x_1) + \cdots + f(x_{n-1})\right].$$

Vale la seguente stima dell'errore:

Sia $f : [a,b] \to \mathbb{R}$, derivabile e tale che $|f'(x)| \le M\ \forall x \in [a,b]$; allora:

$$\left| \int_a^b f(x)dx - \int_a^b \varphi(x)dx \right| \le \frac{M(b-a)^2}{4n}.$$

Il metodo dei rettangoli è molto semplice, ma non altrettanto utile, nella pratica, perché, per avere un'approssimazione abbastanza buona, occorre prendere

n molto grande (ad esempio, per $[a, b] = [0, 1]$ e $M = 1$, per avere un errore inferiore ad un millesimo, occorre prendere almeno $n = 250$).
Nel metodo dei rettangoli, si può prendere come valore di $\varphi(x)$, nell'intervallino $[x_{i-1}, x_i]$, uno qualsiasi dei valori di $f(x)$, non necessariamente quello nell'estremo di sinistra.

Metodo delle tangenti o del punto medio

Consiste nel sostituire f con una particolare *spezzata poligonale*; in ogni intervallino $[x_{i-1}, x_i]$, si considera la tangente al grafico di f nel punto di mezzo $\frac{x_{i-1}+x_i}{2}$. Come si vede dalla figura, l'area del trapezio così ottenuto, coincide con l'area del rettangolo avente come altezza il valore di f nel punto medio $\frac{x_{i-1}+x_i}{2}$; si ha quindi la *formula delle tangenti* o *del punto medio*:

$$\int_a^b \varphi(x)dx = \frac{b-a}{n}\left[f(z_1) + f(z_2) + \cdots + f(z_n)\right], \quad z_i := \frac{x_{i-1}+x_i}{2}, \quad i = 1, 2, \ldots, n.$$

Metodo delle secanti o di Bézout

Consiste nel sostituire ad f la spezzata poligonale ottenuta unendo i segmenti di estremi $(x_{i-1}, f(x_{i-1}))$ e $(x_i, f(x_i))$, al variare di i tra 1 e n. Si ottiene la *formula di Bézout*:

$$\begin{aligned}\int_a^b \varphi(x)dx &= \tfrac{b-a}{n}\left[\tfrac{f(x_0)+f(x_1)}{2} + \tfrac{f(x_1)+f(x_2)}{2} + \cdots + \tfrac{f(x_{n-1})+f(x_n)}{2}\right] = \\ &= \tfrac{b-a}{n}\left[\tfrac{f(a)+f(b)}{2} + f(x_1) + \cdots + f(x_{n-1})\right].\end{aligned}$$

Vale la seguente stima dell'errore:

Sia $f : [a, b] \to I\!R$, derivabile due volte e tale che $|f''(x)| \leq M \; \forall x \in [a, b]$; allora:

$$\left|\int_a^b f(x)dx - \int_a^b \varphi(x)dx\right| \leq \frac{M(b-a)^3}{12n^2}.$$

Metodo delle parabole o di Cavalieri-Simpson

Consiste nell'approssimare f, in ogni intervallino $[x_{i-1}, x_i]$ con l'arco di parabola, di asse parallelo all'asse y e passante per i due punti estremi $(x_{i-1}, f(x_{i-1}))$ e $(x_i, f(x_i))$ e per il punto di mezzo $(\frac{x_{i-1}+x_i}{2}, f(\frac{x_{i-1}+x_i}{2}))$. Posto, come prima, $z_i = \frac{x_{i-1}+x_i}{2}$, si arriva alla *formula di Cavalieri-Simpson*

$$\int_a^b \varphi(x)dx = \tfrac{b-a}{6n}\left[f(a) + f(b) + 2\left(f(x_1) + \cdots + f(x_{n-1})\right) + 4\left(f(z_1) + \cdots + f(z_n)\right)\right].$$

Vale la seguente stima dell'errore:

Sia $f : [a,b] \to \mathbb{R}$*, derivabile con continuità fino all'ordine* 4 *e tale che* $|f^{(4)}(x)| \leq M \ \forall x \in [a,b]$*; allora:* $\left| \int_a^b f(x)dx - \int_a^b \varphi(x)dx \right| \leq \frac{M(b-a)^5}{2880n^4}$.

In figura, sono riportati i quattro metodi, relativamente al singolo intervallino $[x_{i-1}, x_i]$ (nell'ultimo caso, la differenza tra il grafico della funzione e la parabola interpolante è poco percettibile)

Figura A3.2

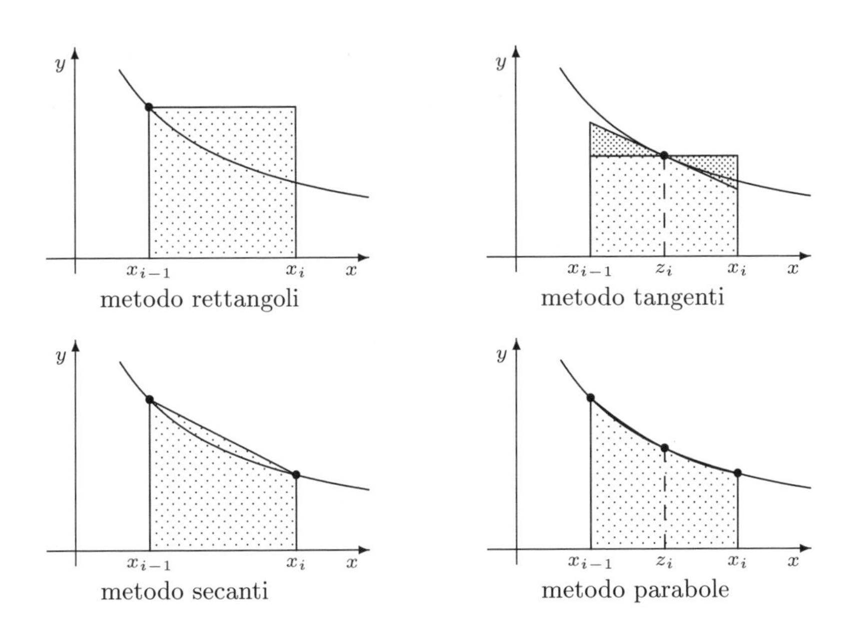

Esempio A3.5 - Consideriamo la funzione $f(x) = \frac{1}{x}$, nell'intervallo $[1,4]$ e calcoliamo, con i metodi descritti, il valore approssimato di $\int_1^4 \frac{dx}{x} = 2\log 2$.

$[a,b] = [1,4]$, $n = 3$, $\frac{b-a}{n} = 1$, $x_0 = 1$, $x_1 = 2$, $x_2 = 3$, $x_3 = 4$, $z_1 = \frac{3}{2}$, $z_2 = \frac{5}{2}$, $z_3 = \frac{7}{2}$;

metodo rettangoli:

$\int_1^4 \varphi(x)dx = f(x_0) + f(x_1) + f(x_2) = 1 + \frac{1}{2} + \frac{1}{3} = \frac{11}{6} = 1.8\overline{3}$;

metodo tangenti:

$$\begin{aligned}\int_1^4 \varphi(x)dx &= f(z_1) + f(z_2) + f(z_3) = f(\tfrac{3}{2}) + f(\tfrac{5}{2}) + f(\tfrac{7}{2}) = \tfrac{2}{3} + \tfrac{2}{5} + \tfrac{2}{7} = \\ &= \tfrac{142}{105} = 1.35238\ldots;\end{aligned}$$

metodo secanti:

$$\begin{aligned}\int_1^4 \varphi(x)dx &= \tfrac{f(a)+f(b)}{2} + f(x_1) + f(x_2) = \tfrac{f(1)+f(4)}{2} + f(2) + f(3) = \tfrac{5}{8} + \tfrac{1}{2} + \tfrac{1}{3} = \\ &= \tfrac{35}{24} = 1.458\overline{3};\end{aligned}$$

metodo parabole:

$$\begin{aligned}\int_1^4 \varphi(x)dx &= \tfrac{1}{6}\left[f(a) + f(b) + 2\left[f(x_1) + f(x_2)\right] + 4\left[f(z_1) + f(z_2) + f(z_3)\right]\right] = \\ &= \tfrac{1}{6}\left[f(1) + f(4) + 2\left[f(2) + f(3)\right] + 4\left[f(\tfrac{3}{2}) + f(\tfrac{5}{2}) + f(\tfrac{7}{2})\right]\right] = \\ &= \tfrac{1}{6}\left[1 + \tfrac{1}{4} + 2(\tfrac{1}{2} + \tfrac{1}{3}) + 4(\tfrac{2}{3} + \tfrac{2}{5} + \tfrac{2}{7})\right] = \tfrac{3497}{2520} = 1.387698\ldots\end{aligned}$$

Abbiamo così ottenuto quattro approssimazioni del valore di $2\log 2 = 1.38629\ldots$

Notiamo: il metodo dei rettangoli approssima per eccesso, in quanto f è decrescente e la formula considera il valore di f nell'estremo di sinistra (quindi il valore maggiore); il metodo delle tangenti ha dato un risultato migliore di quello delle secanti; il metodo delle parabole ha dato il risultato migliore (ma con più conti).

4 - Integrazione per serie

Un altro metodo per calcolare un integrale, nei casi *problematici*, utilizza il concetto di serie.

Si è visto, in A2, paragrafo 1, che, sotto certe ipotesi, una funzione f è la somma di una serie di potenze: $f(x) = \sum_{n=0}^{+\infty} \frac{f^{(n)}(0)}{n!} x^n$; i singoli addendi sono facilissimi da integrare, permettendoci così di risolvere il problema (con la complicazione, però, della serie ...)

Riportiamo i risultati teorici e vediamo poi alcuni esempi.

Teorema A3.7 - *Si consideri una serie di potenze $\sum_{n=0}^{+\infty} a_n x^n$ e sia r il suo raggio di convergenza; allora vale la* ***formula di integrazione per serie:***

$$\int_0^x \sum_{n=0}^{+\infty} a_n t^n dt = \sum_{n=0}^{+\infty} a_n \int_0^x t^n dt = \sum_{n=0}^{+\infty} \frac{a_n}{n+1} x^{n+1} \qquad \forall x \in (-r, r).$$

Esempio A3.6 -

(a) La funzione e^{-x^2} non è integrabile elementarmente; utilizzando lo sviluppo in serie $e^{-x^2} = \sum_{n=0}^{+\infty} \frac{(-x^2)^n}{n!}$ e la formula di integrazione per serie, si arriva a

$$\int_0^x e^{-t^2} dt = \sum_{n=0}^{+\infty} \frac{1}{n!} \int_0^x (-t^2)^n dt = \sum_{n=0}^{+\infty} \frac{(-1)^n}{n!} \frac{x^{2n+1}}{2n+1}$$

e quindi ad una rappresentazione per serie della *funzione degli errori* di Gauss (di uso frequente in Statistica) $\Phi(x) = \frac{2}{\sqrt{\pi}} \int_0^x e^{-t^2} dt$;
(b) la funzione $f(x) = \frac{\sin x}{x}$ (prolungata con continuità in $x = 0$, ponendo $f(0) = 1$) non è integrabile elementarmente; calcoliamo $\int_0^1 \frac{\sin x}{x} dx$, utilizzando lo sviluppo in serie della funzione seno:

$$\sin x = \sum_{n=0}^{+\infty} \frac{(-1)^n x^{2n+1}}{(2n+1)!} \quad \Rightarrow \quad \frac{\sin x}{x} = \sum_{n=0}^{+\infty} \frac{(-1)^n x^{2n}}{(2n+1)!} \quad \Rightarrow$$

$$\int_0^1 \frac{\sin x}{x} dx = \int_0^1 \sum_{n=0}^{+\infty} \frac{(-1)^n x^{2n}}{(2n+1)!} dx = \sum_{n=0}^{+\infty} \frac{(-1)^n}{(2n)!} \int_0^1 x^{2n} dx =$$

$$= \sum_{n=0}^{+\infty} \frac{(-1)^n}{(2n)!} \left[\frac{x^{2n+1}}{2n+1} \right]_0^1 = \sum_{n=0}^{+\infty} \frac{(-1)^n}{(2n+1)!(2n+1)}.$$

□

5 - Qualche dimostrazione in più

Teorema del confronto, 3.10

Per ipotesi, $f(x) \geq 0 \ \forall x \in I$, quindi $m_i \geq 0 \ \forall i$ e, di conseguenza, $s(\mathcal{P}, f) \geq 0 \ \forall \mathcal{P}$; dal fatto che $\int_I f = \sup s(\mathcal{P}, f)$, segue allora $\int_I f \geq 0$.
Per il secondo caso, basta considerare la funzione $f - g$; essa è $\mathcal{R}$-integrabile in I e non negativa, quindi $0 \leq \int_I (f - g) = \int_I f - \int_I g$, cioè $\int_I f \geq \int_I g$.

Teorema 3.13

(a) Segue dal teorema 3.12, utilizzando la funzione continua $\varphi(t) = t^n$;
(b) Dal teorema di linearità segue che $f + g$ e $f - g$ sono $\mathcal{R}$-integrabili, quindi, dal punto precedente, sono $\mathcal{R}$-integrabili anche $(f + g)^2$ e $(f - g)^2$; poché si può scrivere fg come $fg = \frac{1}{4}\left[(f+g)^2 - (f-g)^2\right]$, ne consegue che fg è $\mathcal{R}$-integrabile, essendo combinazione lineare di funzioni $\mathcal{R}$-integrabili;
(c) Segue dal teorema 3.12, utilizzando la funzione $\varphi(t) = \frac{1}{t}$, che è continua in qualsiasi insieme chiuso e limitato che contenga l'immagine di f e non contenga lo zero;
(d) Dalla (c) segue che $\frac{1}{g}$ è $\mathcal{R}$-integrabile, pertanto, dalla (b) segue che $\frac{f}{g} = f \cdot \frac{1}{g}$

è $\mathcal{R}$-integrabile;

(e) Segue dal teorema 3.12, usando la funzione $\varphi(t) = t^\alpha$, che, nei casi indicati, è continua in un insieme chiuso e limitato che contenga l'immagine di f;

(f) Segue dal teorema 3.12, utilizzando la funzione continua $\varphi(t) = |t|$; Inoltre: se $\int_I f \geq 0$, allora $\left|\int_I f\right| = \int_I f$; pertanto, dalla proprietà di monotonia:
$f(x) \leq |f(x)|\ \forall x \in I \quad \Rightarrow \quad \left|\int_I f\right| = \int_I f(x)dx \leq \int_I |f(x)|dx$;
se $\int_I f < 0$, allora $\left|\int_I f\right| = -\int_I f$; di nuovo, dalla proprietà di monotonia, segue:
$-f(x) \leq |f(x)|\ \forall x \in I \Rightarrow \left|\int_I f\right| = -\int_I f(x)dx = \int_I -f(x)dx \leq \int_I |f(x)|dx.$

Teorema fondamentale del calcolo integrale, 3.23, caso generale.

(i) Sia $M > 0$ tale che $|f(x)| \leq M\ \forall x \in [a,b]$; allora, per ogni $x_1, x_2 \in [a,b]$:
$|F(x_1) - F(x_2)| = \left|\int_{\overline{x}}^{x_1} f(t)dt - \int_{\overline{x}}^{x_2} f(t)dt\right| =$
$= \left|\int_{\overline{x}}^{x_2} f(t)dt + \int_{x_2}^{x_1} f(t)dt - \int_{\overline{x}}^{x_2} f(t)dt\right| = \left|\int_{x_1}^{x_2} f(t)dt\right| \leq$
$\leq \left|\int_{x_1}^{x_2} |f(t)|dt\right| \leq M|x_2 - x_1|;$
fissato $\varepsilon > 0$ sia $\delta \leq \frac{\varepsilon}{M}$; allora $|x_1 - x_2| < \delta \Rightarrow |F(x_1) - F(x_2)| \leq M|x_2 - x_1| < \varepsilon$ e quindi F è uniformemente continua su $[a,b]$ (e, a maggior ragione, continua).

(ii) Sia $\delta > 0$ tale che $|h| < \delta \Rightarrow x_0 + h \in [a,b]$ (se x_0 è uno dei due estremi dell'intervallo, si considererà solo $h > 0$ o $h < 0$); allora
$\frac{F(x_0+h)-F(x_0)}{h} - f(x_0) = \frac{F(x_0+h)-F(x_0)}{h} - \frac{1}{h}\int_{x_0}^{x_0+h} f(x_0)dt =$
$= \frac{1}{h}\int_{x_0}^{x_0+h} f(t)dt - \frac{1}{h}\int_{x_0}^{x_0+h} f(x_0)dt = \frac{1}{h}\int_{x_0}^{x_0+h} (f(t) - f(x_0))dt;$
dato $\varepsilon > 0$ sia $\delta > 0$ tale che $|t - x_0| < \delta \Rightarrow |f(t) - f(x_0)| < \varepsilon$ (è possibile, perché per ipotesi f è continua in x_0); allora, per ogni $|h| < \delta$,
$$\left|\frac{F(x_0+h)-F(x_0)}{h} - f(x_0)\right| \leq \frac{1}{|h|}\left|\int_{x_0}^{x_0+h} |f(t) - f(x_0)|dt\right| \leq \frac{1}{|h|}\varepsilon|h| = \varepsilon$$
e quindi $F'(x_0) = \lim_{h\to 0} \frac{F(x_0+h)-F(x_0)}{h} = f(x_0)$.

Esercizi e test risolti

1◁ Il valor medio della funzione $f(x) = \begin{cases} \frac{|x|}{x} & \text{se } -1 \le x < 0 \\ x & \text{se } 0 \le x < 1 \\ 2 & \text{se } 1 \le x \le 2 \end{cases}$ nell'intervallo $[-1, 2]$ è $\boxed{a}$ $2x$; $\boxed{b}$ non esiste; $\boxed{c}$ $\frac{3}{2}$; $\boxed{d}$ $\frac{1}{2}$.

▷ $\boxed{\text{a}}$ è falsa, perché il valor medio è un *numero*, non una funzione.

f è ben definita nell'intervallo dato, $[-1, 2]$, ivi limitata, continua tranne nei punti $x = 0$ e $x = 1$, ove presenta discontinuità di prima specie; f è quindi $\mathcal{R}$-integrabile in $[-1, 2]$, pertanto il valor medio esiste ($\boxed{\text{b}}$ è falsa). Il calcolo dell'integrale fornirà ora la risposta esatta. Non occorre sprecare alcun metodo di integrazione o teorema fondamentale, basta ricordarsi l'area del rettangolo e del triangolo (v. figura), e la proprietà di additività dell'integrale di Riemann:

$$\int_{-1}^{2} f(x)dx = \int_{-1}^{0} \frac{|x|}{x} dx + \int_{0}^{1} x dx + \int_{1}^{2} 2dx = -1 + \frac{1}{2} + 2 = \frac{3}{2}.$$

Si noti che $\int_{-1}^{0} \frac{|x|}{x} dx = \int_{-1}^{0} (-1)dx$ risulta essere -1 perché l'area del quadrato di lato 1 è 1, però il quadrato è sotto l'asse delle x, quindi occorre cambiare segno. Il valor medio è quindi $\frac{\int_{-1}^{2} f(x)dx}{2-(-1)} = \frac{\frac{3}{2}}{3} = \frac{1}{2}$ ($\boxed{\text{d}}$).

$\boxed{\text{c}}$ è il valore dell'integrale definito in $[-1, 2]$, non il valor medio (non si è diviso per l'ampiezza dell'intervallo).

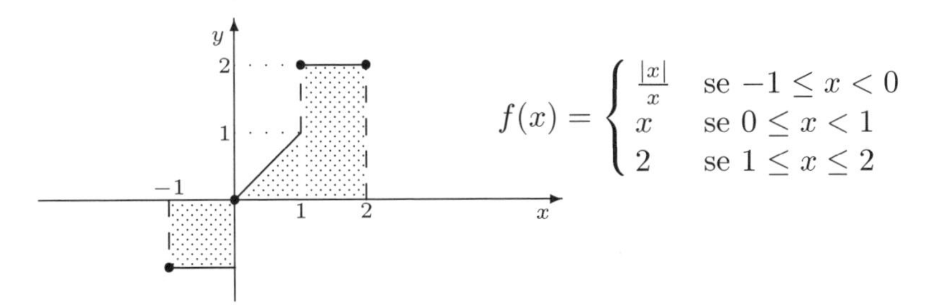

2◁ Sia $\int_a^b f(x)dx > 0$. Allora necessariamente $\boxed{a}$ $f(x) \ge 0$ in $[a, b]$; $\boxed{b}$ $f(x) > 0$ in $[a, b]$; $\boxed{c}$ $\exists x_0 \in [a, b] : f(x_0) > 0$; $\boxed{d}$ f ha massimo in $[a, b]$.

▷ $\boxed{\text{a}}$ e $\boxed{\text{b}}$ sono false; controesempio: $f(x) = x$ nell'intervallo $[-1, 2]$. $\boxed{\text{d}}$

è falsa; controesempio: $f(x) = \begin{cases} x & \text{se } 0 \leq x < 1 \\ 0 & \text{se } x = 1 \end{cases}$ (l'integrale vale $\frac{1}{2}$, ma f non ha massimo). $\boxed{c}$ è vera: se, per assurdo, fosse $f(x) \leq 0 \ \forall x \in [a, b]$ allora, per la monotonia dell'integrale definito, sarebbe $\int_a^b f(x)dx \leq 0$, contro l'ipotesi.

3◁ Se $F(x) = x^2 + e^x + 1$ è una primitiva di f, allora $f(x) =$ $\boxed{a}$ $2x + e^x$; $\boxed{b}$ $\frac{x^3}{3} + e^x + x + c$; $\boxed{c}$ $\frac{x^3}{3} + e^x$; $\boxed{d}$ $\frac{x^3}{3} + e^x + x + 1$.

▷ Dalla definizione di primitiva F di f, segue:

$$f(x) = F'(x) = \frac{d}{dx}\left(x^2 + e^x + 1\right) = 2x + e^x \quad (\boxed{a}).$$

Si noti che $\boxed{b}$ è l'integrale indefinito della F (cioè la famiglia di tutte le primitive della F) e $\boxed{d}$ è *una* particolare primitiva della F; $\boxed{c}$ mischia pezzi di primitiva di F con pezzi di derivata di F.

4◁ Sia $f(x) = \frac{1}{x} + k(x-3)^2$; si determini k affinché una primitiva di f sia $F(x) = \log|x| + x^3 - 9x^2 + 27x - 9$.

▷ f è definita per ogni $x \neq 0$; F è una primitiva di f in $\mathbb{R} \setminus \{0\}$ se e solo se $F'(x) = f(x) \ \forall x \neq 0$, quindi

$$F'(x) = \frac{1}{x} + 3x^2 - 18x + 27 = f(x) = \frac{1}{x} + k(x-3)^2 \ \Leftrightarrow \ k = 3.$$

Si può risolvere l'esercizio anche calcolando dapprima l'integrale indefinito di f, e confrontando poi con F:

$$\int \frac{1}{x}dx = \log|x| + c, \qquad \int (x-3)^2 dx = \frac{(x-3)^3}{3} + c \ \Rightarrow$$

$$\int \left(\frac{1}{x} + k(x-3)^2\right) dx = \log|x| + \frac{k(x-3)^3}{3} + c,$$

$$\log|x| + \frac{k(x-3)^3}{3} + c = \log|x| + x^3 - 9x^2 + 27x - 9 \ \Leftrightarrow \ c = 0 \ \wedge \ k = 3.$$

5◁ Sia $\lambda = \displaystyle\int_0^1 \frac{\sin x}{x} dx$; allora $\boxed{a}$ $\lambda < 0$; $\boxed{b}$ $\frac{\sqrt{2}}{2} < \lambda < 1$, $\boxed{c}$ $\lambda > 1$; $\boxed{d}$ $0 < \lambda < \frac{\sqrt{2}}{2}$.

▷ La funzione $f(x) = \frac{\sin x}{x}$ è prolungabile con continuità a tutto $\mathbb{R}$, ponendo $f(0) = 1$, quindi f è $\mathcal{R}$-integrabile in ogni intervallo $[a, b]$; in $[0, 1]$, f è positiva, quindi $\lambda > 0$ ($\boxed{a}$ falsa). È inutile cercare di calcolare esplicitamente l'integrale, perché $\frac{\sin x}{x}$ è una di quelle funzioni non integrabili elementarmente.

Per avere una minorazione e maggiorazione dell'integrale, si può utilizzare il *Teorema del valor medio* (teorema 3.16):

$$f \in \mathcal{C}^0([a,b]) \Rightarrow \exists c \in [a,b] \text{ tale che } \frac{1}{b-a}\int_a^b f(x)dx = f(c).$$

In questo caso, quindi: $\exists c \in [0,1]$ tale che $\lambda = 1 \cdot \frac{\sin c}{c}$; inoltre

$$\left.\begin{array}{l} \min\limits_{x\in[0,1]} \dfrac{\sin x}{x} = \sin 1 \\ \max\limits_{x\in[0,1]} \dfrac{\sin x}{x} = 1 \end{array}\right\} \Rightarrow \begin{array}{l} \sin 1 < \lambda < 1 \\ (\boxed{\text{b}} \text{ vera, dato che } \sin 1 > \sin\frac{\pi}{4} = \frac{\sqrt{2}}{2}). \end{array}$$

(per determinare minimo e massimo di f in $[0,1]$, si è sfruttato il fatto che f è strettamente decrescente in $[0,1]$)

6◁ Si determini l'equazione della retta tangente, nel punto di ascissa 1, alla funzione $F(x) = \int_1^x (2t^3 - 3t)dt$.

▷ Data una funzione F, derivabile in x_0, allora l'equazione della retta tangente alla curva $y = F(x)$, nel punto di ascissa x_0, è $y = F(x_0) + F'(x_0)(x - x_0)$. Per il T.F.C.I. (teorema 3.23), F è derivabile in $\mathbb{R}$, poiché la funzione integranda è continua in $\mathbb{R}$; si ha quindi:

$$\left.\begin{array}{l} F(1) = \displaystyle\int_1^1 (2t^3 - 3t)dt = 0 \\ F'(1) = f(1) = (2t^3 - 3t)_{|t=1} = -1 \end{array}\right\} \Rightarrow \begin{array}{l} y = F(1) + F'(1)(x-1) = \\ = 1 - x. \end{array}$$

7◁ La funzione $F(x) = \int_0^x \frac{e^{4-t}(t-1)}{\sqrt{t^2+4}}dt$ $\boxed{a}$ ha minimo relativo in $x = 1$; $\boxed{b}$ non ha estremanti; $\boxed{c}$ ha massimo relativo in $x = 4$; $\boxed{d}$ ha massimo relativo in $x = 1$.

▷ La funzione integranda è continua in $\mathbb{R}$, quindi, per il T.F.C.I. (teorema 3.23), la funzione integrale F è derivabile in $\mathbb{R}$ e vale $F'(x) = f(x) = \frac{e^{4-x}(x-1)}{\sqrt{x^2+4}}$ $\forall x \in \mathbb{R}$. Lo studio del segno di $F'(x)$ ci dà:

	$-\infty$		1		$+\infty$
F'		$-$		$+$	
F		↘	m	↗	

e quindi $x = 1$ è punto di minimo relativo ($\boxed{\text{a}}$).

8◁ Sia $f : [-2,4] \to \mathbb{R}$, limitata, continua in ogni $x \neq 2$ e con un punto di discontinuità di prima specie in $x = 2$. Allora la funzione integrale

$F(x) = \int_{-2}^{x} f(t)dt$ $\boxed{a}$ non è definita in $[-2,4]$; $\boxed{b}$ non è derivabile in $[-2,4]$; $\boxed{c}$ non è integrabile in $[-2,4]$; $\boxed{d}$ ha un estremante in $x = 2$.

▷ Una funzione definita e limitata in un intervallo I, limitato, e con al più un'infinità numerabile di punti di discontinuità, è $\mathcal{R}$-integrabile in I (teorema 3.9); fissato comunque $\overline{x} \in I$, è quindi ben definita la funzione integrale $F(x) = \int_{\overline{x}}^{x} f(t)dt \ \forall x \in I$ ($\boxed{a}$ falsa). Per il T.F.C.I., F è continua in I, quindi è integrabile ($\boxed{c}$ falsa). Sempre per il T.F.C.I., F è derivabile per ogni $x \neq 2$ e vale $F'(x) = f(x) \ \forall x \neq 2$; dall'ipotesi che $x = 2$ sia un punto di discontinuità di prima specie per f, segue

$$\lim_{x\to 2^-} F'(x) = \lim_{x\to 2^-} f(x) \neq \lim_{x\to 2^+} f(x) = \lim_{x\to 2^+} F'(x)$$

e quindi $F'_-(2) \neq F'_+(2)$; $x = 2$ è pertanto un punto angoloso per F ($\boxed{b}$ vera).

Per quanto riguarda $\boxed{d}$: $x = 2$ può essere, o no, un estremante; dipende da f. Ad esempio:

$$f(x) = \begin{cases} -1 & \text{se } -2 \le x < 2 \\ 1 & \text{se } 2 \le x \le 4 \end{cases} \qquad F'(x) = \begin{cases} -1 & \text{se } -2 \le x < 2 \\ 1 & \text{se } 2 < x \le 4 \end{cases}$$

$x = 2$ punto di minimo

$$f(x) = \begin{cases} 1 & \text{se } -2 \le x < 2 \\ -1 & \text{se } 2 \le x \le 4 \end{cases} \qquad F'(x) = \begin{cases} 1 & \text{se } -2 \le x < 2 \\ -1 & \text{se } 2 < x \le 4 \end{cases}$$

$x = 2$ punto di massimo

$$f(x) = \begin{cases} 1 & \text{se } -2 \le x < 2 \\ 2 & \text{se } 2 \le x \le 4 \end{cases} \qquad F'(x) = \begin{cases} 1 & \text{se } -2 \le x < 2 \\ 2 & \text{se } 2 < x \le 4 \end{cases}$$

$x = 2$ non è estremante

Si consiglia di disegnare i grafici di f e F, per meglio comprenderne il legame, tramite il T.F.C.I..

9◁ Se $F(x) = \displaystyle\int_0^x \frac{e^t - e^{-t}}{2t} dt$, allora $F'(1) =$ $\boxed{a}$ 0; $\boxed{b}$ $\frac{e-\frac{1}{e}}{2}$; $\boxed{c}$ $\frac{e+\frac{1}{e}}{2}$; $\boxed{d}$ non esiste.

▷ La funzione integranda $f(t) = \frac{e^t - e^{-t}}{2t}$ è continua in $I\!R$ (e quindi $\mathcal{R}$-integrabile in ogni intervallo): infatti, in $t = 0$ può essere prolungata con continuità poiché $\lim_{t\to 0} \frac{e^t - e^{-t}}{2t} = \lim_{t\to 0} \frac{1+t+o(t)-(1-t+o(t))}{2t} = \lim_{t\to 0} \frac{t+o(t)}{t} = 1$. Dal T.F.C.I. segue quindi che F è continua e derivabile con continuità in $I\!R$ e vale $F'(x) = f(x) \ \forall x \in I\!R$; pertanto $F'(1) = f(1) = \frac{e-\frac{1}{e}}{2}$ ($\boxed{b}$).

10◁ Siano $f \in \mathcal{C}^0(I)$, $\overline{x} \in I$ e $F : I \to I\!R$ tale che $F'(x) = f(x) \ \ \forall x \in I$ e $F(\overline{x}) = \overline{y}$. Allora $\boxed{a}$ non è detto che esista una tale F (dipende da $\overline{y}$); $\boxed{b}$

possono esistere infinite F con queste proprietà; $\boxed{c}$ $F(x) = \int_{\overline{x}}^{\overline{y}} f(t)dt$; $\boxed{d}$ $F(x) = \overline{y} + \int_{\overline{x}}^{x} f(t)dt$.

▷ Per il corollario del T.F.C.I. (corollario 3.24), se $f \in \mathcal{C}^0([a,b])$ e $\overline{x} \in [a,b]$, allora l'integrale indefinito di f è dato da $\int_{\overline{x}}^{x} f(t)dt + c$ ($c \in \mathbb{R}$); pertanto, se F è una primitiva di f, allora esiste $\tilde{c} \in \mathbb{R}$ tale che $F(x) = \int_{\overline{x}}^{x} f(t)dt + \tilde{c}$,

e quindi $\quad F(\overline{x}) = \overline{y} \quad \Leftrightarrow \quad \overline{y} = F(\overline{x}) = c + \int_{\overline{x}}^{\overline{x}} f(t)dt = c + 0 \quad \Leftrightarrow \quad c = \overline{y};$

la condizione di passaggio per un punto fissato $(\overline{x}, \overline{y})$, $\overline{x} \in [a,b]$, consente quindi di passare dalle infinite primitive di una funzione continua ad una ed una sola, la $F(x) = \overline{y} + \int_{\overline{x}}^{x} f(t)dt$ ($\boxed{\text{d}}$).

11◁ Quale delle seguenti affermazioni è corretta? $\boxed{a}$ Il polinomio di Taylor del primo ordine, centrato in $x_0 = \pi$, della funzione $F(x) = \int_{\pi}^{x} \cos(t^2)dt$, è $x - \pi$; $\boxed{b}$ il polinomio di MacLaurin del secondo ordine di $F(x) = 1 + \sin x + \int_0^x \sin(t^2)dt$ è $1 + x$; $\boxed{c}$ se $x = G(y)$ indica la funzione inversa di $y = F(x) = \int_1^x e^{\sqrt{t}}dt$, allora il polinomio di MacLaurin del primo ordine di G è $1 + y$; $\boxed{d}$ il polinomio di Taylor del secondo ordine, centrato in $x = 1$, della funzione $F(x) = \int_{\sqrt{x}}^{x^2} e^{-t^2}dt$ è $\frac{3}{2e}(x-1) - \frac{21}{4e}(x-1)^2$.

▷ Se f è una funzione derivabile n volte in un punto x_0, allora il *polinomio di Taylor di f, di ordine n, centrato in x_0*, è
$[T_n(f)](x) = f(x_0) + (x-x_0)f'(x_0) + \frac{(x-x_0)^2}{2} f''(x_0) + \cdots + \frac{(x-x_0)^n}{n!} f^{(n)}(x_0)$;
se $x_0 = 0$, $T_n(f)$ si dice *polinomio di MacLaurin*.

Si analizzano i vari casi:

$\boxed{\text{a}}$ $F(x) = \displaystyle\int_{\pi}^{x} \cos(t^2)dt \Rightarrow F(\pi) = 0,$

$F'(x) = \cos(x^2), \quad F'(\pi) = \cos(\pi^2) \Rightarrow$

$[T_1(F)](x) = (x-\pi)\cos(\pi^2) \qquad$ (falsa);

$\boxed{\text{b}}$ $F(x) = 1 + \sin x + \displaystyle\int_0^x \sin(t^2)dt \Rightarrow \begin{cases} F(0) = 1 \\ F'(x) = \cos x + \sin(x^2) \end{cases} \Rightarrow$

$$\begin{cases} F'(0) = 1 \\ F''(x) = -\sin x + 2x\cos(x^2) \Rightarrow F''(0) = 0 \end{cases} \Rightarrow$$

$\Rightarrow [T_2(F)](x) = 1 + x \quad$ (vera);

Attenzione: il polinomio di Taylor di ordine n è in realtà un polinomio di grado *al più* n; se si annulla la derivata n-esima in x_0, risulta un polinomio di grado *minore* di n, come in questo caso.

Per $\boxed{c}$: la funzione integranda è continua in $[0,+\infty)$, quindi F è ivi derivabile e vale $F'(x) = e^{\sqrt{x}} > 0$; F è quindi strettamente crescente e perciò invertibile in $[0,+\infty)$. Si nota subito che $F(1) = 0$ e quindi $G(0) = 1$; per il calcolo della derivata prima di G, si ha, dal teorema di derivazione della funzione inversa:

$$G'(y) = \frac{1}{F'(G(y))} \Rightarrow G'(0) = \frac{1}{F'(G(0))} = \frac{1}{F'(1)} = \frac{1}{e^{\sqrt{1}}} = \frac{1}{e},$$

e quindi il polinomio di MacLaurin di G del primo ordine è $[T_1(G)](y) = G(0) + yG'(0) = 1 + \frac{y}{e}$ ($\boxed{c}$ falsa).

Per $\boxed{d}$: la funzione integranda e la funzione *estremo* x^2 sono derivabili infinite volte in $\mathbb{R}$; la funzione *estremo* $\sqrt{x}$ è derivabile infinite volte in $(0,+\infty)$; di conseguenza (v. osservazione al corollario 3.24), la funzione integrale F è derivabile infinite volte in $(0,+\infty)$:

$$F(x) = \int_{\sqrt{x}}^{x^2} e^{-t^2}\,dt = \int_0^{x^2} e^{-t^2}\,dt - \int_0^{\sqrt{x}} e^{-t^2}\,dt, \qquad F(1) = 0;$$

$$F'(x) = 2xe^{-(x^2)^2} - \frac{1}{2\sqrt{x}}e^{-(\sqrt{x})^2} = 2xe^{-x^4} - \frac{1}{2\sqrt{x}}e^{-x}, \quad F'(1) = \frac{3}{2e};$$

$$F''(x) = 2e^{-x^4}(1-4x^4) + e^{-x}\left(\frac{1}{2\sqrt{x}} + \frac{1}{4x^{\frac{3}{2}}}\right), \qquad F''(1) = -\frac{21}{4e};$$

$$\begin{aligned}[T_2(F)](x) &= F(1) + (x-1)F'(1) + \frac{(x-1)^2}{2}F''(1)\\ &= \frac{3}{2e}(x-1) - \frac{21}{8e}(x-1)^2;\end{aligned}$$ $\boxed{d}$ è quindi falsa.

12◁ Si dimostri che la funzione $F(x) = \int_{x\log x}^{0} e^{t^2}\,dt$ soddisfa le ipotesi del teorema di Rolle in $[0,1]$; si determini il punto (o i punti) $c \in [0,1]$ di cui il suddetto teorema garantisce l'esistenza.

▷ La funzione $x\log x$ è prolungabile con continuità a $x = 0$ ponendo $f(0) = 0$. La funzione F è continua su $[0,1]$ e derivabile su $(0,1)$ poiché composizione delle funzioni

$$x \to u = x\log x \qquad \text{e} \qquad u \to F(u) = -\int_0^u e^{t^2}\,dt;$$

la prima è continua su $[0,1]$ e derivabile su $(0,1)$, la seconda, essendo funzione integrale di funzione continua, è (per il T.F.C.I.) di classe $\mathcal{C}^1$ su $\{u = x\log x : x \in [0,1]\} = [-\frac{1}{e}, 0]$; si conclude che F è continua su $[0,1]$ e derivabile su $(0,1)$. Inoltre, vale $F(0) = 0 = F(1)$. F soddisfa quindi le ipotesi del teorema di Rolle su $[0,1]$. Si ha:

$$F'(x) = -e^{(x\log x)^2}(1+\log x), \quad F'(x) = 0 \;\Leftrightarrow\; 1+\log x = 0 \;\Leftrightarrow\; x = \frac{1}{e};$$

$c = \frac{1}{e}$ è l'unico punto stazionario per F in $(0,1)$.

13◁ Si individui il campo di esistenza I di $F(x) = \displaystyle\int_1^{4-x} \frac{t}{\log(1+t)}dt$. Si verifichi che F è invertibile in I e si calcoli $G'(0)$ dove G è la funzione inversa di F.

▷ La funzione integranda è continua in $[-1,+\infty)$ (perché $\lim_{t\to -1^+} \frac{t}{\log(1+t)} = 0^+$ e $\lim_{t\to 0} \frac{t}{\log(1+t)} = 1$) e di classe $\mathcal{C}^\infty((-1,+\infty))$, inoltre il secondo estremo di integrazione è di classe $\mathcal{C}^\infty(I\!R)$; pertanto, F è definita, continua e derivabile per x tale che $4-x \geq -1$ cioè $x \in I = (-\infty, 5]$.

Poichè l'integranda è positiva in $(-1,+\infty)$, si ha:

$$\begin{cases} F(x) > 0 & \Leftrightarrow\; 4-x > 1 \;\Leftrightarrow\; x < 3 \\ F(x) = 0 & \Leftrightarrow\; 4-x = 1 \;\Leftrightarrow\; x = 3 \end{cases};$$

inoltre, per $x < 5$, vale: $F'(x) = -f(4-x) = \frac{x-4}{\log(5-x)}$, $\lim_{x\to 5^-} F'(x) = 0^- = F'_-(5)$, e quindi $F'(x) < 0 \; \forall x \in (-\infty, 5)$.

Dal fatto che F è strettamente decrescente nel suo campo d'esistenza, segue che F è invertibile; detta G la sua inversa, da $F(3) = 0$, si ricava $G(0) = 3$; inoltre, dal teorema di derivazione della funzione inversa, si ha

$$G'(0) = \frac{1}{F'(3)} = \frac{\log(5-x)}{x-4}_{|x=3} = -\log 2.$$

14◁ Si determini $\displaystyle\lim_{n\to+\infty} a_n$, ove $\begin{cases} a_0 = 1 \\ a_{n+1} = \displaystyle\int_0^{a_n} e^{-x^2}dx \end{cases}$.

▷ La successione è a termini positivi; infatti, utilizzando il metodo di dimostrazione per induzione, si ha:

(i) $a_0 = 1 > 0$,

(ii) $a_n > 0 \Rightarrow a_{n+1} > 0$ (in quanto la funzione integranda è positiva).

Dalla proprietà di monotonia dell'integrale definito, segue:

$$e^{-x^2} < 1 \; \forall x \neq 0 \;\Rightarrow\; a_{n+1} = \int_0^{a_n} e^{-x^2} dx < \int_0^{a_n} dx = a_n;$$

la successione è positiva e monotona strettamente decrescente; pertanto esiste finito $\lim_{n\to+\infty} a_n = l \geq 0$. Passando al limite per $n \to +\infty$, nella uguaglianza che definisce a_{n+1}, ed utilizzando il teorema della media, si ottiene:

$$l = \lim_{n\to+\infty} a_{n+1} = \int_0^{\lim_{n\to+\infty} a_n} e^{-x^2} dx = \int_0^l e^{-x^2} dx = le^{-c^2}, \quad c \in (0, l)$$

$$\Rightarrow \quad l = 0 \text{ oppure } \left[l \neq 0 \;\wedge\; e^{-c^2} = 1 \right];$$

la seconda relazione è assurda, quindi si conclude che $0 = l = \lim_{n\to+\infty} a_n$.

15◁ Sia $I = [a, b] \subset \mathbb{R}$ e sia $f : I \to \mathbb{R}$, limitata. Quale delle seguenti affermazioni è corretta?

- [a] f ammette primitiva in $I \Rightarrow f \in \mathcal{C}^0(I)$;
- [b] $f \in \mathcal{C}^0(I) \Rightarrow f$ ammette primitiva in I;
- [c] $f \in \mathcal{R}(I) \Rightarrow f$ ha primitiva F e vale $\int_a^b f(x)dx = F(b) - F(a)$;
- [d] $f(x) = [x]$, $x \in I = [0, 2] \Rightarrow f$ ammette primitiva in I.

▷ [b] è vera, per il T.F.C.I..

[a], che è la proposizione inversa della [b], invece, in generale, è falsa (si è visto, infatti, che esistono funzioni f non continue, che però sono la derivata di un'altra funzione F e, quindi, ammettono primitive).

[c] sarebbe vera *se* f fosse anche continua (corollario 3.25, C.F.T.F.C.I.); se invece f non è continua, non è garantita, in generale, l'esistenza di una sua primitiva (v. anche [d]).

Per [d]: si è visto che, se una funzione f ammette primitiva in un intervallo I, allora, dal fatto che $f \equiv F'$ in I, segue che f ha la proprietà dei valori intermedi e non può avere discontinuità di prima specie o eliminabili; [d] è quindi falsa, perché la funzione *parte intera* di x, assumendo solo valori interi, non ha la proprietà dei valori intermedi in un intervallo come $[0, 2]$; la funzione $[x]$, quindi, non può avere primitiva in $[0, 2]$, ma è ivi certamente $\mathcal{R}$-integrabile, poiché è limitata e con solo un numero finito di discontinuità; l'integrale definito di $[x]$ in $[0, 2]$ non si può calcolare con la formula $\int_a^b f(t)dt = F(b) - F(a)$, ma discende immediatamente dalla definizione: $\int_0^2 [x]dx = 0 \cdot (1-0) + 1 \cdot (2-1) = 1$.

16◁ In un intorno di $x = 0$, il grafico della funzione $F(x) = \displaystyle\int_0^x \frac{\sin(t^2)}{1+t}$ è

$\boxed{a}$

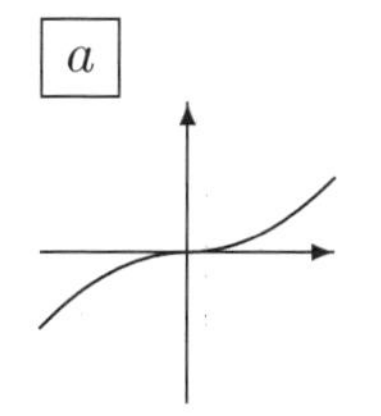

$\boxed{b}$

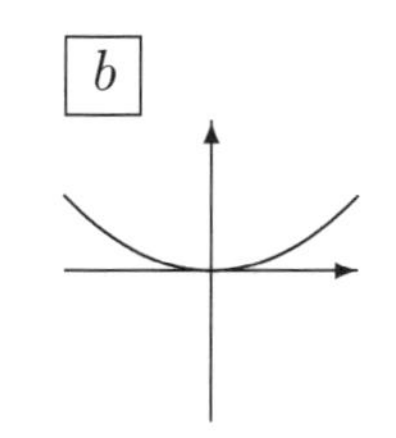

$\boxed{c}$

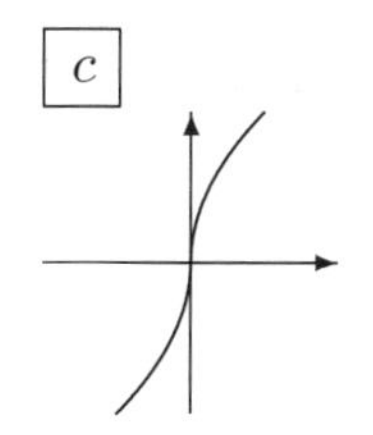

$\boxed{d}$

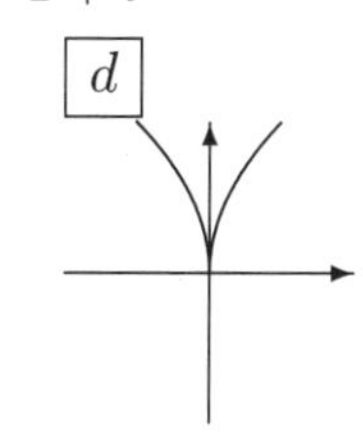

▷ La funzione integranda $f(t) = \frac{\sin(t^2)}{1+t}$ è definita e continua in un intorno dello zero, $(-1, +\infty)$, quindi la funzione integrale F è di classe $\mathcal{C}^1((-1, +\infty))$ e vale $F'(0) = f(0) = 0$ (questo esclude già $\boxed{c}$ e $\boxed{d}$). Inoltre, in un opportuno intorno dello zero, $f(t)$ è positiva (per la precisione, per $t \in (-1, \sqrt{\pi}), t \neq 0$), quindi F è positiva in un intorno destro dell'origine e negativa in un intorno sinistro; il grafico giusto è quindi $\boxed{a}$.

17◁ Sia $f(t) = \begin{cases} \frac{t}{1+t^4} & \text{se } t > 0 \\ -\frac{t}{1+t^4} & \text{se } t < 0 \end{cases}$; allora, in un intorno di $x = 0$, il grafico della funzione $F(x) = \displaystyle\int_0^x f(t)dt$ è

$\boxed{a}$

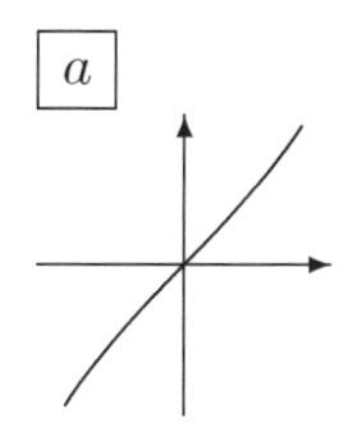

$\boxed{b}$

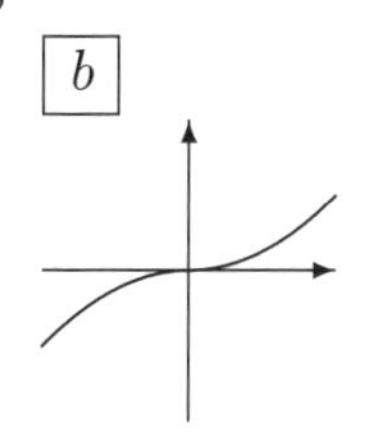

$\boxed{c}$

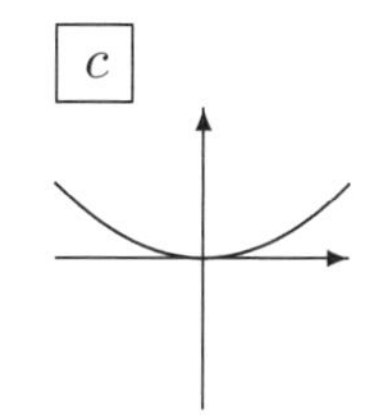

$\boxed{d}$

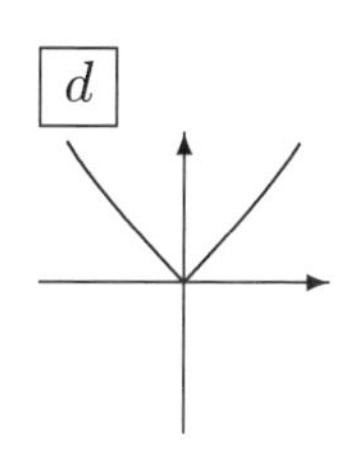

▷ La funzione integranda è definita e continua in $\mathbb{R}\setminus\{0\}$ ed è prolungabile con continuità in $t = 0$, poiché $\lim_{t\to 0^\pm} f(t) = 0$; dal T.F.C.I. segue che F è definita, continua e derivabile con continuità su $\mathbb{R}$ e $F'(x) = f(x)\ \forall x \in \mathbb{R}$, quindi $F'(0) = 0$ (questo esclude $\boxed{a}$ e $\boxed{d}$); la funzione integranda è positiva per ogni $t \neq 0$ e il primo estremo di integrazione è proprio lo zero, pertanto $F(x)$ è positiva per $x > 0$ e negativa per $x < 0$ ($\boxed{b}$).

18◁ Se il grafico della funzione f è 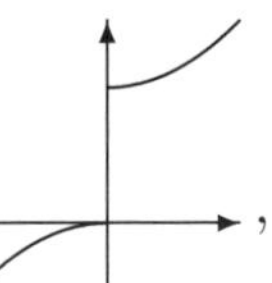 , allora il grafico della funzione

$F(x) = \int_x^0 f(t)dt$ è

[a] 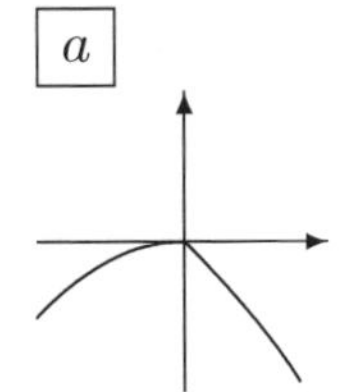

[b] 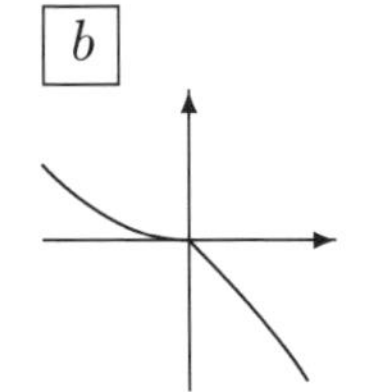

[c] 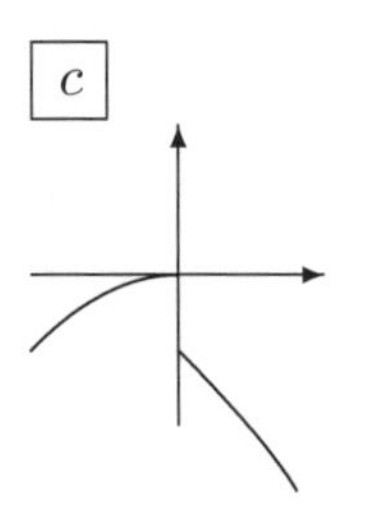

[d] 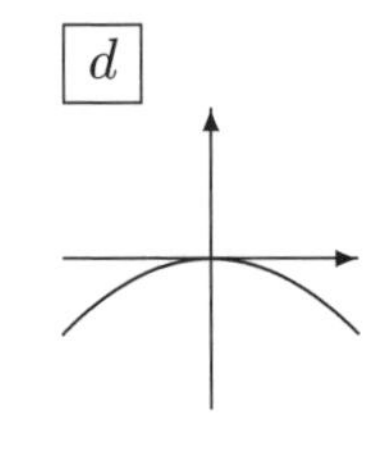

▷ f ha solo un punto di discontinuità ($t = 0$, salto), quindi f è $\mathcal{R}$-integrabile e F è continua (si esclude [c]). f è positiva per $t > 0$ e negativa per $t < 0$, quindi F è negativa per ogni $x \neq 0$ e nulla in $x = 0$ (si badi che l'integrale è da x a 0); si esclude quindi anche [b]. Per ogni $x \neq 0$, vale $F'(x) = -f(x)$; In corrispondenza della discontinuità, F ha un punto angoloso: $F'_-(0) = 0 \ \wedge \ F'_+(0) = l < 0$; tra [a] e [d], quindi, quello giusto è [a]. Si noti, infine, che, per $x \neq 0$, vale $F''(x) = -f'(x) < 0$, quindi F è concava.

19◁ Quale delle seguenti affermazioni è corretta?

[a] $\displaystyle\int_{\frac{\pi}{2}}^{2\pi} x \cos x dx = -\frac{\pi}{2}$; [b] $\displaystyle\int_e^{e^2} x \log x dx = \frac{3e^4 + e^2}{4}$;

[c] $\displaystyle\int_{-1}^{0} \text{arctg} x dx = \frac{2 \log 2 - \pi}{4}$; [d] $\displaystyle\int_0^{\frac{\sqrt{2}}{2}} \arcsin x dx = \frac{\sqrt{2}\pi}{8} + \frac{\sqrt{2}}{2}$.

▷ [a]: di entrambe le funzioni, x e $\cos x$, si conosce una primitiva, però mentre la seconda, derivata, resta dello stesso tipo, la prima si abbassa di grado; scegliendo quindi x come fattor finito e $\cos x$ come fattor derivato, si ha:

$$\int x \cos x dx = x \sin x - \int 1 \cdot \sin x dx = x \sin x + \cos x + c,$$

$$\int_{\frac{\pi}{2}}^{2\pi} x \cos x dx = [x \sin x + \cos x]_{\frac{\pi}{2}}^{2\pi} = 1 - \tfrac{\pi}{2}$$ ([a] falsa);

[b]: in questo caso, $\log x$ migliora molto, una volta derivata, perché passa da funzione trascendente a funzione razionale; preso quindi x come fattor

derivato e $\log x$ come fattor finito, si ottiene:

$$\int x \log x dx = \frac{x^2}{2}\log x - \int \frac{x^2}{2}\frac{1}{x}dx = \frac{x^2}{2}\log x - \frac{1}{2}\int x dx = \frac{x^2}{2}\log x - \frac{x^2}{4} + c,$$

$$\int_e^{e^2} x\log x dx = \left[\frac{x^2}{2}\log x - \frac{x^2}{4}\right]_e^{e^2} = \frac{3e^4-e^2}{4} \quad (\boxed{\text{b}} \text{ falsa});$$

$\boxed{\text{c}}$: la funzione arcotangente è un buon fattor finito, dato che, derivata, passa da funzione trascendente ad algebrica; il ruolo di fattor finito viene svolto dal fattore (invisibile) 1:

$$\int \text{arctg}x dx = x\text{arctg}x - \int x\cdot\frac{1}{1+x^2}dx = x\text{arctg}x - \frac{1}{2}\log(1+x^2) + c,$$

$$\int_{-1}^{0} \text{arctg}x dx = \left[x\text{arctg}x - \frac{1}{2}\log(1+x^2)\right]_{-1}^{0} = -\frac{\pi}{4} + \frac{1}{2}\log 2 \quad (\boxed{\text{c}} \text{ vera});$$

$\boxed{\text{d}}$: la funzione arcoseno è un buon fattor finito, dato che, derivata, passa da funzione trascendente ad algebrica; il ruolo di fattor finito viene svolto dal fattore (invisibile) 1:

$$\int \arcsin x dx = x\arcsin x - \int \frac{x}{\sqrt{1-x^2}}dx = x\arcsin x + \frac{1}{2}\int\frac{-2x}{\sqrt{1-x^2}}dx =$$

$$= x\arcsin x + \frac{1}{2}\frac{(1-x^2)^{-\frac{1}{2}+1}}{-\frac{1}{2}+1} = x\arcsin x + \sqrt{1-x^2} + c,$$

$$\int_0^{\frac{\sqrt{2}}{2}} \arcsin x dx = \left[x\arcsin x + \sqrt{1-x^2}\right]_0^{\frac{\sqrt{2}}{2}} = \frac{\sqrt{2}\pi}{8} + \frac{\sqrt{2}}{2} - 1 \quad (\boxed{\text{d}} \text{ falsa}).$$

20◁ Si determinino i seguenti integrali indefiniti, utilizzando il metodo di integrazione per parti:

(*a*) $\displaystyle\int \ln(1+x^2)dx$; (*b*) $\displaystyle\int (x-1)^2e^x dx$; (*c*) $\displaystyle\int x^3e^{-x}dx$;

(*d*) $\displaystyle\int \frac{\ln x}{\sqrt{x}}dx$; (*e*) $\displaystyle\int \ln(x+\sqrt{1+x^2})dx$; (*f*) $\displaystyle\int (\log x)^2 dx$;

(*g*) $\displaystyle\int \sin(\log x)dx$.

▷

(a) $\int \ln(1+x^2)dx = x\ln(1+x^2) - \int x\frac{2x}{1+x^2}dx =$
$= x\ln(1+x^2) - 2\left(\int\frac{x^2+1}{1+x^2}dx - \int\frac{1}{1+x^2}dx\right) =$
$= x\ln(1+x^2) - 2x + 2\text{arctg}x + c;$

(b) $\int (x-1)^2e^x dx = (x-1)^2e^x - 2\int(x-1)e^x dx =$
$= (x-1)^2e^x - 2\left[(x-1)e^x - \int e^x dx\right] =$
$= (x-1)^2e^x - 2(x-1)e^x + 2e^x + c = e^x\left(x^2-4x+5\right) + c;$

(c) $\int x^3 e^{-x} dx = -x^3 e^{-x} + 3\int x^2 e^{-x} dx =$
$= -x^3 e^{-x} + 3\left(-x^2 e^{-x} + 2\int x e^{-x} dx\right) =$
$= -x^3 e^{-x} - 3x^2 e^{-x} + 6\left(-x e^{-x} + \int e^{-x} dx\right) =$
$= -x^3 e^{-x} - 3x^2 e^{-x} - 6x e^{-x} - 6e^{-x} =$
$= -e^{-x}\left(x^3 + 3x^2 + 6x + 6\right) + c.$

(d) $\int \frac{\ln x}{\sqrt{x}} dx = 2\sqrt{x}\ln x - 2\int \sqrt{x}\frac{1}{x} dx = 2\sqrt{x}\ln x - 4\sqrt{x} + c;$

(e) $\int \ln(x + \sqrt{1+x^2}) dx = x\ln(x + \sqrt{1+x^2}) - \int x \frac{1 + \frac{x}{\sqrt{1+x^2}}}{x + \sqrt{1+x^2}} dx =$
$= x\ln(x + \sqrt{1+x^2}) - \int \frac{x}{\sqrt{1+x^2}} dx = x\ln(x + \sqrt{1+x^2}) - \sqrt{1+x^2} + c;$

(f) si può prendere un $\log x$ come fattor finito e l'altro $\log x$ come fattor derivato (si è già visto che $\int \log x dx = x\log x - x + c$):
$\int (\log x)^2 dx = (x\log x - x)\log x - \int (x\log x - x)\frac{1}{x} dx =$
$= (x\log x - x)\log x - \int (\log x - 1) dx =$
$= (x\log x - x)\log x - (x\log x - x) + x + c =$
$= x(\log x)^2 - 2x\log x + 2x + c;$

(g) prendendo 1 come fattor derivato, ed integrando due volte per parti, si ottiene:
$\int \sin(\log x) dx = x\sin(\log x) - \int x\cos(\log x)\frac{1}{x} dx =$
$= x\sin(\log x) - \int \cos(\log x) dx =$
$= x\sin(\log x) - \left(x\cos(\log x) - \int \sin(\log x) dx\right)$
e quindi $\int \sin(\log x) dx = \frac{1}{2}\left(x\sin(\log x) - x\cos(\log x)\right) + c.$

21◁ Si determini il minimo assoluto della funzione $F(x) = \displaystyle\int_0^x (t^3 - 2t)e^{-t} dt.$

▷ La funzione integranda è di classe $\mathcal{C}^\infty(\mathbb{R})$, quindi $F \in \mathcal{C}^\infty(\mathbb{R})$ e vale

$$F'(x) = (x^3 - 2x)e^{-x} \begin{cases} > 0 & \text{se } x \in (-\sqrt{2}, 0) \cup (\sqrt{2}, +\infty) \\ < 0 & \text{se } x \in (-\infty, -\sqrt{2}) \cup (0, \sqrt{2}) \\ = 0 & \text{se } x = \sqrt{2} \ \vee \ x = -\sqrt{2} \ \vee \ x = 0 \end{cases} ;$$

F'	$-\infty$	$-$	$-\sqrt{2}$	$+$	0	$-$	$\sqrt{2}$	$+$	$+\infty$
F		↘	m	↗	M	↘	m	↗	

F ha quindi punti di minimo in $x = \sqrt{2}$ e $x = -\sqrt{2}$; occorre ora confrontare i minimi $F(\sqrt{2})$ e $F(-\sqrt{2})$, per decidere quale sia assoluto e quale sia solo relativo.

$$\left.\begin{aligned} t &= -s \\ dt &= -ds \end{aligned}\right\} \Rightarrow F(-\sqrt{2}) = \int_0^{-\sqrt{2}} (t^3 - 2t)e^{-t}dt = \int_0^{\sqrt{2}} (s^3 - 2s)e^s ds = (*),$$

$$s \in (0, \sqrt{2}) \Rightarrow \left[s^3 - 2s < 0 \ \wedge \ e^s > 1 > e^{-s} > 0\right] \Rightarrow$$

$$\Rightarrow (s^3 - 2s)e^s < (s^3 - 2s)e^{-s} \Rightarrow (*) < \int_0^{\sqrt{2}} (s^3 - 2s)e^{-s}ds = F(\sqrt{2});$$

pertanto, il punto di minimo assoluto è $x = -\sqrt{2}$.

Si determina ora il minimo assoluto, cioè $F(-\sqrt{2})$:

$$\int (t^3 - 2t)e^{-t}dt \overset{\text{per parti}}{=} -e^{-t}(t^3 - 2t) + \int e^{-t}(3t^2 - 2)dt \overset{\text{per parti}}{=}$$

$$= -e^{-t}(t^3 - 2t) - e^{-t}(3t^2 - 2) + 6\int te^{-t}dt \overset{\text{per parti}}{=}$$

$$= -e^{-t}(t^3 + 3t^2 + 4t + 4) + c\ ,$$

$$F(-\sqrt{2}) = \left[-e^{-t}(t^3 + 3t^2 + 4t + 4)\right]_0^{-\sqrt{2}} = e^{\sqrt{2}}\left(6\sqrt{2} - 10\right) + 4.$$

Osservazione: ovviamente, si poteva risolvere l'esercizio anche calcolando esplicitamente entrambi i minimi $F(\sqrt{2})$ e $F(-\sqrt{2})$ per decidere quale era più piccolo; si è però preferita una risoluzione meno banale, che sfruttasse la proprietà di monotonia dell'integrale definito.

22◁ Si determinino i seguenti integrali indefiniti, utilizzando il metodo di integrazione per sostituzione

$$(a) \int \frac{1}{x + \sqrt{x}}dx; \quad (b) \int e^{\sqrt{x}}dx; \quad (c) \int \frac{\sqrt{1-x}}{x}dx;$$

$$(d) \int \sqrt{e^x - 1}dx; \quad (e) \int \frac{x}{\sqrt{x+1}}dx; \quad (f) \int \frac{\text{tg}\sqrt{x-1}}{\sqrt{x-1}}dx.$$

▷

(a) $$\left.\begin{aligned} x &= t^2 \\ dx &= 2tdt \end{aligned}\right\} \Rightarrow \int \tfrac{dx}{x+\sqrt{x}} = \int \tfrac{2t}{t+t^2}dt = 2\int \tfrac{dt}{1+t} = 2\log|1+t| + c =$$

$$= 2\log(1 + \sqrt{x}) + c;$$

(b) $$\left.\begin{aligned} x &= t^2 \\ dx &= 2tdt \end{aligned}\right\} \Rightarrow \int e^{\sqrt{x}}dx = 2\int te^t dt = 2\left(te^t - \int e^t dt\right) =$$

$$= 2(te^t - e^t) + c = 2\left(\sqrt{x}e^{\sqrt{x}} - e^{\sqrt{x}}\right) + c = 2e^{\sqrt{x}}(\sqrt{x} - 1) + c;$$

(c) $$\left.\begin{aligned} &\sqrt{1-x} = t,\ x = 1 - t^2 \\ &dx = -2tdt \end{aligned}\right\} \Rightarrow \int \tfrac{\sqrt{1-x}}{x}dx = \int \tfrac{t}{1-t^2}(-2t)dt =$$

$= 2\int \frac{t^2-1+1}{t^2-1}dt = 2\left(\int dt + \int \frac{dt}{t^2-1}\right) = 2t + 2\left(\int \left(\frac{1}{2}\frac{1}{t-1} - \frac{1}{2}\frac{1}{t+1}\right)dt\right) =$

$= 2t + \log \frac{|t-1|}{t+1} + c = 2\sqrt{1-x} + \log \frac{|\sqrt{1-x}-1|}{\sqrt{1-x}+1} + c;$

(d) $\left.\begin{array}{l} e^x - 1 = t^2 \\ e^x dx = 2tdt, \quad dx = \dfrac{2t}{1+t^2}dt \end{array}\right\} \Rightarrow \int \sqrt{e^x - 1}dx = \int t\frac{2t}{1+t^2}dt =$

$= 2\int \frac{t^2+1-1}{1+t^2}dt = 2\left(\int dt - \int \frac{dt}{1+t^2}\right) =$

$= 2t - 2\text{arctg}t + c = 2\sqrt{e^x-1} - 2\text{arctg}\sqrt{e^x-1} + c;$

(e) $\left.\begin{array}{l} x+1 = t^2 \\ dx = 2tdt \end{array}\right\} \Rightarrow \int \frac{x}{\sqrt{x+1}}dx = \int \frac{t^2-1}{t}2tdt =$

$= 2\int t^2dt - 2\int dt = \frac{2}{3}t^3 - 2t + c = \frac{2}{3}(x+1)^{\frac{3}{2}} - 2(x+1)^{\frac{1}{2}} + c =$
$= \frac{2}{3}(x+1)^{\frac{1}{2}}(x+1-3) + c = \frac{2(x-2)\sqrt{x+1}}{3} + c;$

(f) $\left.\begin{array}{l} \sqrt{x-1} = t \\ \dfrac{dx}{2\sqrt{x-1}} = dt \end{array}\right\} \Rightarrow \int \frac{\text{tg}\sqrt{x-1}}{\sqrt{x-1}}dx = 2\int \text{tg}tdt = 2\int \frac{\sin t}{\cos t}dt =$

$= -2\log|\cos t| + c = -2\log|\cos\sqrt{x-1}| + c.$

23◁ Data $f : I\!R \to I\!R$, continua e positiva, si determini il più grande dei due numeri I_1 e I_2: $\quad I_1 = \displaystyle\int_1^4 f(t)dt \;$ e $\; I_2 = 2\displaystyle\int_1^2 f(x^2)dx.$

▷ Con la sostituzione $x^2 = t$, si ottiene:

$\left.\begin{array}{l} x^2 = t \\ 2xdx = dt \end{array}\right\} \Rightarrow 2\int_1^2 f(x^2)dx = \int_1^4 \frac{f(t)}{\sqrt{t}}dt < \int_1^4 f(t)dt;$

la disuguaglianza è dovuta alla proprietà di monotonia dell'integrale definito, in quanto: $1 < t \Rightarrow \frac{1}{\sqrt{t}} < 1 \Rightarrow \frac{f(t)}{\sqrt{t}} < f(t)$; di conseguenza, $I_2 < I_1$.

24◁ $\int_{-1}^1 \sqrt[3]{x^5}dx =$ [a] $2\int_0^1 \sqrt[3]{x^5}dx$; [b] 0; [c] $-2\int_{-1}^0 \sqrt[3]{x^5}dx$; [d] nessuna delle altre tre risposte è giusta.

▷ La funzione $f(x) = \sqrt[3]{x^5}$ è continua nell'intervallo chiuso e limitato $[-1,1]$, quindi f è ivi $\mathcal{R}$-integrabile; f è dispari e l'intervallo di integrazione è simmetrico rispetto all'origine, quindi $\int_{-1}^1 f(x)dx = 0$ ([b]). [a] e [c] sono sbagliate perché l'integrale ivi indicato è strettamente positivo (integrale di funzione positiva, per [a], e integrale di funzione negativa, poi cambiato di segno, per $\boxed{c}$); si noti che, operando la sostituzione $x = -t$, si ottiene $2\int_0^1 x^{\frac{5}{3}}dx = 2\int_0^{-1}(-t)^{\frac{5}{3}}(-dt) = 2\int_0^{-1} t^{\frac{5}{3}}dt = -2\int_{-1}^{0} t^{\frac{5}{3}}dt$, quindi $\boxed{a}$ e $\boxed{c}$ sono in realtà uguali!

25◁ Sia F la primitiva della funzione $f(x) = \dfrac{1}{x(\log x)^2}$ tale che $F(e) = 144$. Si determini $F(\frac{1}{e})$.

▷ La primitiva richiesta è la funzione integrale $F(x) = 144 + \int_e^x \frac{dt}{t(\log t)^2}$; si ha:

$$\left.\begin{array}{l}\log t = u\\[2mm] \dfrac{dt}{t} = du\end{array}\right\} \Rightarrow \int \frac{dt}{t(\log t)^2} = \int \frac{du}{u^2} = -\frac{1}{u} + c = -\frac{1}{\log t} + c;$$

$$F(x) = 144 + \int_e^x \frac{dt}{t(\log t)^2} = 144 + \left[-\frac{1}{\log t}\right]_e^x = 144 - \frac{1}{\log x} + 1;$$

$$F\left(\frac{1}{e}\right) = 144 + 1 + 1 = 146.$$

26◁ $\displaystyle\int_e^{e^2} \frac{dx}{5x(\log x)^2} =$ $\boxed{a}$ $\frac{1}{10}$; $\boxed{b}$ $-\frac{1}{10}$; $\boxed{c}$ 1; $\boxed{d}$ $-e^2 + e$.

▷ La funzione data è continua e positiva nell'intervallo $[e, e^2]$, quindi l'integrale definito è positivo ($\boxed{b}$ e $\boxed{d}$ false);

$$\left.\begin{array}{l}\log x = t\\[2mm] \dfrac{dx}{x} = dt\end{array}\right\} \Rightarrow \int \tfrac{dx}{x(\log x)^2} = \int \tfrac{dt}{t^2} = -\tfrac{1}{t} + c = -\tfrac{1}{\log x} + c;$$

$$\int_e^{e^2} \tfrac{dx}{5x(\log x)^2} = -\tfrac{1}{5}\left[\tfrac{1}{\log x}\right]_e^{e^2} = -\tfrac{1}{5}\left(\tfrac{1}{2} - 1\right) = \tfrac{1}{10} \quad (\boxed{a}).$$

27◁ Si determini la primitiva F della funzione $f(x) = \frac{e^{2x}}{\sqrt{3e^{2x}-1}}$, tale che $F(0) = F'(0)$.

▷

$$\left.\begin{array}{l}e^x = t\\[2mm] e^x dx = dt\end{array}\right\} \Rightarrow \int \tfrac{e^{2x}}{\sqrt{3e^{2x}-1}}dx = \int \tfrac{t^2}{\sqrt{3t^2-1}}\tfrac{1}{t}dt = (*)$$

$$\left.\begin{array}{l}t^2 = u\\[2mm] 2tdt = du\end{array}\right\} \Rightarrow (*) = \tfrac{1}{2}\int \tfrac{du}{\sqrt{3u-1}} = \tfrac{1}{2}\tfrac{(3u-1)^{-\frac{1}{2}+1}}{-\frac{1}{2}+1}\tfrac{1}{3} + c =$$

$$= \tfrac{\sqrt{3u-1}}{3} + c = \tfrac{\sqrt{3e^{2x}-1}}{3} + c;$$

si impone ora la condizione $F(0) = F'(0)$:

$$\left.\begin{array}{l} F(0) = \dfrac{\sqrt{2}}{3} + c \\ \\ F'(0) = f(0) = \dfrac{\sqrt{2}}{2} \end{array}\right\} \Rightarrow F(0) = F'(0) \quad \Leftrightarrow \quad c = \tfrac{\sqrt{2}}{6};$$

la primitiva richiesta è quindi $F(x) = \frac{\sqrt{3e^{2x}-1}}{3} + \frac{\sqrt{2}}{6}$.

28◁ Si determini la primitiva F della funzione $f(x) = \frac{1}{3+e^x}$, che abbia asintoto orizzontale $y = 5$, per $x \to +\infty$.

▷

$$\left.\begin{array}{l} e^x = t \\ e^x dx = dt \end{array}\right\} \Rightarrow \int \tfrac{1}{3+e^x} dx = \int \tfrac{dt}{t(3+t)} = (*)$$

$\frac{1}{t(3+t)} = \frac{A}{t} + \frac{B}{3+t} \quad \Leftrightarrow \quad A = \frac{1}{3}, B = -\frac{1}{3}$

$\Rightarrow \quad (*) = \frac{1}{3}\left(\int \frac{dt}{t} - \int \frac{dt}{3+t}\right) = \frac{1}{3}(\log|t| - \log|3+t| + c) = \frac{1}{3}\log\frac{e^x}{3+e^x} + c;$

imponendo ora la richiesta $\lim_{x\to+\infty} F(x) = 5$, si determina c:

$\lim_{x\to+\infty}\left(\frac{1}{3}\log\frac{e^x}{3+e^x} + c\right) = 0 + c = 5 \;\Leftrightarrow\; c = 5; \;\; F(x) = \frac{1}{3}\log\frac{e^x}{3+e^x} + 5.$

29◁ Si determini l'integrale indefinito delle seguenti funzioni razionali:

$(a) \displaystyle\int \frac{x+3}{x-1}dx; \qquad (b) \int \frac{2x^2+x-1}{x^2+x}dx; \quad (c) \int \frac{x^2+1}{x-2}dx;$

$(d) \displaystyle\int \frac{x+1}{2x^2-3x-2}dx; \quad (e) \int \frac{x+2}{x^4-x^3}dx; \qquad (f) \int \frac{x^2-x+1}{x^4-x^2}dx.$

▷

(a) $\frac{x+3}{x-1} = \frac{(x-1)+4}{x-1} = 1 + \frac{4}{x-1}$,
$\int \frac{x+3}{x-1}dx = \int dx + 4\int \frac{dx}{x-1} = x + 4\log|x-1| + c;$

(b) $\frac{2x^2+x-1}{x^2+x} = \frac{(2x^2+2x)-(x+1)}{x^2+x} = 2 - \frac{1}{x}$,
$\int \frac{2x^2+x-1}{x^2+x}dx = 2\int dx - \int \frac{dx}{x} = 2x - \log|x| + c;$

(c) $\frac{x^2+1}{x-2} = \frac{(x^2-2x)+(2x+1)}{x-2} = x + \frac{(2x-4)+5}{x-2} = x + 2 + \frac{5}{x-2}$,
$\int \frac{x^2+1}{x-2}dx = \int x dx + 2\int dx + 5\int \frac{dx}{x-2} = \frac{x^2}{2} + 2x + 5\log|x-2| + c;$

si noti come è stata eseguita la divisione, senza bisogno delle regole, ma semplicemente *facendo tornare i conti* (un *trucco* che può tornare utile, in caso di amnesie ...);

(d) $2x^2 - 3x - 2 = (x-2)(2x+1)$, $\quad x_1 = 2,\; x_2 = -\frac{1}{2}$, radici semplici,
$\frac{x+1}{2x^2-3x-2} = \frac{A}{x-2} + \frac{B}{2x+1} \;\Leftrightarrow\; x + 1 = A(2x+1) + B(x-2) \;\Leftrightarrow$

$$\Leftrightarrow \begin{cases} 1 = 2A + B \\ 1 = A - 2B \end{cases} \Leftrightarrow \begin{cases} A = \frac{3}{5} \\ B = -\frac{1}{5} \end{cases},$$

$\int \frac{x+1}{2x^2-3x-2}dx = \frac{3}{5}\int \frac{dx}{x-2} - \frac{1}{5}\int \frac{dx}{2x+1} = \frac{3}{5}\log|x-2| - \frac{1}{10}\log|2x+1| + c;$

(e) $x^4 - x^3 = x^3(x-1)$, $x_1 = 0$ radice tripla, $x_2 = 1$ radice semplice,

$\frac{x+2}{x^4-x^3} = \frac{A}{x} + \frac{B}{x^2} + \frac{C}{x^3} + \frac{D}{x-1} \Leftrightarrow x+2 = Ax^2(x-1) + Bx(x-1)+$

$$+C(x-1) + Dx^3 \Leftrightarrow \begin{cases} 0 = A + D \\ 0 = -A + B \\ 1 = -B + C \\ 2 = -C \end{cases} \Leftrightarrow \begin{cases} A = -3 \\ B = -3 \\ C = -2 \\ D = 3 \end{cases},$$

$\int \frac{x+2}{x^4-x^3}dx = -3\int \frac{dx}{x} - 3\int \frac{dx}{x^2} - 2\int \frac{dx}{x^3} + 3\int \frac{dx}{x-1} =$
$= -3\log|x| + \frac{3}{x} + \frac{1}{x^2} + 3\log|x-1| + c;$

(f) $x^4 - x^2 = x^2(x-1)(x+1)$, $x_1 = 0$ doppia, $x_2 = 1$, $x_3 = -1$ semplici,

$\frac{x^2-x+1}{x^4-x^2} = \frac{A}{x} + \frac{B}{x^2} + \frac{C}{x-1} + \frac{D}{x+1} \Leftrightarrow$
$\Leftrightarrow x^2 - x + 1 = Ax(x^2-1) + B(x^2-1) + Cx^2(x+1) + Dx^2(x-1)$
$\Leftrightarrow A = 1, B = -1, C = \frac{1}{2}, D = -\frac{3}{2},$

$\int \frac{x^2-x+1}{x^4-x^2}dx = \int \frac{dx}{x} - \int \frac{dx}{x^2} + \frac{1}{2}\int \frac{dx}{x-1} - \frac{3}{2}\int \frac{dx}{x+1} =$
$= \log|x| + \frac{1}{x} + \frac{1}{2}\log|x-1| - \frac{3}{2}\log|x+1| + c.$

30◁ Sia F la primitiva della funzione $f(x) = \dfrac{1}{x^2-4x+3}$ tale che $F(0) = \frac{1}{2}\log 3$; allora [a] $F(x) = -\frac{1}{2}\log 3 + \frac{1}{2}\log\frac{|x-3|}{|x-1|}$; [b] $F(x) = \frac{1}{2}\log\frac{|x-3|}{|x-1|}$; [c] nessuna delle altre tre risposte è giusta; [d] esistono infinite funzioni $F(x)$ che soddisfano le condizioni richieste.

▷ [a] è certamente falsa, perché $F(x) = -\frac{1}{2}\log 3 + \frac{1}{2}\log\frac{|x-3|}{|x-1|} \Rightarrow F(0) = 0$. La funzione integranda $f(t) = \frac{1}{t^2-4t+3}$ è continua in $(-\infty,1)\cup(1,3)\cup(3,+\infty)$, quindi in un intorno (ad esempio $[-\frac{1}{2},\frac{1}{2}]$) del punto fissato $\overline{x} = 0$; esiste pertanto una ed una sola primitiva ([d] falsa) di f, con la proprietà di passare per $(\overline{x},\overline{y}) = (0,\frac{1}{2}\log 3)$, data da $F(x) = \overline{y} + \int_{\overline{x}}^{x} f(t)dt = \frac{1}{2}\log 3 + \int_0^x \frac{dt}{t^2-4t+3}$;

$\frac{1}{t^2-4t+3} = \frac{A}{t-3} + \frac{B}{t-1} \Leftrightarrow A = \frac{1}{2},\quad B = -\frac{1}{2},$

$\int \frac{dt}{t^2-4t+3} = \frac{1}{2}\int \frac{dt}{t-3} - \frac{1}{2}\int \frac{dt}{t-1} = \frac{1}{2}\log\frac{|t-3|}{|t-1|} + c \quad (c \in \mathbb{R});$

$$F(x) = \frac{1}{2}\log 3 + \int_0^x f(t)dt = \frac{1}{2}\log 3 + \left[\frac{1}{2}\log\frac{|t-3|}{|t-1|}\right]_0^x = \frac{1}{2}\log\frac{|x-3|}{|x-1|} \quad (\text{[b]}).$$

Un altro modo di procedere (sostanzialmente lo stesso, come conti) è quello di calcolare prima l'integrale indefinito e poi imporre il passaggio per il punto dato:

$\int \frac{dx}{x^2-4x+3} = \frac{1}{2}\log\left|\frac{x-3}{x-1}\right| + c,$
$\frac{1}{2}\log 3 = F(0) = \frac{1}{2}\log 3 + c \;\Leftrightarrow\; c = 0;$
$F(x) = \frac{1}{2}\log\left|\frac{x-3}{x-1}\right|$ è la primitiva richiesta.

31◁ Si determini l'integrale indefinito delle seguenti funzioni razionali:

$$(a)\;\; f(x) = \frac{x^5-2x^2+4x-1}{x^4-2x^3+x^2}; \quad (b)\;\; f(x) = \frac{x^5+5x^4+6x^3+5x+8}{x^4+6x^3+12x^2+8x}.$$

▷ (a) Il grado del numeratore è 5, quello del denominatore è 4, quindi, prima di tutto, occorre dividere numeratore per denominatore:
$x^5-2x^2+4x-1 = (x+2)(x^4-2x^3+x^2) + (3x^3-4x^2+4x-1) \Rightarrow$
$\int \frac{x^5-2x^2+4x-1}{x^4-2x^3+x^2}dx = \int (x+2)dx + \int \frac{3x^3-4x^2+4x-1}{x^4-2x^3+x^2}dx =$
$= \frac{x^2}{2} + 2x + I_2(x);$
il denominatore $x^4-2x^3+x^2 = x^2(x-1)^2$ ha le radici $x_1 = 0$ con molteplicità $m_1 = 2$ e $x_2 = 1$ con molteplicità $m_2 = 2$; si ha quindi la decomposizione in fratti semplici:
$\frac{3x^3-4x^2+4x-1}{x^4-2x^3+x^2} = \frac{A}{x} + \frac{B}{x^2} + \frac{C}{x-1} + \frac{D}{(x-1)^2} =$
$= \frac{Ax(x-1)^2+B(x-1)^2+Cx^2(x-1)+Dx^2}{x^4-2x^3+x^2} \;\Leftrightarrow$

$$\Leftrightarrow \begin{cases} \text{termine noto } = -1 = B \\ \text{coeff. term. } 1^0\text{gr. } = 4 = A-2B \\ \text{coeff. term. } 2^0\text{gr. } = -4 = -2A+B-C+D \\ \text{coeff. term. } 3^0\text{gr. } = 3 = A+C \end{cases} \Leftrightarrow \begin{cases} A = 2 \\ B = -1 \\ C = 1 \\ D = 2 \end{cases}$$

$I_2(x) = \int \frac{3x^3-4x^2+4x-1}{x^4-2x^3+x^2}dx = 2\int\frac{dx}{x} - \int\frac{dx}{x^2} + \int\frac{dx}{x-1} + 2\int\frac{dx}{(x-1)^2} =$
$= 2\log|x| + \frac{1}{x} + \log|x-1| + \frac{2}{1-x} + c,$
$\Rightarrow \int \frac{x^5-2x^2+4x-1}{x^4-2x^3+x^2}dx = \frac{x^2}{2} + 2x + \frac{1}{x} + \frac{2}{1-x} + \log(x^2|x-1|) + c;$

(b) come prima, occorre dividere il numeratore per il denominatore:
$\frac{x^5+5x^4+6x^3+5x+8}{x^4+6x^3+12x^2+8x} = x - 1 + \frac{4x^2+13x+8}{x^4+6x^3+12x^2+8x},$
$x^4+6x^3+12x^2+8x = x(x+2)^3, \;\; x_1 = 0, \; m_1 = 1, \; x_2 = -2, \; m_2 = 3,$

$$\frac{4x^2+13x+8}{x^4+6x^3+12x^2+8x} = \frac{A}{x} + \frac{B}{x+2} + \frac{C}{(x+2)^2} + \frac{D}{(x+2)^3} \;\Leftrightarrow\; \begin{cases} A = 1, B = -1 \\ C = 2, D = 1 \end{cases},$$

$\int f(x)dx = \frac{x^2}{2} - x + \log|x| - \log|x+2| - \frac{2}{x+2} - \frac{1}{2(x+2)^2} + c.$

32◁ Si determini l'integrale indefinito delle seguenti funzioni razionali:
$(a)\;\; f(x) = \frac{2}{3+(x-1)^2}; \;\; (b)\;\; f(x) = \frac{1}{x^2+2x+5};$
$(c)\;\; f(x) = \frac{3x-2}{x^2-x+2}; \;\; (d)\;\; f(x) = \frac{15x+25}{x^3+x^2-2}.$

▷ In tutti i casi, il polinomio a denominatore ha radici non reali;

(a) $\int \frac{2}{3+(x-1)^2}dx = \frac{2}{3}\int \frac{dx}{1+(\frac{x-1}{\sqrt{3}})^2} = (*)$

$$\left.\begin{aligned} \frac{x-1}{\sqrt{3}} &= t \\ dx &= \sqrt{3}dt \end{aligned}\right\} \Rightarrow (*) = \tfrac{2}{3}\sqrt{3}\int \tfrac{dt}{1+t^2} = \tfrac{2\sqrt{3}}{3}\mathrm{arctg}t + c =$$

$$= \tfrac{2\sqrt{3}}{3}\mathrm{arctg}\tfrac{x-1}{\sqrt{3}} + c;$$

(b) $\int \frac{dx}{x^2+2x+5} = \int \frac{dx}{(x+1)^2+4} = \frac{1}{4}\int \frac{dx}{1+(\frac{x+1}{2})^2} = (*)$

$$\left.\begin{aligned} \frac{x+1}{2} &= t \\ dx &= 2dt \end{aligned}\right\} \Rightarrow (*) = \tfrac{1}{2}\int \tfrac{dt}{1+t^2} = \tfrac{1}{2}\mathrm{arctg}t + c = \tfrac{1}{2}\mathrm{arctg}\tfrac{x+1}{2} + c;$$

(c) $\frac{3x-2}{x^2-x+2} = \frac{3}{2}\frac{2x-1}{x^2-x+2} - \frac{1}{2(x^2-x+2)}$,
$\int \frac{3x-2}{x^2-x+2}dx = \frac{3}{2}\int \frac{2x-1}{x^2-x+2}dx - \frac{1}{2}\int \frac{dx}{x^2-x+2} = I_1(x) - I_2(x)$;
$I_1(x) = \frac{3}{2}\log(x^2-x+2) + c$,
$I_2(x) = \frac{1}{2}\int \frac{dx}{(x-\frac{1}{2})^2+\frac{7}{4}} = \frac{2}{7}\int \frac{dx}{1+(\frac{2x-1}{\sqrt{7}})^2} = \frac{\sqrt{7}}{7}\mathrm{arctg}\frac{2x-1}{\sqrt{7}} + c$,

$\int \frac{3x-2}{x^2-x+2}dx = \frac{3}{2}\log(x^2-x+2) - \frac{\sqrt{7}}{7}\mathrm{arctg}\frac{2x-1}{\sqrt{7}} + c$;

(d) il polinomio al denominatore, x^3+x^2-2 ha la radice $x=1$; dividendo per $x-1$, si ottiene $x^3+x^2-2 = (x-1)(x^2+2x+2)$ ed il trinomio x^2+2x+2 è irriducibile; la decomposizione in fratti semplici comprende quindi un fratto del tipo $\frac{A}{x-1}$, abbinato alla radice reale semplice 1, ed un fratto del tipo $\frac{Bx+C}{x^2+2x+2}$, abbinato al trinomio irriducibile x^2+2x+2:
$\frac{15x+25}{x^3+x^2-2} = \frac{A}{x-1} + \frac{Bx+C}{x^2+2x+2} \Leftrightarrow 15x+25 = A(x^2+2x+2) + (Bx+C)(x-1)$
$\Leftrightarrow A = 8,\ B = -8,\ C = -9$;
$\int \frac{15x+25}{x^3+x^2-2}dx = 8\int \frac{dx}{x-1} - \int \frac{8x+9}{x^2+2x+2}dx = 8\log|x-1| - I_2(x) = (*)$;
$I_2(x) = 4\int \frac{2x+2}{x^2+2x+2}dx + \int \frac{dx}{x^2+2x+2} = 4\log(x^2+2x+2) + \int \frac{dx}{1+(x+1)^2} =$
$= 4\log(x^2+2x+2) + \mathrm{arctg}(x+1) + c$;
$(*) = 8\log|x-1| - 4\log(x^2+2x+2) - \mathrm{arctg}(x+1) + c$.

33◁ Si calcoli $\displaystyle\int_{-5}^{-3} \frac{1}{x^2+2|x+4|}dx$.

▷ Poiché $x+4 \geq 0 \Leftrightarrow x \geq -4$, sfruttando la proprietà di additività dell'integrale definito rispetto all'intervallo di integrazione, si ha:
$\int_{-5}^{-3} \frac{1}{x^2+2|x+4|}dx = \int_{-5}^{-4} \frac{1}{x^2-2x-8}dx + \int_{-4}^{-3} \frac{1}{x^2+2x+8}dx = I_1 + I_2$;
calcolo di I_1: $x^2-2x-8 = (x-4)(x+2)$,

$$\frac{1}{x^2-2x-8} = \frac{A}{x-4} + \frac{B}{x+2} \quad \Leftrightarrow \quad A = \frac{1}{6} \qquad B = -\frac{1}{6},$$

pertanto $\quad I_1 = \frac{1}{6}\int_{-5}^{-4} \frac{dx}{x-4} - \frac{1}{6}\int_{-5}^{-4} \frac{dx}{x+2} = \frac{1}{6}\left[\log\left|\frac{x-4}{x+2}\right|\right]_{-5}^{-4} = \frac{1}{6}\log\frac{4}{3};$

calcolo di I_2: il polinomio di secondo grado $x^2 + 2x + 8$ ha discriminante negativo, quindi si pone $x^2 + 2x + 8 = (x+1)^2 + 7 = 7\left(1 + (\frac{x+1}{\sqrt{7}})^2\right);$

pertanto $\int_{-4}^{-3} \frac{dx}{x^2+2x+8} = \frac{1}{7}\int_{-4}^{-3} \frac{dx}{1+(\frac{x+1}{\sqrt{7}})^2} = \frac{\sqrt{7}}{7}\left[\text{arctg}\frac{x+1}{\sqrt{7}}\right]_{-4}^{-3} =$

$= \frac{\sqrt{7}}{7}\left(\text{arctg}\frac{3}{\sqrt{7}} - \text{arctg}\frac{2}{\sqrt{7}}\right);$

e quindi $\int_{-5}^{-3} \frac{1}{x^2+2|x+4|}dx = \frac{1}{6}\log\frac{4}{3} + \frac{\sqrt{7}}{7}\left(\text{arctg}\frac{3}{\sqrt{7}} - \text{arctg}\frac{2}{\sqrt{7}}\right).$

Attenzione: nel prossimo esercizio, si descrive il metodo di integrazione delle funzioni razionali, nel caso **radici complesse multiple**, a completamento di quanto visto nella teoria.

34◁ Si determini l'integrale indefinito delle seguenti funzioni razionali ($s \in \mathbb{N}, s > 1$):

$(a)\ f(x) = \dfrac{1}{(1+x^2)^2}; \qquad (b)\ f(x) = \dfrac{1}{(1+x^2)^s};$

$(c)\ f(x) = \dfrac{Bx+C}{(x^2+px+q)^s}; \quad (d)\ f(x) = \dfrac{2x+3}{(x^2+x+1)^2}.$

▷ In tutti i casi, il denominatore è un trinomio irriducibile elevato ad una potenza maggiore di uno (caso *radici complesse multiple*):

(a) si considera la funzione $\frac{1}{1+x^2}$ e la si integra per parti, utilizzando il fattor derivato, invisibile, 1:

$\text{arctg}x = \int \frac{dx}{1+x^2} \overset{\text{per parti}}{=} \frac{x}{1+x^2} + 2\int \frac{x^2}{(1+x^2)^2}dx =$

$= \frac{x}{1+x^2} + 2\int \frac{x^2+1-1}{(1+x^2)^2}dx = \frac{x}{1+x^2} + 2\int \frac{dx}{1+x^2} - 2\int \frac{dx}{(1+x^2)^2} =$

$= \frac{x}{1+x^2} + 2\text{arctg}x - 2\int \frac{dx}{(1+x^2)^2};$

si ottiene quindi

$\text{arctg}x = \frac{x}{1+x^2} + 2\text{arctg}x - 2\int \frac{dx}{(1+x^2)^2} \Rightarrow \int \frac{dx}{(1+x^2)^2} = \frac{1}{2}(\text{arctg}x + \frac{x}{1+x^2}) + c;$

(b) si risolve in modo analogo al precedente, considerando $\int \frac{dx}{(1+x^2)^{s-1}}$ ed integrando per parti:

$\int \frac{dx}{(1+x^2)^{s-1}} \overset{\text{per parti}}{=} \frac{x}{(1+x^2)^{s-1}} + 2(s-1)\int \frac{x^2}{(1+x^2)^s}dt =$

$= \frac{x}{(1+x^2)^{s-1}} + 2(s-1)\left[\int \frac{dx}{(1+x^2)^{s-1}} - \int \frac{dx}{(1+x^2)^s}\right] \Rightarrow$

$\int \frac{dx}{(1+x^2)^{s-1}} = \frac{x}{(1+x^2)^{s-1}} + 2(s-1)\int \frac{dx}{(1+x^2)^{s-1}} - 2(s-1)\int \frac{dx}{(1+x^2)^s};$

posto $J_s(x) = \int \frac{dx}{(1+x^2)^x}$, si ottiene quindi:
$J_s = \frac{2s-3}{2(s-1)} J_{s-1} + \frac{1}{2(s-1)} \frac{x}{(1+x^2)^{s-1}}$; a questo punto, scendendo un passo per volta, alla fine si arriva a $J_1(x) = \text{arctg}x$ (si noti che, applicando la formula al caso $s = 2$, si ottiene proprio il risultato trovato in (a));

(c) all'inizio, esattamente come nel caso $s = 1$ (v. esempio 3.25), si mette in evidenza al numeratore la derivata del trinomio irriducibile e si *abbellisce* quel che resta, in modo che il denominatore abbia la forma $[1+(\alpha x+\beta)^2]^s$:

$$(x^2 + px + q)^s = \left(-\frac{\Delta}{4}\left[1 + \left(\frac{2x+p}{\sqrt{-\Delta}}\right)^2\right]\right)^s \Rightarrow$$

$$\frac{Bx+C}{(x^2+px+q)^s} = \frac{B}{2} \cdot \frac{2x+p}{(x^2+px+q)^s} + \frac{C-\frac{Bp}{2}}{(x^2+px+q)^s} =$$

$$= \frac{B}{2} \cdot \frac{2x+p}{(x^2+px+q)^s} + \left(C - \frac{Bp}{2}\right) \frac{4^s}{(-\Delta)^s} \frac{1}{\left[1+\left(\frac{2x+p}{\sqrt{-\Delta}}\right)^2\right]^s},$$

$$\int \frac{Bx+C}{(x^2+px+q)^s} dx = \frac{B}{2} \int \frac{2x+p}{(x^2+px+q)^s} dx + \frac{(C-\frac{Bp}{2})4^s}{(-\Delta)^s} \int \frac{dx}{\left[1+\left(\frac{2x+p}{\sqrt{-\Delta}}\right)^2\right]^s} =$$

$$\frac{B}{2(1-s)(x^2+px+q)^{s-1}} + \frac{2^{2s-2}(2C-Bp)}{(-\Delta)^{s-\frac{1}{2}}} \int \frac{dt}{(1+t^2)^s} dt;$$

nell'ultimo passaggio, si è utilizzata la sostituzione $\dfrac{2x+p}{\sqrt{-\Delta}} = t$;

si è quindi arrivati all'integrale $J_s = \int \frac{dt}{(1+t^2)^s}$, già calcolato in (b);

(d) seguendo quanto descritto nel caso generale (c), si ha:

$$\frac{2x+3}{(x^2+x+1)^2} = \frac{2x+1}{(x^2+x+1)^2} + \frac{2}{(x^2+x+1)^2} = f_1(x) + f_2(x),$$

$$f_2(x) = \frac{2}{\left[\left(x+\frac{1}{2}\right)^2+\frac{3}{4}\right]^2} = \frac{32}{9\left[1+\left(\frac{2x+1}{\sqrt{3}}\right)^2\right]^2},$$

$$\int f_2(x)dx = \frac{32}{9} \int \frac{dx}{\left[1+\left(\frac{2x+1}{\sqrt{3}}\right)^2\right]^2} = \frac{16\sqrt{3}}{9} \int \frac{dt}{(1+t^2)^2} =$$

$$= \frac{8\sqrt{3}}{9} \left(\text{arctg}\frac{2x+1}{\sqrt{3}} + \frac{\frac{2x+1}{\sqrt{3}}}{1+\left(\frac{2x+1}{\sqrt{3}}\right)^2}\right) + c,$$

$$\int f(x)dx = \int f_1(x)dx + \int f_2(x)dx =$$

$$= -\frac{1}{x^2+x+1} + \frac{8\sqrt{3}}{9}\text{arctg}\frac{2x+1}{\sqrt{3}} + \frac{2}{3}\frac{2x+1}{x^2+x+1} + c = \frac{4x-1}{3(x^2+x+1)} + \frac{8\sqrt{3}}{9}\text{arctg}\frac{2x+1}{\sqrt{3}} + c.$$

Osservazione: a volte, opportune sostituzioni consentono di trasformare l'integrale dato in un integrale di funzione razionale, giungendo così a primitive elementari.

Nei prossimi esercizi, si descrivono i casi più tipici (e meno complicati).

35◁ Si determinino i seguenti integrali indefiniti:

$$(a) \int \frac{1}{x(4-(\log x)^2)}dx; \quad (b) \int \frac{1}{x(1+(\log_3 x)^2)}dx.$$

▷ Si tratta di integrali del tipo

$$\int \frac{1}{x} \cdot \mathcal{R}(\log_a x)dx, \quad \mathcal{R} \text{ funzione razionale}, \quad a>0, a\neq 1,$$

che si riconducono ad integrali di funzione razionale, mediante la sostituzione $\log_a x = t$ (e quindi $\frac{dx}{x} = (\log a)dt$);

$$\text{(a)} \quad \left.\begin{array}{l} \log x = t \\ \dfrac{dx}{x} = dt \end{array}\right\} \Rightarrow \int \frac{1}{x(4-(\log x)^2)}dx = \int \frac{dt}{4-t^2} =$$

$$= \frac{1}{4}\int \left(\frac{1}{t+2} - \frac{1}{t-2}\right)dt = \frac{1}{4}\log\left|\frac{t+2}{t-2}\right| + c = \frac{1}{4}\log\left|\frac{\log x+2}{\log x-2}\right| + c;$$

$$\text{(b)} \quad \left.\begin{array}{l} \log_3 x = t \\ \dfrac{dx}{x} = \log 3dt \end{array}\right\} \Rightarrow \int \frac{1}{x(1+(\log_3 x)^2)}dx = \log 3 \int \frac{dt}{1+t^2} =$$

$$= (\log 3)\text{arctg}t + c = (\log 3)\text{arctg}(\log_3 x) + c.$$

36◁ Si determinimo i seguenti integrali indefiniti:

$$(a) \int \frac{e^x(3e^{2x}-e^x+3)}{e^{3x}+e^{2x}-2}dx; \quad (b) \int \frac{3^x(3^x-1)}{(1+3^x)^2}dx.$$

▷ Si tratta di integrali del tipo

$$\int \mathcal{R}(a^{\alpha x})dx, \quad \mathcal{R} \text{ funzione razionale}, \quad a>0, a\neq 1, \alpha\in I\!R,$$

che si riconducono ad integrali di funzione razionale, mediante la sostituzione $a^{\alpha x} = t$ (e quindi $dx = \frac{dt}{\alpha t \log a}$).

$$\text{(a)} \quad \left.\begin{array}{l} e^x = t \\ dx = \dfrac{dt}{t} \end{array}\right\} \Rightarrow \int \frac{e^x(3e^{2x}-e^x+3)}{e^{3x}+e^{2x}-2}dx = \int \frac{3t^2-t+3}{t^3+t^2-2}dt =$$

$$= \int \left(\frac{1}{t-1} + \frac{2t-1}{t^2+2t+2}\right)dt = \log|t-1| + I_2(t) = (*)$$

$$I_2(t) = \int \frac{2t+2}{t^2+2t+2}dt - 3\int \frac{dt}{t^2+2t+2} = \log(t^2+2t+2) - 3\int \frac{dt}{(t+1)^2+1} =$$

$$= \log(t^2+2t+2) - 3\text{arctg}(1+t) + c\ ,$$

$$(*) = \log|t-1| + \log(t^2+2t+2) - 3\text{arctg}(1+t) + c =$$

$$= -3\text{arctg}(1+e^x) + \log|e^{3x}+e^{2x}-2| + c;$$

(b) $\left.\begin{aligned} 3^x &= t \\ dx &= \frac{dt}{t\log 3} \end{aligned}\right\} \Rightarrow \int \frac{3^x(3^x-1)}{(1+3^x)^2}dx = \frac{1}{\log 3}\int\left(\frac{1}{t+1} - \frac{2}{(t+1)^2}\right)dx =$

$= \frac{1}{\log 3}\left(\log(t+1) + \frac{2}{t+1}\right) + c = \frac{1}{\log 3}\left(\log(3^x+1) + \frac{2}{3^x+1}\right) + c.$

37◁ Si determinino i seguenti integrali indefiniti:

$(a)\ \int \frac{\sqrt{x}}{x+2}dx; \qquad (b)\ \int \frac{\sqrt{x}-1}{x(1+\sqrt[3]{x})}dx;$

$(c)\ \int \frac{\sqrt{2x+1}-1}{x}dx; \ (d)\ \int \sqrt[3]{\frac{x+1}{x-1}}dx.$

▷ Si tratta di integrali del tipo

$$\int \mathcal{R}\left(x, \left(\frac{\alpha x+\beta}{\gamma x+\delta}\right)^{r_1}, \left(\frac{\alpha x+\beta}{\gamma x+\delta}\right)^{r_2}, \ldots\right)dx, \quad r_i \in \mathbb{Q} \ \wedge \ \alpha\delta - \beta\gamma \neq 0,$$

che si razionalizzano con la sostituzione $\frac{\alpha x+\beta}{\gamma x+\delta} = t^k$, ove k è il minimo comune multiplo dei denominatori dei numeri razionali r_i.

(a) $\left.\begin{aligned} x &= t^2 \\ dx &= 2tdt \end{aligned}\right\} \Rightarrow \int \frac{\sqrt{x}}{x+2}dx = 2\int \frac{t^2}{t^2+2}dt = 2\int dt - 4\int \frac{dt}{t^2+2} =$

$= 2t - 2\int \frac{dt}{1+(\frac{t}{\sqrt{2}})^2} = 2t - 2\sqrt{2}\text{arctg}\frac{t}{\sqrt{2}} + c = 2\sqrt{x} - 2\sqrt{2}\text{arctg}\sqrt{\frac{x}{2}} + c;$

(b) $\left.\begin{aligned} x &= t^6 \\ dx &= 6t^5dt \end{aligned}\right\} \Rightarrow \int \frac{\sqrt{x}-1}{x(1+\sqrt[3]{x})}dx = 6\int \frac{t^3-1}{t(1+t^2)}dt =$

$= 6\int\left(1 - \frac{1}{t} - \frac{1}{1+t^2} + \frac{t}{1+t^2}\right)dt =$

$= 6\left(t - \log t + \frac{1}{2}\log(1+t^2) - \text{arctg}t\right) + c =$

$= 6\sqrt[6]{x} - \log x + 3\log(1+\sqrt[3]{x}) - 6\text{arctg}\sqrt[6]{x} + c;$

(c) $\left.\begin{aligned} 2x+1 &= t^2 \\ dx &= tdt \end{aligned}\right\} \Rightarrow \int \frac{\sqrt{2x+1}-1}{x}dx = \int \frac{t-1}{\frac{t^2-1}{2}}tdt =$

$= 2\int(1 - \frac{1}{t+1})dt = 2t - 2\log(t+1) + c =$

$= 2\sqrt{2x+1} - 2\log(1+\sqrt{2x+1}) + c;$

(d) $\left.\begin{aligned} &\frac{x+1}{x-1} = t^3, \text{cioè } x = \frac{t^3+1}{t^3-1} \\ &dx = -\frac{6t^2}{(t^3-1)^2}dt \end{aligned}\right\} \Rightarrow \int \sqrt[3]{\frac{x+1}{x-1}}dx = -6\int \frac{t^3}{(t^3-1)^2}dt = \cdots =$

$$= \frac{1}{3}\log\frac{t^2+t+1}{(t-1)^2} + + \frac{2t}{t^3-1} + \frac{2}{\sqrt{3}}\text{arctg}\frac{2t+1}{\sqrt{3}} + c, \quad \text{ove } t = \sqrt[3]{\frac{x+1}{x-1}}.$$

(nei puntini sono nascosti (e lasciati al lettore diligente) i noiosi conti dell'integrale di funzione razionale)

38◁ Si determinino i seguenti integrali indefiniti:

$$(a) \int \frac{\sqrt{4+x^2}}{1-\sqrt{4+x^2}}xdx; \quad (b) \int \frac{x^3+x\sqrt{1-x^2}}{-3\sqrt{1-x^2}-x^2+3}dx.$$

▷ Sono integrali del tipo:

$$\int \mathcal{R}\left(x^2, \sqrt{a^2-x^2}\right)xdx$$

$$\int \mathcal{R}\left(x^2, \sqrt{a^2+x^2}\right)xdx \quad \mathcal{R} \text{ funzione razionale, } a \neq 0,$$

$$\int \mathcal{R}\left(x^2, \sqrt{x^2-a^2}\right)xdx$$

che si razionalizzano, rispettivamente, con la sostituzione $\sqrt{a^2-x^2} = t$, $\sqrt{a^2+x^2} = t$, $\sqrt{x^2-a^2} = t$.

$$(a) \quad \left.\begin{array}{l} \sqrt{4+x^2} = t \\ xdx = tdt \end{array}\right\} \Rightarrow \int \frac{\sqrt{4+x^2}}{1-\sqrt{4+x^2}}xdx = \int \frac{t}{1-t}tdt =$$

$$= \int \frac{t^2-1+1}{1-t}dt = -\int (t+1)dt + \int \frac{dt}{1-t} = -\frac{t^2}{2} - t - \log|1-t| + c =$$

$$= -\frac{4+x^2}{2} - \sqrt{4+x^2} - \log\left|1-\sqrt{4+x^2}\right| + c;$$

$$(b) \quad \left.\begin{array}{l} \sqrt{1-x^2} = t \\ xdx = -tdt \end{array}\right\} \Rightarrow \int \frac{x^3+x\sqrt{1-x^2}}{-3\sqrt{1-x^2}-x^2+3}dx = \int \frac{t^3-t^2-t}{t^2-3t+2}dt =$$

$$= \int \left(t+2+\frac{1}{t-1}+\frac{2}{t-2}\right)dt = \log|t-1| + 2\log|t-2| + \frac{t^2}{2} + 2t + c =$$

$$= \log\left(1-\sqrt{1-x^2}\right) + 2\log\left(2-\sqrt{1-x^2}\right) + 2\sqrt{1-x^2} + \frac{1-x^2}{2} + c.$$

39◁ Si determini $\displaystyle\int \frac{x^2+\sqrt{4-x^2}}{\sqrt{4-x^2}}dx.$

▷ È un integrale del tipo

$$\int \mathcal{R}\left(x^2, \sqrt{a^2-x^2}\right)dx, \qquad \mathcal{R} \text{ funzione razionale, } a \neq 0,$$

che si risolvono con la sostituzione $x = a\sin t$

$$\left.\begin{array}{l} x = 2\sin t \\ dx = 2\cos tdt \end{array}\right\} \Rightarrow \int \frac{x^2+\sqrt{4-x^2}}{\sqrt{4-x^2}}dx = 2\int \frac{4(\sin t)^2+2\cos t}{2\cos t}\cos tdt =$$

$= 2\int (2(\sin t)^2 + \cos t)dt = 2\int (-2(\cos t)^2 + \cos t + 2)dt =$

$= 2\,(-t - \sin t\cos t + \sin t + 2t) + c = 2\arcsin\frac{x}{2} - x\sqrt{1-\frac{x^2}{4}} + x + c.$

40◁ Quale, tra le seguenti funzioni, ha integrale improprio convergente, nell'intervallo $[1,6]$? [a] $f(x) = \frac{4x+1}{x(1-x)}$; [b] $f(x) = \frac{x+2}{\sqrt{x-1}}$; [c] $f(x) = \frac{2x}{x-1}$; [d] $f(x) = \frac{2x^2}{(x-1)^2}$.

▷ Le funzioni in [a], [c] e [d] sono, per $x \to 1^+$, infinite di ordine maggiore o uguale a 1 e di segno costante, quindi hanno integrale divergente (a $-\infty$ la prima, a $+\infty$ le altre due). La funzione in [b] è, per $x \to 1^+$, infinita di ordine $\frac{1}{2}$, quindi ha integrale convergente.

41◁ Si determini k affinché $\displaystyle\int_{12}^{+\infty} \frac{dx}{x(\log(kx))^2} = \frac{1}{12}$.

▷

$$\left.\begin{aligned} &\log(kx) = t \\ &\frac{dx}{x} = dt \end{aligned}\right\} \Rightarrow \int \frac{dx}{x(\log(kx))^2} = \int \frac{dt}{t^2} = -\frac{1}{t} + c = -\frac{1}{\log(kx)} + c;$$

$$\int_{12}^{+\infty} \frac{dx}{x(\log(kx))^2} = \lim_{\alpha\to+\infty}\left[\frac{-1}{\log(kx)}\right]_{12}^{\alpha} = \frac{1}{\log(12k)};$$

$$\int_{12}^{+\infty} \frac{dx}{x(\log(kx))^2} = \frac{1}{12} \quad\Leftrightarrow\quad \log(12k) = 12 \quad\Leftrightarrow\quad 12k = e^{12} \quad\Leftrightarrow\quad k = \frac{e^{12}}{12}.$$

42◁ $\int_2^3 \frac{2}{x^2-6x+8}dx =$ [a] $+\infty$; [b] $-\infty$; [c] 0; [d] nessuna delle altre tre risposte è giusta.

▷ La funzione integranda $f(x) = \frac{2}{x^2-6x+8} = \frac{2}{(x-2)(x-4)}$ è continua in $(-\infty,2)\cup(2,4)\cup(4,+\infty)$ e, per $x \to 2$ o $x \to 4$, è infinita di ordine 1; pertanto, l'integrale improprio sull'intervallo $(2,3)$ non converge ([c] falsa); inoltre, per $x \to 2^+$, $f(x)$ ha segno costante negativo, quindi l'integrale diverge a $-\infty$ ([b] vera).

43◁ Si determini se la funzione $f(x) = \dfrac{x^2 - x(\log x)^2\cos x + x^3\log x}{x^5 + 3x\log x + \sqrt{x}}$ ha integrale improprio convergente in $(1,+\infty)$ (*senza calcolare l'integrale*).

▷ f è continua nell'intervallo $[1,+\infty)$; per $x \to +\infty$, a numeratore l'infinito dominante è $x^3\log x$, a denominatore, è x^5; pertanto, vale: $f(x) \sim \frac{x^3\log x}{x^5} = \frac{\log x}{x^2}$, per $x \to +\infty$; f è quindi infinitesima di ordine superiore, p.e., a $\frac{1}{x^{\frac{3}{2}}}$, quindi l'integrale improprio è convergente (oppure, si può confrontare con l'esempio 3.30 (d)).

Esercizi e test proposti

44◁ Sia $f : [a,b] \to I\!R$, limitata, e siano, rispettivamente, $S(f)$ e $s(f)$ l'estremo inferiore / superiore delle somme superiori / inferiori di f; f è $\mathcal{R}$-integrabile in $[a,b]$? $\boxed{a}$ sì, solo se è continua; $\boxed{b}$ sì, solo se è monotona; $\boxed{c}$ sì, se e solo se $S(f) < s(f)$; $\boxed{d}$ sì, se e solo se $S(f) = s(f)$.

45◁ $\int_{-1}^{1} \text{tg}(x^3)dx =$ $\boxed{a}$ non esiste; $\boxed{b}$ $2\int_0^1 \text{tg}(x^3)dx$; $\boxed{c}$ $-2\int_{-1}^{0} \text{tg}(x^3)dx$; $\boxed{d}$ 0.

46◁ Se la funzione F, definita da $F(x) := \sin x + 1$, è una primitiva di f, allora $f(x) =$ $\boxed{a}$ $-\cos x + x$; $\boxed{b}$ $-\cos x + x + 1$; $\boxed{c}$ $\cos x$; $\boxed{d}$ $-\cos x$.

47◁ Si dimostri la seguente proprietà:

sia $f : [a,b] \to I\!R$ una funzione continua, non negativa in $[a,b]$, tale che $f(a) > 0$; allora $\int_a^b f(t)dt > 0$.

48◁ Il valor medio della funzione $f(x) = x$ in $[0,1]$ è $\boxed{a}$ 0; $\boxed{b}$ $\frac{1}{2}$; $\boxed{c}$ 1; $\boxed{d}$ non esiste.

49◁ Data una funzione continua f ed una sua primitiva F, allora $\int_a^b f(x)dx =$ $\boxed{a}$ $F(b)-F(a)+c$; $\boxed{b}$ non si può rispondere, senza ulteriori informazioni; $\boxed{c}$ $F(b)-F(a)$; $\boxed{d}$ $F(a)-F(b)$.

50◁ Si consideri la funzione $f(t) = \begin{cases} -1 & \text{se } 0 \le t < 1 \\ 1 & \text{se } 1 \le t < 2 \\ 2 & \text{se } 2 \le t \le 3 \end{cases}$;

si determini la funzione integrale $F(x) = \int_0^x f(t)dt$; si determini il valor medio di f nell'intervallo $[0,3]$; esistono punti dell'intervallo $[0,3]$, in cui f assume tale valore medio?

51◁ Sia $F(x) = \displaystyle\int_1^x f(t)dt$, ove $f(t) = \begin{cases} \frac{t^2-7t+12}{t^2-6t+9} & \text{se } t \in [0,1) \\ t\sqrt{t-1} & \text{se } t \in [1,2] \end{cases}$;

F è continua? F è derivabile? (si risponda *senza* calcolare l'integrale, ma in base a noti teoremi).

52◁ In un intorno di $x = 0$, il grafico della funzione $F(x) = \int_0^x \frac{e^{t^3}-1}{t}dt$ è

$\boxed{a}$ $\boxed{b}$ $\boxed{c}$ $\boxed{d}$

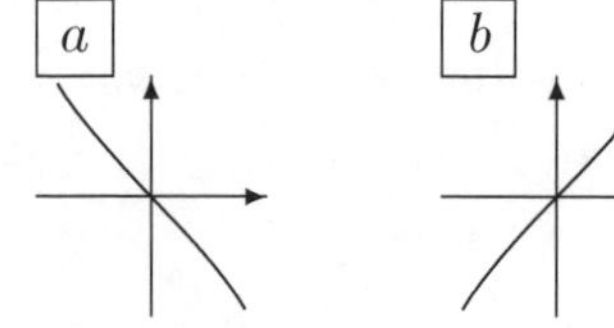
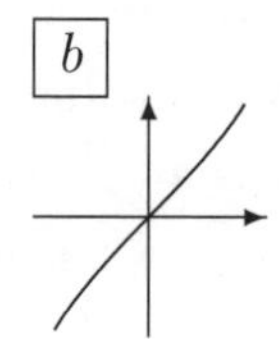
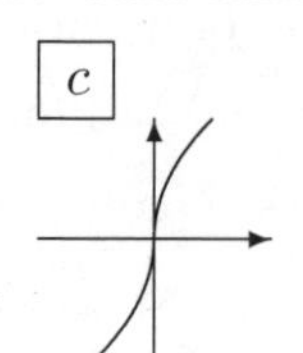
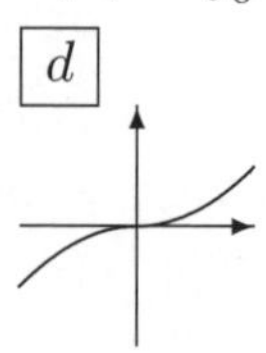

53◁ 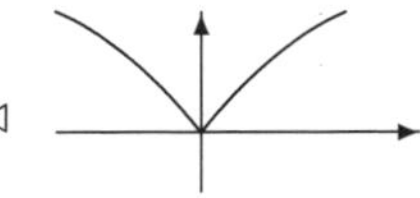 è, in un intorno di $x=0$, il grafico di

$\boxed{a}$ $\int_0^x \frac{\sin(t^2)}{t|t|}dt$; $\boxed{b}$ $\int_0^x \frac{\log(1+t^{\frac{2}{3}})}{t}dt$; $\boxed{c}$ $\int_0^x \frac{\log(1+t^4)}{t^3}dt$; $\boxed{d}$ $\int_0^x \frac{\sin(t^2)}{t}dt$.

54◁ Sia $f(x) = \dfrac{|x-1|}{x-1}$; allora il grafico di $F(x) = \displaystyle\int_1^x f(t)dt$ è

$\boxed{a}$ 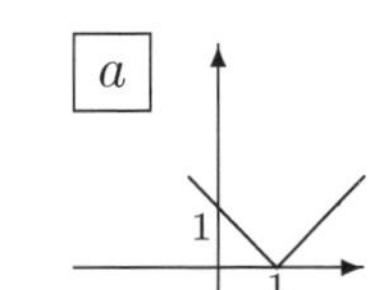

$\boxed{b}$ 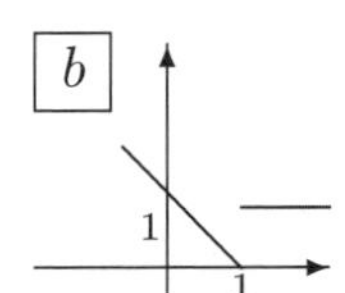

$\boxed{c}$ 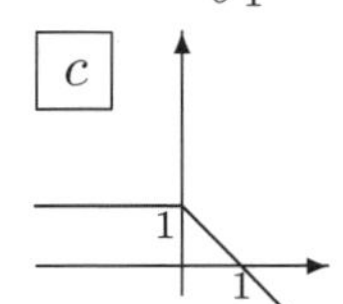

$\boxed{d}$ 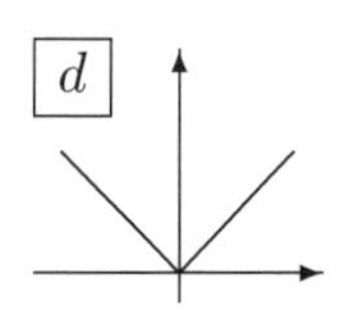

55◁ Una primitiva della funzione $-f'(x)+2$ è $\boxed{a}$ $-f''(x)+\frac{2}{x}$; $\boxed{b}$ $-f''(x)+2$; $\boxed{c}$ $-f(x)$; $\boxed{d}$ $-f(x)+2x-1$.

56◁ Sia $F(x) = \int_0^{\sqrt{x}}(1+t^2)dt$; allora $F'(x) =$ $\boxed{a}$ $-\frac{1}{2\sqrt{x}}(1+x)$; $\boxed{b}$ $1+x$; $\boxed{c}$ $\frac{1}{2\sqrt{x}}(1+x^2)$; $\boxed{d}$ nessuna delle altre tre risposte è giusta.

57◁ Sia $f \in C^0(\mathbb{R})$, infinitesima per $x \to +\infty$.
Si dimostri che $\lim_{x\to+\infty} \int_x^{x+1} f(t)dt = 0$.
Se f è una funzione continua in $\mathbb{R}$ tale che $\lim_{x\to+\infty} \int_x^{x+1} f(t)dt = 0$, cosa si può dire sul comportamento di f per $x \to +\infty$?

58◁ Si dimostri che le regioni A, B e C

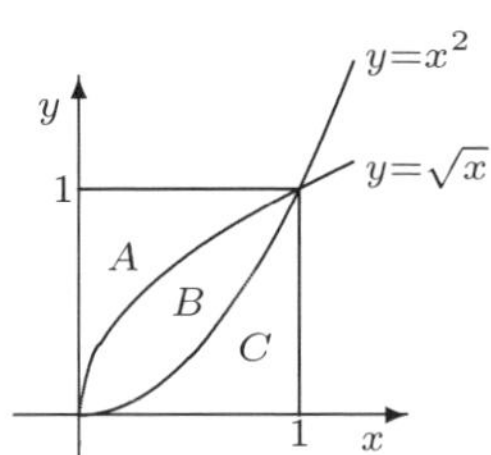

hanno tutte la stessa area e la si determini.

59◁ $\int_e^{3e} \frac{dx}{2x+3} =$ $\boxed{a}$ $\frac{1}{2}\log\frac{6e+3}{2e+3}$; $\boxed{b}$ $\frac{1}{2}\log\frac{2e+3}{6e+3}$; $\boxed{c}$ $\log\frac{6e+3}{2e+3}$; $\boxed{d}$ $\log\frac{2e+3}{6e+3}$.

60◁ Sia F la primitiva della funzione $f(x) = \frac{x^2-100}{x^2+10x}$ che passa per il punto $(-1,-1)$; allora $F'(1) - F(1) =$ $\boxed{a}$ 0; $\boxed{b}$ non esiste; $\boxed{c}$ non è univocamente determinato; $\boxed{d}$ -10.

61◁ Si determinino le ascisse in corrispondenza delle quali le funzioni $f(x) =$

$\log x + 3$, nell'intervallo $[1,2]$, e $g(x) = x|x| - 2$, nell'intervallo $[-1,3]$, assumono i rispettivi valori medi.

62◁ Sia F la primitiva della funzione $f(x) = x \log x$, tale che $F(1) = 119$. Si determini $F(2)$.

63◁ $\int_{-\frac{\pi}{2}}^{-\pi} (\sin x)^2 dx =$ [a] nessuna delle altre tre risposte è giusta; [b] $-\frac{\pi}{4}$; [c] $-\frac{\pi}{2}$; [d] 0.

64◁ Si determini $\int_{-2}^{0} [\log(1-x) + 10x]\, dx$.

65◁ Una primitiva della funzione $f(x) = \frac{\log x}{x}$ è [a] $-1+\frac{(\log x)^2}{2}$; [b] $\log(\log x)+2$; [c] $x \log x - 1$; [d] $3 - \frac{\log x}{x^2}$.

66◁ Sia F la primitiva della funzione $f(x) = \sin x \cos x$ tale che $F(\frac{3\pi}{2}) = 50$. Si determini $F(\pi)$.

67◁ Si determinino le primitive delle seguenti funzioni:

(a) $f(x) = \dfrac{(\sin x)^2}{e^x}$; (b) $f(x) = \cos(\log x)$;
(c) $f(x) = 3x\cos(5x)$; (d) $f(x) = x2^x$;
(e) $f(x) = x^2 \log x$; (f) $f(x) = \dfrac{\log x}{x^3}$;
(g) $f(x) = \dfrac{\log x}{\sqrt{x}}$; (h) $f(x) = x\text{arctg}x$.

68◁ Sia $I = \int_1^{81} \frac{e^x}{x} dx$; allora $\int_1^3 \frac{e^{x^4}}{x} dx =$ [a] $\frac{I}{4}$; [b] I; [c] $27I$; [d] nessuna delle altre tre risposte è giusta.

69◁ L'integrale della funzione $f(x) = \frac{2\log(2x)}{x}$ in $[\frac{1}{2}, \frac{e^2}{2}]$ è [a] nessuna delle altre tre risposte è giusta; [b] 2; [c] 4; [d] 0.

70◁ Si determinino:

(a) $\displaystyle\int_0^2 x\left(x^2 + e^{x^2} + 30e^x\right) dx$; (b) $\displaystyle\int_2^4 \frac{79x}{(1-x^2)^2} dx$.

71◁ Si determini il valor medio della funzione $\dfrac{e^{\sqrt{x}}}{\sqrt{x}}$ nell'intervallo $[1,4]$.

72◁ Con opportune sostituzioni, si determinino le primitive delle seguenti funzioni:

(a) $f(x) = \dfrac{1}{x(\log x + 2)^3}$; (b) $f(x) = -\dfrac{2}{x(\log x + 4)^4}$;

(c) $f(x) = x\sqrt{x-1}$; (d) $f(x) = \dfrac{1}{\sqrt{3x-1}}$;

(e) $f(x) = x^2 e^{x^3}$; (f) $f(x) = 2x(3x^2+1)^6$;

(g) $f(x) = \dfrac{\sin x}{\sqrt{2+\cos x}}$; ($h$) $f(x) = \dfrac{x}{1+x^2}$.

73◁ Si dimostri l'uguaglianza $\displaystyle\int_1^a \frac{dx}{1+x^2} = \int_{\frac{1}{a}}^1 \frac{dx}{1+x^2}$ $\forall a > 0$ e la si interpreti geometricamente.

74◁ Si determinino le primitive delle seguenti funzioni razionali:

(a) $f(x) = \dfrac{x^4+x^2+1}{x+2}$; ($b$) $f(x) = \dfrac{-5x^2-3x+6}{3x^3-14x^2+20x-8}$;

(c) $f(x) = \dfrac{2x}{4x^2+4x+1}$; ($d$) $f(x) = \dfrac{x^2-7x+12}{x^2-6x+9}$;

(e) $f(x) = \dfrac{-x^4+2x^3-3x^2+8x+3}{(x^2+4)(x-1)}$; ($f$) $f(x) = \dfrac{1}{x^3-4x^2+5x-2}$;

(g) $f(x) = \dfrac{1}{x^3(1+x^2)}$; ($h$) $f(x) = \dfrac{1}{(x^2+x+1)^2}$;

(i) $f(x) = \dfrac{1}{x^4-1}$; (l) $f(x) = \dfrac{x}{x^4-1}$.

75◁ Si calcolino i seguenti integrali definiti di funzioni razionali:

(a) $\displaystyle\int_1^3 \frac{2x^2+328x+1}{x}dx$; ($b$) $\displaystyle\int_{-1}^0 \frac{156x}{x^2-4x+3}dx$;

(c) $\displaystyle\int_{-2}^{-3} \frac{dx}{x^2-1}$; ($d$) $\displaystyle\int_0^2 \frac{x}{x^2+3x+2}dx$;

(e) $\displaystyle\int_{-1}^1 \frac{dx}{4x^2+1}$; ($f$) $\displaystyle\int_0^{-1} \frac{x+1}{x^2-3x+2}dx$.

76◁ L'integrale della funzione $f(x) = \dfrac{x}{\sqrt{1+2x^2}}$ in $[-2,0]$ è [a] -1; [b] non esiste; [c] nessuna delle altre tre risposte è giusta; [d] $-\frac{1}{2}$.

77◁ Sia F la primitiva della funzione $f(x) = \dfrac{x^4+1}{x^3-x^2}$ tale che $F(2) = 30 - \log 2$. Si determini $F(3)$.

78◁ Si determini k positivo affinché $\displaystyle\int_0^{123} \frac{k}{(x-k)(x-2k)} = -\log 2.$

79◁ Il valor medio della funzione $f(x) = \frac{2x+1}{x^2-4x+4}$ nell'intervallo $[0,1]$ $\boxed{a}$ è negativo; $\boxed{b}$ è compreso tra 0 e 1; $\boxed{c}$ è maggiore di 1; $\boxed{d}$ non esiste.

80◁ Si calcolino i seguenti integrali, riconducibili ad integrali di funzioni razionali, mediante opportune sostituzioni:

$(a)\ \displaystyle\int \frac{\log(2x)}{x\log(4x)}dx;$ $(b)\ \displaystyle\int \frac{dx}{e^x+1};$

$(c)\ \displaystyle\int \sqrt[5]{2x-1}dx;$ $(d)\ \displaystyle\int \frac{x}{\sqrt{4x+3}}dx;$

$(e)\ \displaystyle\int \frac{1}{x(1+\sqrt{x})^2}dx;$ $(f)\ \displaystyle\int \frac{3(\log x)^2 - \log x - 3}{x\left[(\log x)^2(\log x + 1)\right]}dx;$

$(g)\ \displaystyle\int \frac{(\log_2 x)^2 - \log_2 x + 1}{x(\log_2 x)^3}dx;$ $(h)\ \displaystyle\int \frac{e^x}{e^{2x}-\frac{1}{4}}dx;$

$(i)\ \displaystyle\int \frac{2^x}{1-4^x}dx.$

81◁ Si calcolino i seguenti integrali definiti:

$(a)\ \displaystyle\int_{\frac{1}{2}}^{2} \frac{\log(2x)}{x^2}dx;$ $(b)\ \displaystyle\int_0^2 xe^{-2x}dx;$

$(c)\ \displaystyle\int_1^3 \frac{\sqrt{1+x}}{x}dx;$ $(d)\ \displaystyle\int_0^1 \log\left(x+\sqrt{x^2+1}\right)dx;$

$(e)\ \displaystyle\int_0^{\left(\frac{\pi}{3}\right)^2} \frac{dx}{(\cos\sqrt{x})^2};$ $(f)\ \displaystyle\int_0^{\log 2} e^{-x}\log\left(3+e^{2x}\right)dx.$

82◁ Si determini l'integrale indefinito della funzione $f(x) = \dfrac{\sqrt[3]{x}}{2+\sqrt[3]{x}}$ ed il valor medio, nell'intervallo $[-1,8]$, della funzione $f(x) = \dfrac{\sqrt[3]{x}}{2+\sqrt[3]{|x|}}$.

83◁ Si determini la funzione integrale, relativa al punto iniziale $\overline{x} = -4$, della funzione $f(t) = (t^2 - 2t + 5)e^{-t}$.

84◁ Si dimostri che la funzione $f(x) = \begin{cases} \frac{\sqrt{x}-1}{\sqrt{x}(1+x)} & \text{se } x \in [1,2) \\ 2\frac{\sqrt{x}-1}{\sqrt{x}(1+x)} & \text{se } x \in [2,3] \end{cases}$ è integrabile secondo Riemann nell'intervallo $[1, 3]$ (senza calcolare l'integrale, ma utilizzando note condizioni sufficienti di integrabilità). Si calcoli $\int_1^3 f(x)dx$.

85◁ Si determini l'area della regione di piano compresa tra l'asse x, le rette $x = 2$, $x = 4$, e la curva $y = 2x\sqrt{x^2 - 4}$.

86◁ Si determini l'area della regione di piano compresa tra l'asse x, le rette $x = \sqrt{\frac{1}{2}}$, $x = \sqrt{\frac{3}{2}}$, e la curva $y = xe^{-x^2}$.

87◁ Si determini l'area della regione limitata di piano, compresa tra la curva $y = f(x)$ e l'asse delle ascisse, nei casi:

$$(a)\ \ f(x) = (x^2 - 1)e^x; \qquad (b)\ \ f(x) = (-x^2 + 4)e^{-x}.$$

88◁ Si determini l'area della regione limitata di piano, compresa tra i grafici delle funzioni f e g, nei casi:

$$(a)\ \ f(x) = \frac{42}{x}, \qquad g(x) = -x + 43;$$

$$(b)\ \ f(x) = -\frac{x^4}{4}, \qquad g(x) = x^2 - x^3.$$

89◁ Si determini l'integrale improprio, tra $x = 0$ e $x = 500$, della funzione $f(x) = \dfrac{1}{\sqrt{x}}$.

90◁ La funzione $y = e^{-x}$ ha integrale improprio convergente nell'intervallo $[4, +\infty)$. Vero? [a] no; [b] sì, e l'integrale vale e^4; [c] sì, e l'integrale vale e^{-4}; [d] sì, e l'integrale vale 1.

91◁ Sia $h : [1, +\infty) \to \mathbb{R}$ definita da $h(x) = \frac{1}{x^2}$. Allora, nell'intervallo $[1, +\infty)$, la funzione h [a] non ha integrale improprio convergente; [b] nessuna delle altre tre affermazioni è corretta; [c] è integrabile in senso classico; [d] ha integrale improprio convergente.

92◁ Sia $h : (0, 1] \to \mathbb{R}$ definita da $h(x) = x^{-2}$. Allora, nell'intervallo $(0, 1]$, la funzione h [a] non ha integrale improprio convergente; [b] nessuna delle altre tre affermazioni è corretta; [c] è integrabile in senso classico; [d] ha integrale improprio convergente.

93◁ Sia f continua e positiva in $\mathbb{R}$. Posto $G(x) = \int_0^x f(t)dt$, segue che [a] G ha minimo; [b] $\lim_{x\to+\infty} G(x) = +\infty$; [c] $\lim_{x\to+\infty} G(x)$ è finito; [d] $G(-1) < 0$.

94◁ Si dimostri che la funzione $f(x) = \dfrac{e^{2x}}{e^{4x}+3}$ ha integrale improprio convergente nell'intervallo $(-\infty, 0]$ (*senza* calcolare l'integrale). In seguito, si calcoli $\displaystyle\int_{-\infty}^{0} \frac{e^{2x}}{e^{4x}+3}dx$.

95◁ *Senza calcolare gli integrali*, si determini se i seguenti integrali impropri sono convergenti o divergenti:

$$\int_0^1 \frac{dx}{x^2+\sqrt{x}}, \qquad \int_1^{+\infty} \frac{dx}{x^2+\sqrt{x}}, \qquad \int_0^{+\infty} \frac{dx}{x^2+\sqrt{x}}.$$

96◁ Siano $\alpha, \beta \in I\!R$, $\alpha > 0$; si determinino i valori di α e β, per i quali è convergente l'integrale $\displaystyle\int_0^4 \frac{(1+x^\alpha)\sqrt{x}}{x^\beta}dx$. Si calcoli l'integrale suddetto, nel caso $\alpha = \beta = 1$.

97◁ Si dimostri che esiste finito l'integrale di Riemann improprio $\displaystyle\int_4^{+\infty} \frac{dx}{x\sqrt{x-4}}$ e lo si calcoli. Si risponda alla stessa domanda, nel caso dell'integrale $\displaystyle\int_1^{+\infty} \frac{dx}{x\sqrt{|x-4|}}$.

98◁ Si determini l'area della regione illimitata di piano, a destra della retta $x = 1$ e compresa tra l'asse delle x ed il grafico della funzione

$$(a)\ \ f(x) = \frac{\log(x+2)}{x^2}; \qquad (b)\ \ f(x) = \frac{1}{x^2+3x+2x}.$$

99◁ $\int_1^3 \log(x^2-1)dx =$ [a] $+\infty$; [b] 0; [c] $3\log 8 - 8$; [d] nessuna delle altre tre risposte è giusta.

Soluzioni esercizi e test proposti

44 [d]. **45** [d]. **46** [c]. **47** Segue dal teorema della permanenza del segno per funzioni continue e dalla proprietà di monotonia dell'integrale definito. **48** [b]. **49** [c]. **50** $F(x) = \begin{cases} -x & \text{se } 0 \le x \le 1 \\ x-2 & \text{se } 1 \le x \le 2 \\ 2(x-2) & \text{se } 2 \le x \le 3 \end{cases}$; valor medio di f è $\frac{2}{3}$; f non assume mai il valor medio. **51** F è continua perché f è

$\mathcal{R}$-integrabile (è limitata ed ha un unico punto di discontinuità in $t = 1$, salto); F è derivabile per ogni $x \in [0,2], x \neq 1$ ed ha un punto angoloso in $x = 1$. **52** $\boxed{\text{d}}$. **53** $\boxed{\text{a}}$. **54** $\boxed{\text{a}}$. **55** $\boxed{\text{d}}$. **56** $\boxed{\text{d}}$. **57** Utilizzando il teorema di Cavalieri-Lagrange, si ottiene:
$\lim_{x\to+\infty} \int_x^{x+1} f(t)dt = \lim_{x\to+\infty} [F(x+1) - F(x)] = \lim_{x\to+\infty} f(c_x) = 0$. Viceversa, l'ipotesi $\lim_{x\to+\infty} \int_x^{x+1} f(t)dt = 0$ non dà informazioni sul comportamento di f per $x \to +\infty$ (esempi: $f(t) = \sin(2\pi t)$, $f(t) = \frac{1}{t}$). **58** Area $= \frac{1}{3}$. **59** $\boxed{\text{a}}$. **60** $\boxed{\text{d}}$. **61** $\frac{4}{e}$, per f; $\sqrt{\frac{13}{6}}$, per g. **62** $F(2) = 2\log 2 + \frac{473}{4}$. **63** $\boxed{\text{b}}$. **64** $3\log 3 - 22$. **65** $\boxed{\text{a}}$. **66** $F(\pi) = \frac{99}{2}$. **67** (a) $-\frac{2\sin x\cos x + (\sin x)^2 + 2}{5e^x} + c$; (b) $\frac{x}{2}(\cos(\log x) + \sin(\log x)) + c$; (c) $\frac{3}{5}\left(\frac{\cos(5x)}{5} + x\sin(5x)\right) + c$; (d) $\frac{2^x}{\log 2}(x - \frac{1}{\log 2})$; (e) $\frac{x^3}{3}(\log x - \frac{1}{3}) + c$; (f) $-\frac{1}{2x^2}(\log x + \frac{1}{2}) + c$; (g) $2\sqrt{x}(\log x - 2) + c$; (h) $\frac{x^2+1}{2}\text{arctg}x - \frac{x}{2} + c$. **68** $\boxed{\text{a}}$. **69** $\boxed{\text{c}}$. **70** (a) $\frac{67}{2} + \frac{e^4}{2} + 30e^2$; (b) $\frac{158}{15}$. **71** $\frac{2(e^2-e)}{3}$. **72** (a) $-\frac{1}{2(2+\log x)^2} + c$; (b) $\frac{2}{3(\log x+4)^3} + c$; (c) $\frac{2(x-1)^{\frac{3}{2}}(3x+2)}{15} + c$; (d) $\frac{2\sqrt{3x-1}}{3} + c$; (e) $\frac{e^{x^3}}{3} + c$; (f) $\frac{(3x^2+1)^7}{21} + c$; (g) $-2\sqrt{2+\cos x} + c$; (h) $\frac{\log(1+x^2)}{2} + c$. **73** Si operi la sostituzione $x = \frac{1}{t}$. **74** (a) $21\log|x+2| + \frac{x^4}{4} - \frac{2x^3}{3} + \frac{5x^2}{2} - 10x + c$; (b) $\frac{\log|3x-2|}{3} - 2\log|x-2| + \frac{5}{x-2} + c$; (c) $\frac{\log|2x+1|}{2} + \frac{1}{2(2x+1)} + c$; (d) $x - \log|x-3| + c$; (e) $\frac{\text{arctg}\frac{x}{2}}{10} + \frac{\log(x^2+4)}{10} + \frac{9\log|x-1|}{5} + \frac{x(2-x)}{2} + c$; (f) $-\log|x-1| + \log|x-2| + \frac{1}{x-1} + c$; (g) $-\log|x| + \frac{\log(x^2+1)}{2} - \frac{1}{2x^2} + c$; (h) $\frac{4\sqrt{3}}{9}\text{arctg}(\frac{\sqrt{3}(2x+1)}{3}) + \frac{2x+1}{3(x^2+x+1)} + c$; (i) $\frac{\log\left|\frac{x-1}{x+1}\right|}{4} - \frac{\text{arctg}x}{2} + c$; (l) $\frac{\log\frac{|x^2-1|}{x^2+1}}{4} + c$. **75** (a) $664 + \log 3$; (b) $234\log 3 - 390\log 2$; (c) $-\frac{1}{2}\log\frac{3}{2}$; (d) $2\log 2 - \log 3$; (e) $\frac{\pi}{2} - \text{arctg}\frac{1}{2}$; (f) $3\log 3 - 5\log 2$. **76** $\boxed{\text{a}}$. **77** $F(3) = \frac{100}{3} + \log\frac{4}{3}$. **78** $k = 82$. **79** $\boxed{\text{c}}$ (viene $\frac{5}{2} - 2\log 2 = 1.1137$). **80** (a) $\log x - (\log 2)\log|\log x + 2\log 2| + c$; (b) $x - \log(e^x+1) + c$; (c) $\frac{5}{12}(2x-1)^{\frac{6}{5}} + c$; (d) $\frac{1}{24}(4x+3)^{\frac{3}{2}} - \frac{3}{8}(4x+3)^{\frac{1}{2}} + c$; (e) $\frac{2}{1+\sqrt{x}} + 2\log(\frac{\sqrt{x}}{1+\sqrt{x}}) + c$; (f) $\log|1+\log x| + 2\log|\log x| + \frac{3}{\log x} + c$; (g) $\log 2\left(\log|\log x| + \frac{\log 2}{\log x} - \frac{(\log 2)^2}{2(\log x)^2}\right) + c$; (h) $\log\left|\frac{2e^x-1}{2e^x+1}\right| + c$; (i) $\frac{1}{2\log 2}\log\left|\frac{1+2^x}{1-2^x}\right| + c$. **81** (a) $\frac{3}{2} - \log 2$; (b) $\frac{1}{4} - \frac{5}{4e^4}$; (c) $-\log 3 - 2\log(\sqrt{2}-1) - 2\sqrt{2} + 4$; (d) $\log(\sqrt{2}+1) - \sqrt{2} + 1$; (e) $\frac{2\sqrt{3}}{3}\pi - 2\log 2$; (f) $\frac{2\sqrt{3}}{3}\text{arctg}\frac{2\sqrt{3}}{3} - \frac{\log 7}{2} + 2\log 2 - \frac{\sqrt{3}}{9}\pi$. **82** valor medio $= \frac{1}{9}(24\log 3 - 48\log 2 + 10)$.

83 $F(x) = 21e^4 - e^{-x}(x^2 + 5)$. **84** f è limitata e con un solo punto di discontinuità ($x = 2$, salto); $\int_1^3 f = 2\text{arctg}\sqrt{2} - \log 3 + 3\log 2 - \frac{5}{6}\pi$. **85** $16\sqrt{3}$. **86** $\frac{1}{2\sqrt{e}} - \frac{1}{2\sqrt{e^3}}$. **87** (a) $\frac{4}{e}$; (b) $2e^2 + 6e^{-2}$. **88** (a) $\frac{1763}{2} - 42\log 2$; (b) $\frac{4}{15}$. **89** $20\sqrt{5}$. **90** $\boxed{\text{c}}$. **91** $\boxed{\text{d}}$. **92** $\boxed{\text{a}}$. **93** $\boxed{\text{d}}$. **94** Per $x \to -\infty$, vale $f(x) \sim e^{2x}$; $\int_{-\infty}^0 f = \frac{\sqrt{3}}{36}\pi$. **95** Tutti convergenti. **96** $\forall\alpha > 0$, $\beta < \frac{3}{2}$; $\int_0^4 f = \frac{28}{3}$, nel caso $\alpha = \beta = 1$. **97** Per $x \to 4$, f è infinita di ordine $\frac{1}{2}$; $\int_1^{+\infty} f = -\log(2 - \sqrt{3}) + \frac{\pi}{2}$. **98** (a) $\frac{3}{2}\log 3$; (b) $\frac{\log 6}{5}$. **99** $\boxed{\text{d}}$ (viene $8\log 2 - 4$).

Test Capitolo 3

1) $\int_{-1}^{1} x^2 \sin x dx =$ [a] 0; [b] π; [c] $\cos 1$; [d] $2\sin 1$.

2) Sia $I = \int_0^4 f(x)dx$. Allora $\int_0^1 f(4x)dx =$ [a] $\frac{I}{4}$; [b] $8I$; [c] I; [d] $4I$.

3) 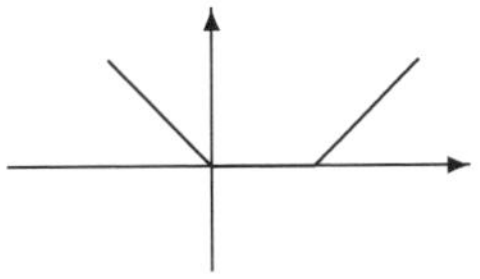 è, in un intorno di $x = 0$, il grafico di $F(x) = \int_0^x f(t)dt$

se [a] $f(t) = [t]$; [b] $f(t) = \frac{|t|}{t}$; [c] $f(t) = -\frac{|t|}{t}$; [d] $f(t) = -[t]$
($[t]$ indica la *parte intera* di t).

4) La regione di piano definita da: $\begin{cases} xy \geq 3 \\ x + y - 4 \leq 0 \\ x \geq 0 \end{cases}$ [a] ha area infinita; [b] ha area $4 - 3\log 3$; [c] ha area $3\log 3 - 4$; [d] non è possibile determinarne l'area.

5) La funzione $f(x) = 1 + e^x$ ha integrale improprio convergente [a] in $\mathbb{R}$; [b] in $(0, +\infty)$, ma non in $(-\infty, +\infty)$; [c] in $(-\infty, 0)$, ma non in $(-\infty, +\infty)$; [d] nessuna delle altre tre risposte è giusta.

Soluzioni Test

Capitolo 1

1) [d] 2) [b] 3) [c] 4) [d] 5) [c]

Capitolo 2

1) [a] 2) [d] 3) [b] 4) [c] 5) [b]

Capitolo 3

1) [a] 2) [a] 3) [a] 4) [b] 5) [d]

Ristampa anastatica effettuata nel mese di marzo 2010
nella Stampatre s.r.l. di Torino – Via Bologna, 220